DAVID ROSS

DIE GRÖSSTEN SCHLACHTSCHIFFE DER WELT

WIELAND

David Ross

DIE GRÖSSTEN SCHLACHTSCHIFFE DER WELT

Titel der Originalausgabe: Battleships

Lektorat: Michael Spilling
Design: Brian Rust
Bildredaktion: Terry Forshaw

1. Auflage der deutschen Ausgabe, 2024

ISBN 978-3-948264-21-5

Ins Deutsche übersetzt von: Dr. Wolfgang Hörner
Lektorat: Birgit Arnold
Schlussredaktion: Karola Wieland

Druck: Print Consult
Printed in EU

MIX
Papier aus verantwortungsvollen Quellen
FSC® C084279

U.S.S.
TEXAS
1913

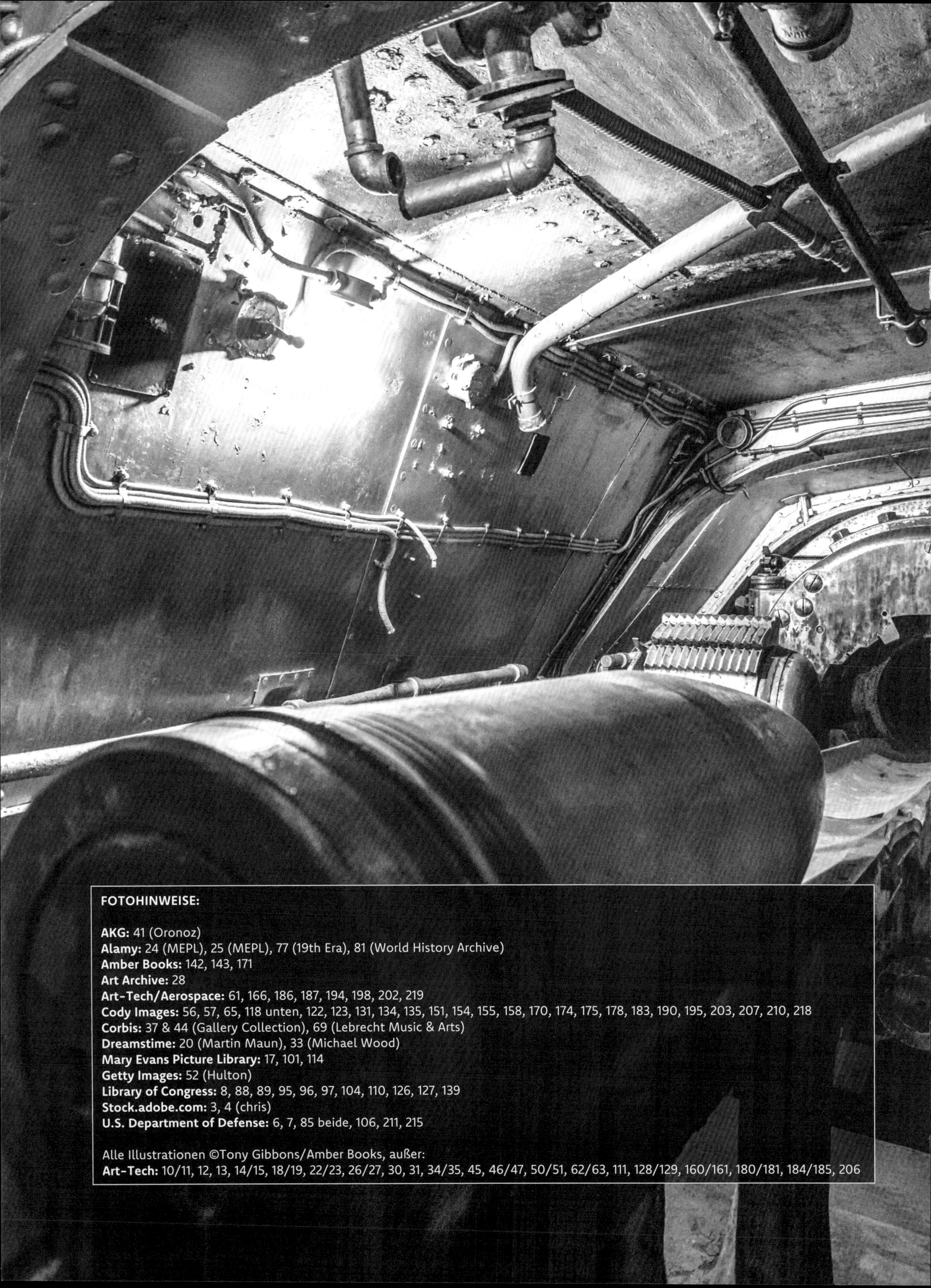

FOTOHINWEISE:

AKG: 41 (Oronoz)
Alamy: 24 (MEPL), 25 (MEPL), 77 (19th Era), 81 (World History Archive)
Amber Books: 142, 143, 171
Art Archive: 28
Art-Tech/Aerospace: 61, 166, 186, 187, 194, 198, 202, 219
Cody Images: 56, 57, 65, 118 unten, 122, 123, 131, 134, 135, 151, 154, 155, 158, 170, 174, 175, 178, 183, 190, 195, 203, 207, 210, 218
Corbis: 37 & 44 (Gallery Collection), 69 (Lebrecht Music & Arts)
Dreamstime: 20 (Martin Maun), 33 (Michael Wood)
Mary Evans Picture Library: 17, 101, 114
Getty Images: 52 (Hulton)
Library of Congress: 8, 88, 89, 95, 96, 97, 104, 110, 126, 127, 139
Stock.adobe.com: 3, 4 (chris)
U.S. Department of Defense: 6, 7, 85 beide, 106, 211, 215

Alle Illustrationen ©Tony Gibbons/Amber Books, außer:
Art-Tech: 10/11, 12, 13, 14/15, 18/19, 22/23, 26/27, 30, 31, 34/35, 45, 46/47, 50/51, 62/63, 111, 128/129, 160/161, 180/181, 184/185, 206

Inhalt

Anmerkungen des Übersetzers:
Alle technischen Daten wurden mit größtmöglicher Sorgfalt geprüft und, sofern erforderlich, auch in metrische Maße übertragen.
Leichte Abweichungen zu anderen historischen Quellen sind möglich.

Einleitung

Mehr als 400 Jahre lang galten Schlachtschiffe mit großen Kanonen als höchste Errungenschaft der Marine. Sie waren nicht nur ein wichtiges Instrument der Kriegsführung, sondern auch ein sichtbares Symbol der Macht, des Reichtums und des Stolzes einer Nation. Der Besitz einer mächtigen Flotte hatte großen Einfluss auf die Außenpolitik eines Landes.

Die ersten Großkampfschiffe waren als Flaggschiffe gedacht: Sie fielen durch ihre Größe auf, führten das Banner eines Admirals und dienten als Führungsschiff für ein Geschwader oder eine Flotte kleinerer Schiffe. Bis zum Ende des 16. Jahrhunderts ermutigte ihr Wert als Kampfmaschinen die maritimen Länder Europas, mehr große Kriegsschiffe zu bauen, und führte auch zu einer Änderung der Taktiken im Seekrieg. Nach und nach setzte sich das Konzept der „Schlachtlinie" durch, bei der sich zwei Flotten in Reihe formierten, um sich gegenseitig zu bombardieren. Solche Begegnungen waren immer mehr als ein einfacher Schlagabtausch: Der Vorteil lag bei dem Admiral, der den Wind zu seinem Vorteil nutzte und seine Schiffe in eine Position manövrieren konnte, um maximalen Schaden anzurichten. Ein „Linienschiff" musste groß und breit genug sein, um schwere Kanonen zu tragen und als stabile Feuerplattform zu dienen, und stark genug, um gegenseitigem Feuer standzuhalten. Dies blieben die beiden grundlegenden Anforderungen, auch nachdem Holzrümpfe durch Eisen und Stahl, Segel durch Dampfkraft und Kanonenkugeln durch panzerbrechende oder hochexplosive Granaten ersetzt wurden. Schließlich wurde daraus der Name „Schlachtschiff", obwohl der Begriff erst im 19. Jahrhundert allgemein verwendet wurde.

Entwicklungen in der Herstellung von Panzerplatten und im Design von Geschützen beeinflussten den Schlachtschiffbau im 19. Jahrhundert stark, wobei Fortschritte in einem Bereich neue Aufmerksamkeit auf andere Bereiche zwang. Viele einzigartige Schiffe wurden vom Stapel gelassen, einige davon hatten aber nur eine kurze Karriere. Eine Zeit lang sah es so aus, als würde die Weiterentwicklung des Torpedos als wirksame Waffe das Zeitalter der Schlachtschiffe vorzeitig beenden. Aber zu Beginn des 20. Jahrhunderts führten Innovationen und Verbesserungen zu einer Kombination aus innen gepanzerten Decks und Schotten, zu auf der Mittellinie montierten großen Kanonen mit Superfeuertürmen und zu Turbinenantrieben, die im 20. Jahrhundert zum Standard wurden. Ihren Höhepunkt erreichte die Entwicklung in so mächtigen Kriegsschiffen des Zweiten Weltkriegs wie der deutschen *Bismarck*, der US-amerikanischen *Iowa* und der japanischen *Yamato*.

Die 1912 in Dienst gestellte *USS Arkansas* diente in beiden Weltkriegen, unter anderem als Feuerunterstützung für die amphibischen Angriffe auf die Normandie, Iwo Jima und Okinawa.

AUFKOMMEN DES SCHLACHTKREUZERS

Ebenfalls im 20. Jahrhundert erschien eine Variante des Großkampfschiffs in Form des sogenannten Schlachtkreuzers, der von mehreren Marinen gebaut wurde, insbesondere der britischen, deutschen und japanischen. Die US-Marine baute zwischen 1943 und 1945 drei große Kreuzer, die als CB und nicht als BB (für Schlachtschiff) klassifiziert waren. Tatsächlich handelte es sich bei einem Schlachtkreuzer um ein Schlachtschiff, bei dem das Gewicht der Panzerung bis zu einem gewissen Grad zugunsten höherer Geschwindigkeit reduziert wurde. Während manche Puristen vielleicht argumentieren, dass der Schlachtkreuzer eine eigene Kategorie von Kriegsschiffen sei, wurden einige in dieses Buch aufgenommen. Da sie an Gefechten mit Schlachtschiffen teilnahmen und in den meisten Fällen größer, teurer und oft mit schwereren Geschützen ausgestattet waren als viele Schlachtschiffe, erscheint dies vernünftig.

In jeder Marinestrategie bis 1942 waren Schlachtschiffe das wichtigste Element. Dennoch kämpften sie relativ wenige große Schlachten. Bei Tsushima im Jahr 1905 zerstörte die japanische Schlachtflotte die des kaiserlichen Russlands. In den Jahren 1914 bis 1918 war der Admiral, der die britische Großflotte befehligte, der einzige Mann, der den Krieg an einem Tag verlieren konnte, nämlich wenn es der Kaiserlichen Hochseeflotte gelänge, der Royal Navy die Kontrolle über die Nordsee zu entreißen. Die beiden Flotten trafen nur ein einziges Mal aufeinander, in der ergebnislosen Skagerrakschlacht (Schlacht um Jütland) im Mai 1916.

Im Zweiten Weltkrieg waren Schlachtschiffe häufig im Einsatz, allerdings meist als Eskorte oder als Unterstützungseinheiten bei groß angelegten Operationen, an denen viele andere Schiffe und Flugzeuge beteiligt waren.

BOOM BEIM SCHLACHTSCHIFFBAU

Bis zum Ende des 19. Jahrhunderts wurden viele Hundert Kriegsschiffe gebaut. Zwischen 1905, dem Jahr vor dem Erscheinen der revolutionären *HMS Dreadnought*, und 1946, als die *HMS Vanguard* das letzte neue Schlachtschiff war, das in Dienst gestellt wurde, entstanden etwa 220 Großkampfschiffe von den Seemächten in aller Welt. Die größte Anzahl baute Großbritannien mit etwa 52, gefolgt von den USA mit 41, Deutschland mit 40, Japan und Frankreich mit jeweils 20, Italien mit 19, Russland mit 13, Österreich-Ungarn mit sieben und Argentinien, Brasilien und Chile mit jeweils zwei. Viele weitere wurden geplant oder begonnen, aber nicht fertig gestellt, weil Kriege zu Ende gingen, internationale Verträge geschlossen wurden oder schlichtweg die Ressourcen fehlten.

Die *USS Iowa* demonstriert die Kraft ihrer 406-Millimeter-Geschütze. Die *Iowa* wurde 1943 in Dienst gestellt und diente bis 1990 in der US-Marine.

Die Schiffe waren enorm teuer. Der Bau des Schlachtkreuzers *HMS Hood* kostete zwischen 1916 und 1920 6.025.000 Pfund, der Betrieb kostete 400.000 Pfund pro Jahr.

Ziel dieses Buches ist es, anhand wichtiger Einträge zu 52 Schiffen einen Leitfaden zu den großen Großkampfschiffen der Welt zu bieten. Einige von ihnen hatten eine bewegte Karriere und nahmen an berühmten Gefechten teil, andere sind nur durch ihren Untergang in Erinnerung geblieben. Die Verbindung zwischen einem Schlachtschiff und dem Nationalgefühl war so stark, dass einige, wie die französische *Richelieu*, sogar bis ins Atomzeitalter in Marinereserve standen. Erst 1967/68 wurde die *USS New Jersey* der Iowa-Klasse wieder in Dienst gestellt. Der Flugzeugträger (die ersten Exemplare bauten auf Rümpfen auf, die für Schlachtkreuzer wie die in diesem Buch vorgestellte *HMS Courageous* gedacht waren) und das Atom-U-Boot haben sie inzwischen ersetzt, aber ihr Platz in der Geschichte der Schiffe und Marinen ist gesichert.

VON HOLZWÄNDEN ZUR PANZERPLATTE

Zwischen den ersten Kriegsschiffen, die eine Breitseite abfeuern konnten, und den eisengepanzerten, dampfbetriebenen Schlachtschiffen mit auf der Mittellinie montierten Geschütztürmen liegen vier Jahrhunderte voller Experimente, Fortschritt und Rivalität. Während die Marinen vieler Nationen darum konkurrierten, Schiffe zu bauen, die jeden potenziellen Feind besiegen konnten, blieben die beiden wesentlichen Faktoren stets dieselben: Feuerkraft und Durchhaltevermögen.

Linke Seite:

Die *USS Indiana*, ein erstklassiges Großkampfschiff, wurde 1895 fertiggestellt. Aus innenpolitischen Gründen wurde sie als Küstenschlachtschiff eingestuft.

Henry Grace à Dieu (1514)

Bekannt als „Great Harry“, war dies eines der ersten englischen Schiffe, das speziell für die Kriegsführung konzipiert wurde. Für seine Zeit war es sehr groß und spiegelte die Bestrebungen des englischen Staats in einer Zeit intensiver Rivalität und gelegentlicher Kriege mit Frankreich wider.

Unter Heinrich VIII. begann die englische Politik gegenüber Europa die Form anzunehmen, die sie für die nächsten fünf Jahrhunderte beibehalten sollte: Man versuchte, ein Kräftegleichgewicht auf dem Kontinent herzustellen, so dass keine Nation so stark wurde, dass sie England besiegen oder bedrohen konnte. Vor allem die Macht Frankreichs bereitete damals Anlass zur Sorge. Eine Seemacht war notwendig, um die englische Politik und das Ansehen des englischen Staats durchzusetzen sowie die Größe seines Monarchen zur Schau zu stellen. Speziell gebaute Kriegsschiffe waren im wahrsten Sinne des Wortes die Schiffe des Königs, und Heinrich VIII. war sehr stolz auf seine drei großen Schiffe. Neben der „Great Harry“ waren es die *Mary Rose* (1511) und ein Ruderschiff, bekannt als „The Great Galley“.

Segel

Ein Gemälde von 1520 zeigt, dass die Segel des Schiffs gelb waren (vermutlich wurde ein Goldeffekt angestrebt). Obwohl es sich wahrscheinlich um ein speziell für einen besonderen Staatsanlass angefertigtes Segelset handelte, mit dem Heinrich VIII. nach Frankreich reiste, wird „Great Harry“ normalerweise auf diese Weise dargestellt.

Heraldik

Die Heraldik spielte eine wichtige Rolle bei der Vermittlung des Status eines Kriegsschiffs und seines Kommandanten. Wenn der König an Bord wäre, würde die königliche Standarte vom Hauptmast wehen. Die rote Tudor-Rose war damals ein nationales Symbol.

Die *Henry Grace à Dieu* hatte sieben Decks. Auf zwei davon waren größere Kanonen montiert. Als Flaggschiff musste sie ausreichend Platz für hochrangige Offiziere und deren Gefolge sowie für den König selbst bieten.

Takelage

Das Bramsegel wurde zu Beginn des 15. Jahrhunderts eingeführt, um dem Bedarf an mehr Leistung zum Antrieb tieferer und schwererer Schiffe gerecht zu werden. Obwohl dreiteilige Masten mittlerweile üblich waren, waren die Oberrahen schmaler und leichter als die Großrahen.

Waffendecks

Mit zwei Hauptgeschützdecks und darüber montierten, leichteren Geschützen war dies für seine Zeit ein sehr beeindruckendes Schiff, auch wenn zweifelhaft ist, ob die Kanoniere mit der koordinierten Breitseite späterer Zeiten zurechtkämen.

Frühe Kriegsschiffgeschütze hatten eine Leichtbaukonstruktion. Ihre Läufe waren in Abschnitten gefertigt und mit Seilhalterungen auf geformten Holzblöcken montiert. Sie waren mündungsgeladen, und der Kanonenrammer drückte die Kugel gegen die Pulverladung.

DIE ENTSTEHUNGSGESCHICHTE DES SCHIFFS

Die *Henry Grace à Dieu* wurde in Portsmouth auf konventionelle Weise gebaut – allerdings in ungewöhnlich großem Maßstab, als Viermastkaracke mit tiefer Taille und verstärktem Deck, auf dem die größeren Kanonen untergebracht waren.

Diese Positionierung war notwendig, um durch die Konzentration des Gewichts für Stabilität zu sorgen. Es machte es aber auch einfacher, die Geschütze an der Wasserlinie feindlicher Schiffe zu positionieren, denn es war eine Zeit, als Schiffe auf engem Raum kämpften. Die Entwicklung des wasserdichten Geschützhafens war relativ neu und veränderte die Taktik der Seeschlacht mit der Möglichkeit erheblich, eine Breitseite aus geringer Höhe abzufeuern.

Die anderen Geschütze leichteren Kalibers sollten auf die Takelage, das Deck und Kampfdecks feindlicher Schiffe schießen. Sie wurden daher auf dem Vorschiff, vier Decks über der Schiffsmitte und dem Achterdeck (zwei Decks darüber) montiert, um den Höhenvorteil zu nutzen. Insgesamt befanden sich über dem Kiel sieben Decksebenen, die Platz für Vorräte und Kanonenkugeln sowie für Soldaten für relativ kurze Fahrten über den Ärmelkanal boten. Bramsegel, die auf Topmastrahen über den oberen Kampfspitzen montiert waren, waren ebenfalls recht neu. „Great Harry" besaß diese sowie obere und untere Lateinersegel.

Im langen Aufbau befanden sich Wohnungen, die für den König und seine hochrangigen Höflinge und Offiziere gedacht waren. Auf dem Vorschiff lebten Soldaten und Matrosen – nach dem Muster Männer vorn und Offiziere hinten, das in der Royal Navy bis ins Zeitalter von Eisen und Dampf Bestand haben sollte.

HENRY GRACE À DIEU

Abmessungen	Länge 57,90 m Breite 15,20 m Tiefgang max. 6,10 m
Verdrängung	ca. 1.000 t
Besatzung	400 Seeleute und 600 Soldaten
Takelage	4 Masten, quadratisches Rigg mit 2 Lateinermasten
Bewaffnung (1545)	21 Bronzekanonen, 130 Eisenkanonen, 100 Handfeuerwaffen

BESATZUNG

Die Besatzung war aufgeteilt in Matrosen, die für die Führung des Schiffs verantwortlich waren, in Soldaten, die für den Kampf zuständig waren, und in Kanoniere. Während die genaue Zusammensetzung der Besatzung der *Henry Grace à Dieu* nicht bekannt ist, hatte die kleinere *Mary Rose* 200 Matrosen, 185 Soldaten und 30 Kanoniere. Auf dem größeren Schiff mit rund 150 statt 96 Kanonen dürfte die Zahl der Kanoniere deutlich höher gewesen sein.

Zu dieser Zeit gab es kein Konzept für eine nationale Kriegsflotte, und „Great Harry" war in ihrer Rolle als Flaggschiff ein Symbol der Nation. Im Fall eines Seekrieges hätte sie eine hastig zusammengestellte Flotte bewaffneter Handelsschiffe angeführt, wie es 1545 und noch einmal in 1588 passierte. Doch schon damals war das große Kriegsschiff ein Instrument der nationalen Politik.

BEGRENZTE EINSÄTZE

Es war nicht das größte Schiff, das bis dahin in England entstanden war: Rund hundert Jahre zuvor hatte die 1418 in Southampton gebaute *Grace Dieu* eine geschätzte Verdrängung von 2.750 Tonnen. Die *Henry Grace à Dieu* lief 1514 vom Stapel und wurde in den ersten Jahrzehnten kaum benötigt. In den Jahren 1536 bis 1539 wurde sie zusammen mit der *Mary Rose* umgebaut, wobei Höhe und Gewicht verringert wurden und 21 neue, schwere Bronzekanonen installiert wurden.

Erst am 18. Juli 1545 kam das Schiff zum Einsatz, als eine Invasionsflotte aus 235 französischen Schiffen, viele davon Galeeren, Portsmouth angriff, das schon damals Englands wichtigster Marinestützpunkt war. Das Schiff geriet unter Beschuss, aber ein Nordwind half ihm, die kleineren und tiefer liegenden feindlichen Schiffe zu bekämpfen. Zu diesem kritischen Zeitpunkt kenterte und sank das Begleitschiff *Mary Rose*, weil Wasser durch unzureichend gesicherte Kanonenpforten eindrang. Das Gefecht verlief unentschieden, aber der französische Invasionsversuch scheiterte.

Heinrich VIII. starb 1547, und das Schiff wurde für seinen Nachfolger, König Edward VI., in *Edward* umbenannt. Obwohl es seetüchtig gehalten wurde, wurde es nicht mehr aktiv eingesetzt. Am 23. August 1553 wurde es durch einen Brand im Woolwich Naval Arsenal in London zerstört.

DIE KARACKE

Carrack war in England eine Bezeichnung für einen Schiffstyp, der in Italien als Cocha bekannt war. Es besaß eine abgerundete Rumpfform, quadratische Segel und mit der Schmalseite voran verlegte Planken, die sich nicht überlappten. Das flache Heck war ein übliches Merkmal, ebenso das massive Vorschiff, das über dem Bug gebaut war. Ursprünglich handelte es sich bei der Karacke um Einmaster, im späten 15. Jahrhundert waren es jedoch meist Dreimaster mit einem dreieckigen Lateinersegel am dritten Mast. Ein vierter Mast mit Bonaventuresegel wurde nur auf den größten Schiffen angebracht. Der Topmast, der auf der *Henry Grace à Dieu* in einer Zeichnung von 1545 abgebildet ist, könnte eher eine dekorative Verschönerung als Realität sein. An den Enden der Großrahen wurden Haken angebracht, um das Greifen zu erleichtern, und zu demselben Zweck wurde ein großer Enterhaken am Scheitelende des Bugspriets befestigt. Auf jeder Seite war von den Dollborden bis zum Mittelgang ein stabiles Netz gespannt, um zu verhindern, dass Angreifer an Bord sprangen.

San Martín (um 1579) 

Obwohl die *San Martín* als portugiesisches Kriegsschiff gebaut wurde, erlangte sie Berühmtheit als „Spanische Galeone", das siegreiche Flaggschiff in der Schlacht von Terceiro (1582) gegen Frankreich. Allerdings hatte sie weniger Glück als Flaggschiff der Großen Armada, die 1588 gegen England geschickt wurde.

Im Jahr 1580 wurde Portugal von Spanien annektiert und seine Flotte wurde mit derjenigen Spaniens vereint. Darunter befanden sich einige schöne Schiffe vom Typ Galeone. Die portugiesische Marinetradition war stark, und die klaren, einfachen Linien der *San Martín* mit ihren zwei Kanonendecks veranschaulichen das beste Kriegsschiffdesign zwischen 1570 und 1580. Sie ist ein interessanter Vergleich zu „Great Harry", die noch existierte und eher eine Art schwimmende Burg als ein Kampfschiff war.

Offensichtlich war die *San Martín* besser als alles, was Spanien damals hatte, da ihr sehr schnell der Status einer Capitana General – eines Flaggschiffs – verliehen wurde. Am 15. Juli 1582 führte sie die Flotte in der Schlacht von Terceiro vor den Azoren an, als die Spanier unter dem Kommando des Marquis von Santa Cruz eine französische Flotte aus 60 Schiffen besiegten. Dies war die erste Flottenaktion zwischen Schiffen des Galeonentyps.

Die *San Martín* war ein schönes Beispiel portugiesischer Schiffbaukunst. Bemerkenswert ist der Bonaventure-Mast, der weit nach innen gerichtet ist und nicht den heiklen Heckausleger der *Henry Grace à Dieu* erforderte.

Galerie

Der offene Heckgang oder die offene Galerie waren eine für diese Art von Galeone typische Innovation. Das bot den Offizieren einen geschützten Ort, den sie auch als Latrinenraum nutzten.

Ruder

Das Ruder bestand aus einer massiven Holzkonstruktion und erforderte große Festigkeit, um nicht nur rauer See, sondern auch der Belastung standzuhalten, die durch das Drehen von oben entsteht. Die Bedienung erfolgte über eine lange Pinne, an der Tackles oder ein „Peitschenstab-Hebel" befestigt waren.

Takelage

Die Segel waren größer und die oberen Segel entwickelten sich im Laufe der Zeit zu einer quadratischeren oder rechteckigeren Form. Bei günstigen Windverhältnissen konnten Verlängerungen angebracht werden, um mehr Fahrt zu machen.

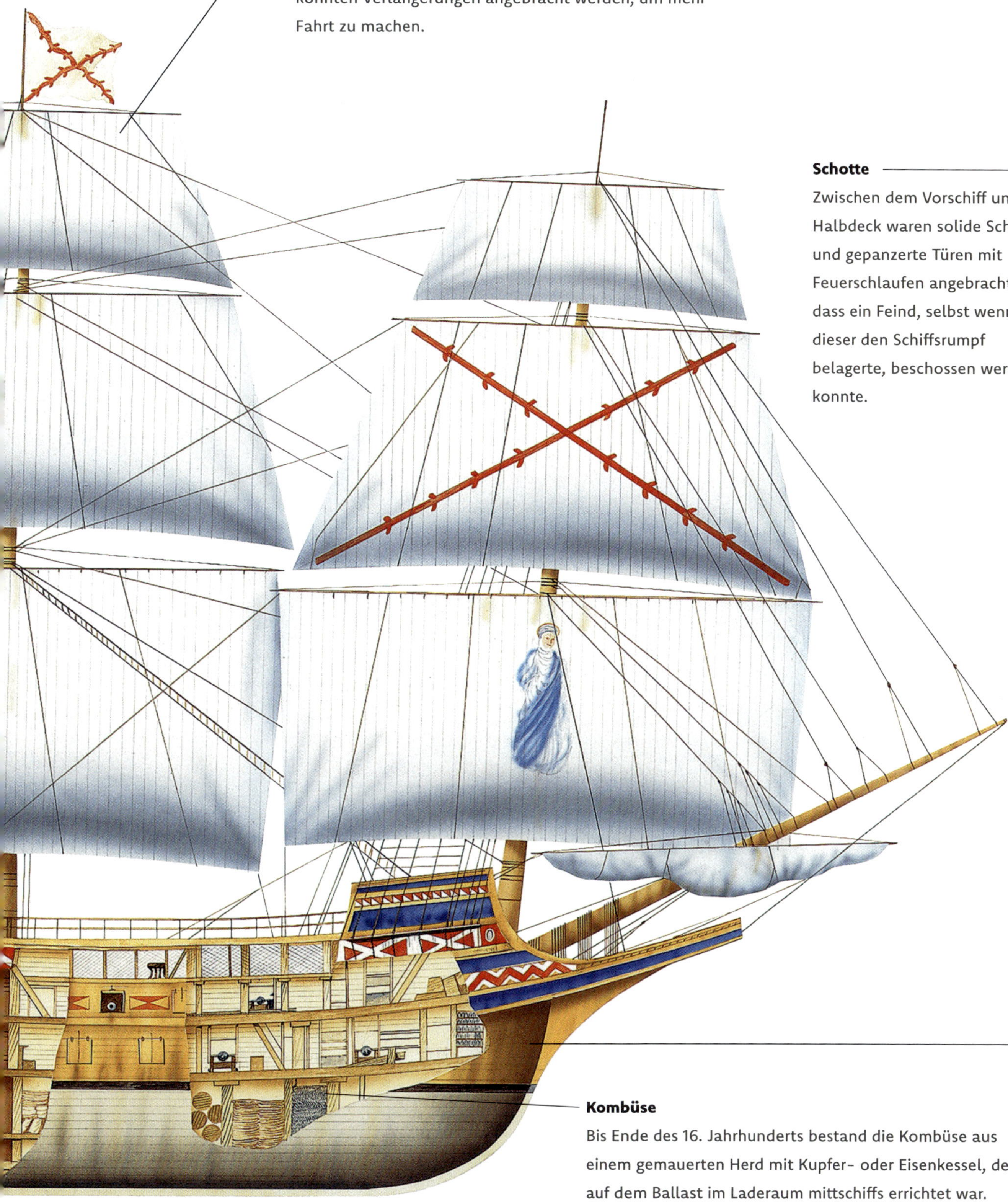

Schotte

Zwischen dem Vorschiff und dem Halbdeck waren solide Schotte und gepanzerte Türen mit Feuerschlaufen angebracht, so dass ein Feind, selbst wenn dieser den Schiffsrumpf belagerte, beschossen werden konnte.

Kombüse

Bis Ende des 16. Jahrhunderts bestand die Kombüse aus einem gemauerten Herd mit Kupfer- oder Eisenkessel, der auf dem Ballast im Laderaum mittschiffs errichtet war.

SAN MARTÍN

Abmessungen	Länge 37,30 m Breite 9,30 m Tiefgang 3,10 m
Verdrängung	1.000 t
Besatzung	350 Seeleute und Kanoniere, 302 Arkebusiere und Musketiere
Takelage	3 Masten, quadratisches Rigg (eventuell 4. Heckmast)
Bewaffnung	48 schwere Geschütze plus leichte Geschütze

Zehn französische Schiffe wurden dabei versenkt, ohne dass ein einziges spanisches beschädigt wurde.

DIE SPANISCHE ARMADA

Mit so vielen Kanonen war die *San Martín* ein reines Kampfschiff und wurde erst im Mai 1588 wieder aktiv eingesetzt, als eine riesige Flotte für die Invasion Englands zusammengestellt wurde. Auch hier war die *San Martín* das Hauptquartierschiff und transportierte den Herzog von Medina Sidonia und seinen Stab. Die Geschichte des Scheiterns der Armada aufgrund einer Kombination aus englischer Hartnäckigkeit und schlechtem Wetter ist bekannt. Im Kontext der Geschichte des Schlachtschiffs erteilte die *San Martín* eine Lektion, die zu diesem Zeitpunkt vielleicht nicht so offensichtlich war. Die spanischen Galeonen waren Kriegsschiffe, die für den Nahkampf konzipiert waren: Ihre Geschütze waren nur auf kurze Distanz wirksam. Obwohl die englischen Schiffe im Allgemeinen kleiner waren, verfügten sie über Kanonen mit größerer Reichweite und konnten die Spanier aus der Ferne bombardieren, ohne Gefahr zu laufen, von feindlichen Soldaten geentert zu werden.

Die *San Martín* wurde in einem einstündigen Duell mit der *Ark Royal* am 1. August und einem weiteren mit der *Triumph* am 4. August unter der Wasserlinie getroffen und durch das Eingreifen anderer Schiffe gerettet. Nach einigen Tagen Atempause kam es ab dem 8. August vor Gravelines erneut zu einer Schlacht auf der französischen Seite des Ärmelkanals. Die *San Martín* kämpfte in einem erbitterten Nachhutgefecht gegen zahlreiche englische Schiffe, darunter auch Sir Francis Drakes *Revenge*, während sich der Rest der Flotte entlang der niederländischen Küste nach Norden bewegte. Es war ein knappes Gefecht, aber nicht so knapp, dass die Galeonen ihre sich schnell bewegenden Gegner festhalten, entern und zur Kapitulation hätten zwingen können. Am 9. August war klar, dass die Armada nicht in der Lage war, das Meer zu beherrschen und ihre Invasionstruppe an Land zu bringen. Bei der Rückkehr nach Spanien entlang der stürmischen Küsten Schottlands und Irlands erlitten viele Schiffe Schiffbruch. Die *San Martín* war eines der 67 von über 130 Schiffen, die am 23. September Santander erreichten.

Die Lektion war, dass die Qualität der Geschütze und Artillerie wichtig war und nicht nur ein Extra, sondern potenziell entscheidend in einer Schlacht auf offener See. Dies war für Seeleute, die in der alten Grappling- und Enter-Tradition aufgewachsen waren, nicht unbedingt verständlich. Die Technologie des Kanonenschießens und der abgefeuerten Munition – massive Eisenkugeln – änderte sich nur langsam und allmählich. Noch 200 Jahre später versuchten

DIE GALEONE

Die Galeone war ein großes Schiff, das sich durch ein schmales Verhältnis von Länge zu Breite, einem niedrigeren Freibord (Deckshöhe über der Wasserlinie) als üblich und einem quadratischen Heck auszeichnete. Es war am Vorschiff und am Achterkastell nicht so hoch gebaut wie die Vorgängerschiffe und hatte drei, gelegentlich auch vier Masten. Das Deck lief in einem spitzen Schnabel über dem Bug aus. Ziel war es, eine Kampfplattform zu schaffen, die schneller und praktikabler war als bei den vor 1575 typischen hochgebauten Kriegsschiffen. Geschützdecks waren eingebaut und enthielten normalerweise die neuesten Kanonenmodelle. Die *English Revenge* (1577) verfügte neben kleineren Kanonen über zwei Halbkanonen, vier Pierrier-Kanonen, zehn Feldschlangen (Kolubrinen), sechs Halbfeldschlangen und zehn Lederkanonen. Alle großen Seefahrerländer bauten Galeonen: England, Frankreich, Holland, Spanien, alle mit ähnlichen Merkmalen, aber unterschiedlich in Größe, Art der Bewaffnung und Takelage. Die Bezeichnung (erstmals um 1529 im Englischen verwendet) ist daher in der Schifffahrt kein präziser Begriff.

Dieses Gemälde von Charles Dixon (1872–1934) zeigt das Gefecht zwischen der *San Martín* und der *Ark Royal* im Ärmelkanal. Beide waren die Flaggschiffe der kämpfenden Flotten. Das Bild macht deutlich, dass die englischen Schiffe kleiner und handlicher waren als die großen spanischen Schiffe.

Schiffe, die mit viel mehr und schwereren Kanonen bewaffnet waren, immer noch, an die Seite eines Gegners zu gelangen und dessen Decks mit bewaffneten Männern zu stürmen.

GRÖSSE, STÄRKE UND MANÖVRIERFÄHIGKEIT

Die *Ark Royal*, das Flaggschiff des englischen Admirals Lord Howard, wog 694 Tonnen im Vergleich zu *San Martíns* 1.000 Tonnen, hatte aber vier Masten und 38 Kanonen, darunter vier 60-Pfünder, vier 30-Pfünder und zwölf 18-Pfünder. Wie die meisten anderen englischen Schiffe war sie wendiger als die größeren spanischen Schiffe. Trotz überlegener Kanonentechnik hatte die englische Flotte nicht die Kraft, die riesigen Galeonen zu zerstören, denn auch Größe und Stärke zählten. Ab September 1588 muss sich die *San Martín* in einem schlechten Zustand befunden und dringend einer Reparatur und Modernisierung bedurft haben. Der Krieg war noch nicht vorbei, und die Spanier mussten ihre Seestreitkräfte neu formieren und reformieren, um Angriffen aus England, Frankreich und den Niederlanden standhalten zu können. Alle Erfolg versprechenden Schiffe müssen in Betrieb gehalten oder schnell repariert worden sein, aber das weitere Schicksal der *San Martín* ist unbekannt.

Vasa (1628)

Die *Vasa* hatte von fast allen Kriegsschiffen die kürzeste Karriere. Das 1628 auf der Königlichen Werft in Stockholm gebaute Schiff mit 64 Kanonen sank auf seiner allerersten Reise, nur wenige Minuten nach der Abfahrt.

Die Entdeckung des Wracks der *Vasa*, seine Bergung und seine Restauration haben es zum langlebigsten Kriegsschiff des 17. Jahrhunderts gemacht und zu einer Schatzkammer voller Artefakte und Informationen über die Marinetechnologie und das Leben zu dieser Zeit. Die *Vasa* (bisweilen auch *Wasa*) war der Nachname der schwedischen Könige.

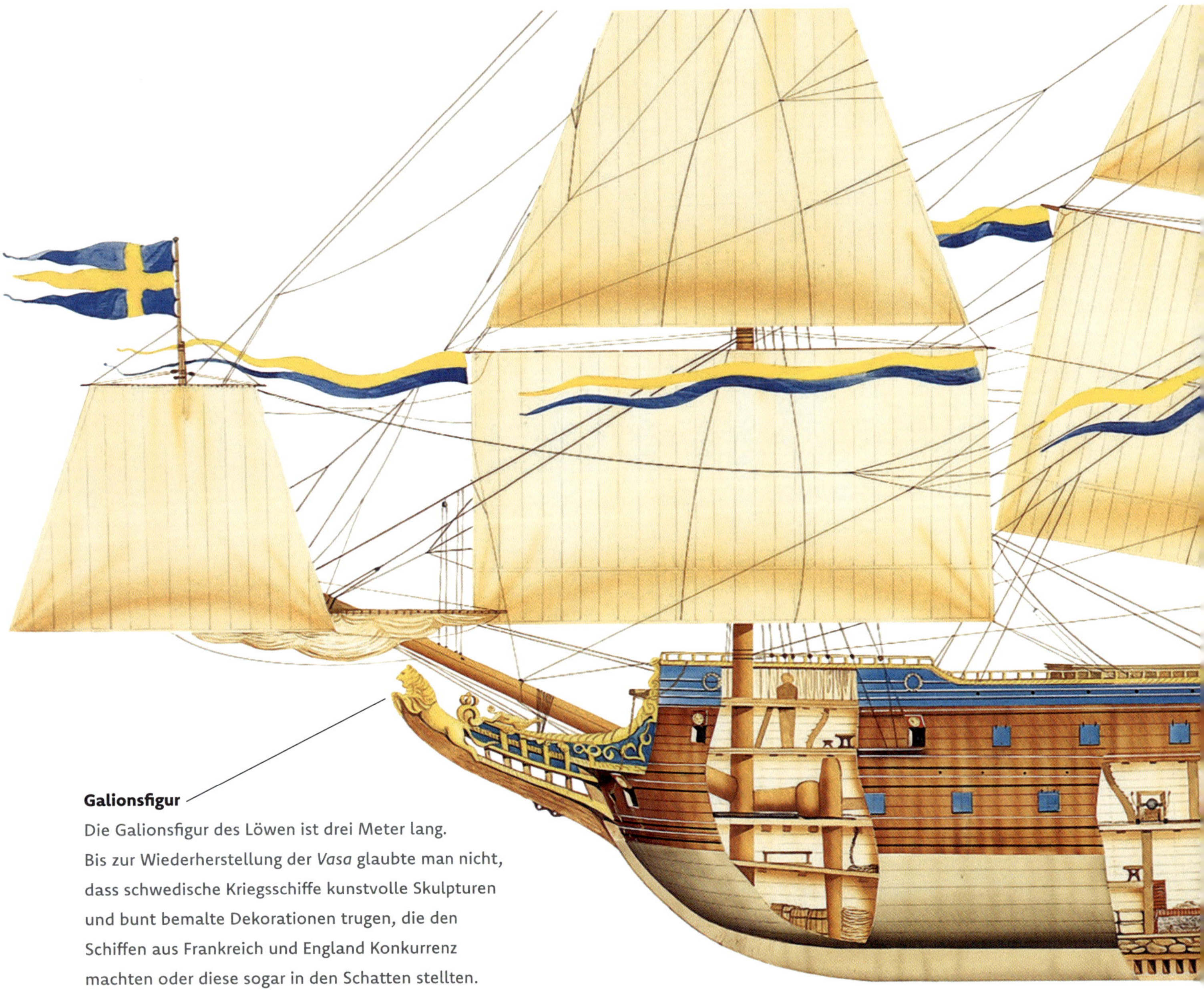

Galionsfigur
Die Galionsfigur des Löwen ist drei Meter lang. Bis zur Wiederherstellung der *Vasa* glaubte man nicht, dass schwedische Kriegsschiffe kunstvolle Skulpturen und bunt bemalte Dekorationen trugen, die den Schiffen aus Frankreich und England Konkurrenz machten oder diese sogar in den Schatten stellten.

Das Schiff wurde für einen der bedeutendsten Könige in Auftrag gegeben: Gustav Adolf, der 1628 mit seiner Armee tief in den Krieg in Deutschland verwickelt war.

Während des Dreißigjährigen Kriegs (1618 – 1648) befand sich Schweden im Krieg mit Polen und errichtete eine Seeblockade gegen die Stadt Danzig. *Vasas* erste Mission bestand darin, sich dieser Blockadetruppe anzuschließen. Auf der ersten Etappe ihrer Reise, am 10. April 1628 von Stockholm aus, herrschte Partystimmung. Frauen und Kinder waren als Gäste für die Fahrt aus der Bucht an Bord. Der Wind war so schwach, dass die *Vasa* aus dem Hafen geschleppt wurde und sich an einer verankerten Leine entlangschlängelte, die von einem Langboot herabgelassen worden war. Die Segel waren gesetzt, als vereinzelte Windböen aufkamen. Eine dieser Böen erfasste das Schiff plötzlich und ließ es kentern, sodass Wasser durch offene Kanonenpforten einströmen konnte. Das Schiff sank sofort, wobei etwa 50 der 250 Menschen an Bord ertranken.

BERGUNG DES SCHIFFS

Nach dem Untergang folgten Bergungsbemühungen, die meisten Waffen wurden zwischen 1663 und 1664 gehoben.

Sprietsegel
Während üblicherweise nur kleinere Schiffe mit einem Sprietsegel ausgestattet wurden, kam es auch am Achtermast der *Vasa* zum Einsatz.

Geschützpforten
Diese wurden seit über einem Jahrhundert genutzt, und die Gefahr, die unterste Etage offen zu lassen, war bekannt. Die *Vasa* besaß sogar eine sehr solide Konstruktion, denn die Pforten waren in starke Rahmen eingelassen, nach oben klappbar, und hatten eine schmalere Innenschicht, um die Seiten wirksam abzudichten.

Bewaffnung
Die *Vasa* konnte 267 Kilogramm Munition aus den Geschützen einer Seite abfeuern, aber die Taktik konzentrierte sich immer noch auf das Abfeuern einzelner Geschütze im Kampf gegen ein einzelnes Schiff und nicht auf die Breitseitenaktionen in der Schlachtlinie.

Der Rumpf der *Vasa* wird in einem speziell errichteten Museumsgebäude aufbewahrt, in einer Umgebung mit kontrollierter Temperatur und Feuchtigkeit, um das Austrocknen der Hölzer zu verhindern. Die archäologischen Arbeiten am Schiff und seinem Inhalt dauern noch an.

Aber erst in den 1950er-Jahren war es technisch möglich, den Rumpf anzuheben, der in einer Tiefe von 35 Metern im Schlamm steckte. Am 24. April 1960 wurde er an die Oberfläche gebracht und in einem Trockendock in ein eigens errichtetes Gebäude überführt. Das Schiff war einst von dem niederländischen Schiffsbauer Henrik Hybertson de Groot entworfen worden (die Niederländer waren berühmte Schiffbauer). Genau wie die *Henry Grace à Dieu* hundert Jahre zuvor war es nicht nur eine Kampfplattform, sondern eine Verkündigung nationalen und königlichen Prestiges. Skulpturen und Schnitzereien schmückten es in Hülle und Fülle. Zusätzlich zu klassischen und biblischen Themen, die den Ruhm des Hauses Vasa widerspiegeln sollten, war es vergoldet oder bunt bemalt. Außerdem wurde eine große Auswahl an Artefakten geborgen, die für die Ausrüstung und den Betrieb eines großen Kriegsschiffs notwendig waren – von ganzen Segeln, Teilen der Takelage, Seilen und Ruderanlagen bis hin zu Kleidung und persönlichem Eigentum der Besatzung (Holz- und Zinnteller, Trinkgefäße und Nähsets, in Truhen verpackte Kleidung, Gürtel und Schuhe). An Bord wurden auch über 4.000 Kupfermünzen gefunden. Das kühle Wasser der Ostsee konservierte die meisten Gegenstände, mit Ausnahme derjenigen aus Eisen, die fast vollständig verrostet waren.

UNTERSUCHUNG DES WRACKS

Die *Vasa* war ein Dreimastschiff. Die Untersuchung des Wracks ergab, dass der Hauptmast um etwa neun Grad nach hinten geneigt war und das Deck eine beträchtliche Neigung aufwies: ein Beweis für Aspekte zeitgenössischen Designs, die zuvor nur in Zeichnungen und Gemälden zu sehen waren. Trotz der Höhe des Rumpfes mit einem Achterdeck 20 Meter über der Wasserlinie beförderte die *Vasa* nur 120 Tonnen Steinballast, und die damit einhergehende Instabilität des Schiffes wurde bereits beim Stapellauf vermutet. Schweden fehlte es jedoch an großen Schiffen, da es während des Baus der *Vasa* durch Stürme zahlreiche Schiffe verloren hatte und in der Schlacht von Oliwa (1627) in der südlichen Ostsee gegen eine polnische Flotte kämpfte. Da der König in Briefen auf einer baldigen Fertigstellung bestand, wurden Bau und Ausrüstung in Eile erledigt. Hybertson war bereits in der Anfangsphase des Baus gestorben, und so gab es gegenseitige Schuldzuweisungen zwischen den Marinebehörden und den Bauherren. Die vergleichsweise geringe Breite des Rumpfs im Verhältnis zu seiner Länge wurde bemängelt, aber die Maße waren vom König festgelegt worden, den niemand zu kritisieren wagte. Das Schiff mit geöffneten unteren Kanonenpforten zu segeln, obwohl die Instabilität bereits festgestellt worden war, scheint ein dummer Entschluss von Kapitän Söfring Hansson gewesen zu sein, der jedoch nicht gerügt wurde. Am Ende gab ein Untersuchungsgericht niemandem die Schuld, und die Katastrophe wurde als „höhere Gewalt" behandelt.

VASA

Abmessungen	Länge 69,00 m Breite 11,70 m Tiefgang 4,90 m
Verdrängung	6.789 t
Besatzung	145 Schiffsbesatzung, 300 Soldaten
Takelage	3 Masten, quadratisches Rigg an Vorschiff und Großsegel, Lateiner-Besan
Bewaffnung	48x 24-Pfünder-, 8x 3-Pfünder-, 2x 1-Pfünder-, 1x 16-Pfünder-, 2x 62-Pfünder- und 3x 35-Pfünder-Geschütze

VASAS ERBE

Die *Vasa* war als erstes von fünf Großkampfschiffen gedacht. Es folgten vier weitere mit ähnlichem Design, aber längerer Lebensdauer: die *Applet*, die *Kronan*, die *Scepter* und die *Göta Ark*. Diese dienten bis in die 1660er-Jahre zufriedenstellend. Allerdings kann angenommen werden, dass einige Modifikationen vorgenommen wurden, um ihre Stabilität zu verbessern. So war die *Applet* mit 13,18 Metern etwas breiter. Obwohl Schweden ein vergleichsweise reiches Land war, waren die Kosten von 40.000 Talern für jedes Schiff hoch.

VASAS WAFFEN

Die Spezifikationen für die Bewaffnung der *Vasa* wurden im Laufe der Bauzeit geändert. Für die verschiedenen Waffentypen wurden unterschiedliche englische Namen verwendet, die aus dem Schwedischen übersetzt wurden. Die *Vasa* war wahrscheinlich das am besten bewaffnete Kriegsschiff dieser Zeit, obwohl moderne Analysen darauf hindeuten, dass die verwendete Bronze nicht von bester Qualität war. Im Jahr 1626 waren 72 24-Pfünder-Bronzekanonen bestellt worden. Es ist wahrscheinlich, dass diese Anzahl eine Überarbeitung des Entwurfs erforderlich machte, um ein zweites Kanonendeck zu bauen, das im ursprünglichen Plan nicht vorgesehen war. Letztendlich verfügte die *Vasa* nur über 64 montierte Geschütze, darunter 48 24-Pfünder, die jeweils zu 24 Stück auf jedem Geschützdeck angeordnet waren, zehn leichtere Kanonen und sechs Mörsergeschütze, die große Sprenggranaten mit einem Gewicht von 7,25 bis 28 Kilogramm abfeuerten. Zu einer Zeit, in der die Militärs dazu neigten, unterschiedliche Waffen zu tragen, war die Artillerie der *Vasa* relativ standardisiert. Zwischen 1663 und 1664 wurden 53 Geschütze mit einem Gewicht von jeweils bis zu 1,5 Tonnen aus dem Wrack geborgen und nach Deutschland verkauft.

Sovereign of the Seas (1637)

Das prächtigste Schiff, das jemals für die englische Royal Navy gebaut wurde, das erste englische Kriegsschiff mit drei kompletten Kanonendecks, das erste mit 100 Kanonen und das teuerste, das jemals gebaut wurde – die *Sovereign of the Seas* beanspruchte eine Reihe von Superlativen für sich.

Das Schiff war in jeder Hinsicht ein „Königsschiff" und wurde 1634 von König Karl I. in Auftrag gegeben. Es war Teil des sehr berechtigten Anliegens, die Marine zu verbessern und zu vergrößern – zu einer Zeit, als andere Nationen, insbesondere die Niederländer und die Franzosen, ihre eigene Marine weiterentwickelten und für den Überseehandel neue Schiffe erbauten. Der Designer war Phineas Pett, Englands führender Schiffbauer. Sein Sohn Peter ließ das Schiff auf der Woolwich Dockyard in London bauen.

Phineas Pett hatte bereits ein teilweise dreigeschossiges Kriegsschiff gebaut, die *Prince Royal* mit 55 Kanonen von 1610. Aber dieses Schiff jetzt war anderthalbmal so groß. Ob die dreifachen Kanonendecks nun die Idee des Königs oder Petts waren – beide mochten jedenfalls den Gedanken: der eine als Herausforderung für sein Können, der andere als Symbol

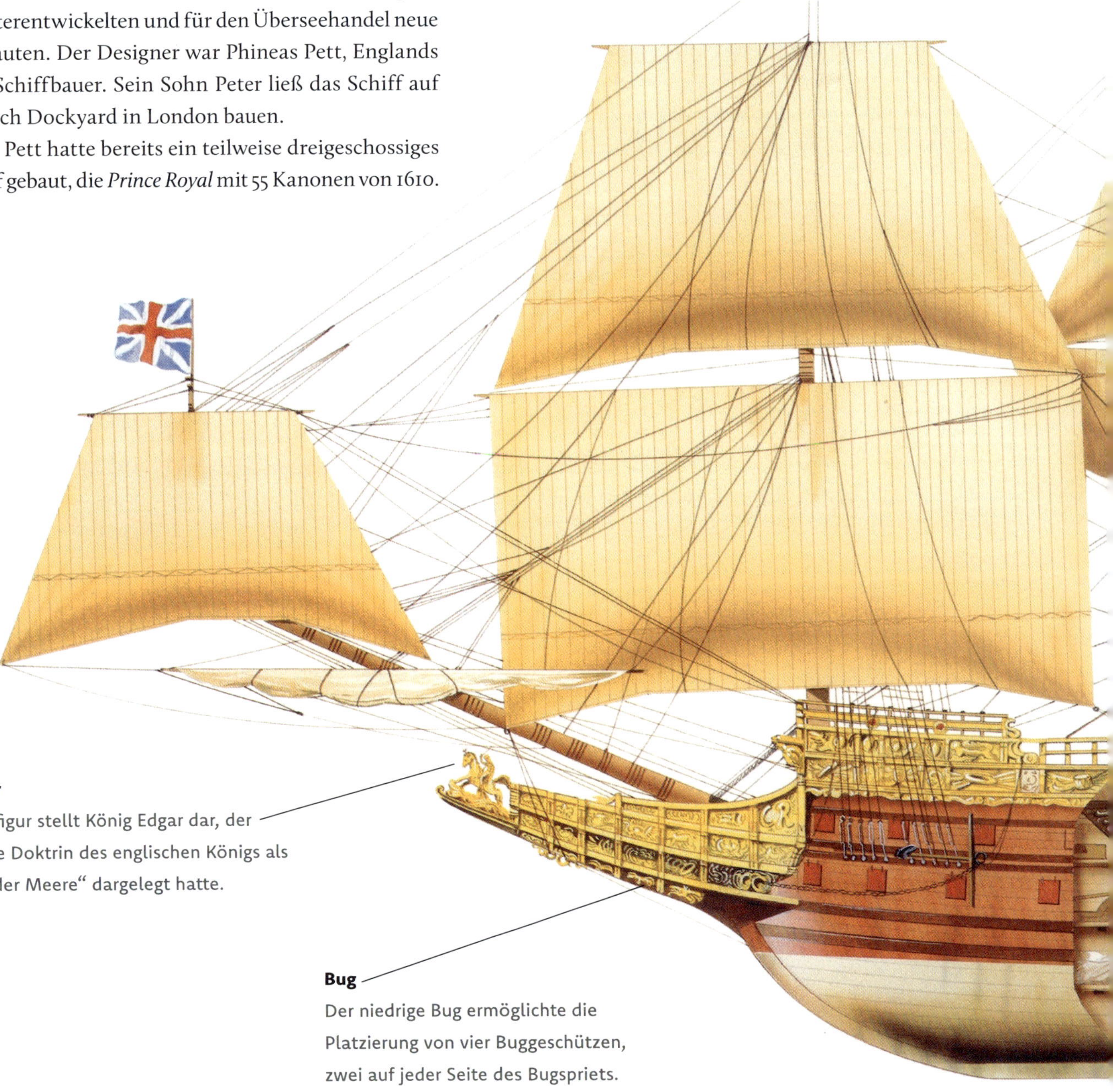

Galionsfigur
Die Galionsfigur stellt König Edgar dar, der als erster die Doktrin des englischen Königs als „Herrscher der Meere" dargelegt hatte.

Bug
Der niedrige Bug ermöglichte die Platzierung von vier Buggeschützen, zwei auf jeder Seite des Bugspriets.

Sovereign of the Seas (1637)

Takelage
Das Schiff war mit 13 Segeln ausgestattet, darunter ein Königssegel über den Bramsegeln an Fock- und Hauptmasten sowie Mars- und Bramsegel. Die Takelage umfasst Wanten, um die Oberkanten des Vorsegels und des Hauptmarssegels zu sichern.

Heck
Das Heck ist an der Wasserlinie abgerundet und flacht etwa drei Meter darüber ab, wie es für spätere britische Kriegsschiffe typisch ist.

Galerien
Die Gehwege wurden als Erweiterungen der Hauptkabinen in dekorative Galerien mit Fenstern umgewandelt.

Drei statt vier Masten wurden zum Standard für die englischen Militärs. Zusätzliche Segel, eine größere Segelfläche und ein stabiles Segeltuch mit Hanftakelung sorgten für Geschwindigkeit.

WICHTIGE ENTWICKLUNGEN

Mit der zunehmenden Betonung des Geschützwesens kam es zu gewissen Veränderungen in Design und der Organisation von Kriegsschiffen. So wurde das Enterschutznetz nicht mehr verwendet. Teile des Achterdecks und des Backdecks waren mit Gittern statt mit Planken ausgelegt, damit sich die Pulverdämpfe von unten verteilen konnten. Der Peitschenstab, ein aufrechter Hebel, der an der Pinne befestigt war, erleichterte die Steuerung etwas und ermöglichte es dem Steuermann, in einer erhöhten Position zu stehen, von der aus er die Segel beobachten konnte. Größere, mittig montierte Spillen halfen beim Einholen schwerer Anker. Das Steuerrad kam erst zu Beginn des 18. Jahrhunderts zum Einsatz. Ab dem frühen 16. Jahrhundert wurde der Schiffbau immer wissenschaftlicher und es erschienen Lehrbücher. Infolgedessen wurden Innovationen schnell weitergegeben und Rumpfdesign und Takelage wurden in den verschiedenen Marinen Europas immer ähnlicher.

seiner königlichen Macht. Der König erhob von seinen zögerlichen Untertanen eine Sondersteuer, „Schiffsgeld", um seine Marinepolitik zu finanzieren. Die *Sovereign of the Seas* sollte 65.586 Pfund kosten, eine kolossale Summe für die damalige Zeit. Der Name des Schiffes wurde bewusst gewählt: Eine alte Tradition, die die Regierung Karls I. wiederzubeleben versuchte, besagte, dass der König von England das Kommando über die umliegenden Meere innehatte – eine Behauptung, die die Nachbarstaaten zurückwiesen.

AUSRÜSTUNG

In einer zeitgenössischen Beschreibung wurde darauf hingewiesen, dass das Schiff über drei bündige Decks, ein Vorschiff, ein Achterdeck und einen Rundschuppen verfügte. Auf dem untersten Geschützdeck befanden sich 30 Öffnungen für 30-Pfünder-Halb- und -Ganzkanonen. Auf dem Mitteldeck gab es wiederum 30 Pforten für Halb-Kolubrinen, für 10-Pfünder sowie für Voll-Kolubrinen. Das Oberdeck hatte 26 Öffnungen für kleinere Kanonen, und es gab zwölf Öffnungen auf dem Vorschiff und 14 auf dem Halbdeck. Der Bericht erwähnt auch 13 oder 14 Löcher für „Mordwaffen" – es handelte sich um Streuschussgeschütze, die über das Deck eines benachbarten Schiffs fegen konnten – sowie viele Schießscharten für Musketen. Dies war eine neue Ergänzung des Kriegsschiffdesigns. Darüber hinaus war das Schiff mit zehn „Verfolgungsgeschützen" ausgestattet: Kanonen, die im Bug und am Heck montiert waren und die Feuerreichweite des Schiffes auf 360 Grad erweitern sollten.

So handelte es sich um ein hochmodernes Schiff, das bewusst die Grenzen des Marinedesigns sprengte und neue Anforderungen nicht nur an seine Besatzung, sondern auch an die Werftunterstützung stellte, um dem Unterhalt eines so großen und schwer bewaffneten Schiffes gerecht zu werden. Seine Größe und sein Gewicht erforderten eine beträchtliche Ausbreitung der Segel, um es mit jeder Geschwindigkeit vorwärts zu bewegen. Dies war typisch für andere Schiffe ähnlicher Größe, aber es handelte sich fast ausschließlich um Handelsschiffe, während ein Kriegsschiff schneller sein musste als seine Beute. Das Design und die Technologie der Segel wurden verbessert, und die *Sovereign of the Seas* war eines der ersten Schiffe, das einen vierten Satz Segel, sogenannte Royals, über den Bramsegeln trug. Trotzdem galt es als langsames und unhandliches Schiff und hatte Schwierigkeiten, in einer Flotte mitzuhalten, die hauptsächlich aus kleineren Schiffen bestand. Im Jahr 1642 wurde die Zahl der Kanonen auf 90 reduziert. Elf Anker wurden mitgeführt, obwohl nur einer ein Hauptanker war, der Berichten zufolge um die zwei Tonnen wog.

HERAUSRAGENDE KARRIERE

Die *Sovereign of the Seas* hatte eine lange, aktive Karriere. Nach der Gründung des britischen Commonwealth wurde sie in *Sovereign* umbenannt und ein Großteil der dekorativen Schnitzereien entfernt. Damit wurde der Nachteil des Eigengewichts reduziert. Eine Zeit lang war sie das Flaggschiff eines der größten Admirale Englands, Robert Blake. Nach der Wiederherstellung des Königtums im Jahr 1662 wurde das 25 Jahre alte Schiff umfassend umgebaut und „Royal“ dem *Sovereign* vorangestellt. Sein aktiver Einsatz erfolgte hauptsächlich im Verlauf von drei englisch-niederländischen Kriegen in der Nordsee und im Ärmelkanal mit Schlachten von Kentish Knock (1652), Orfordness (1666), Solebay (1672), Schoonveld (1673) und Texel (1673). Ein weiterer, groß angelegter Umbau erfolgte 1685 in Chatham, und die *Royal Sovereign*, inzwischen ein ehrwürdiges Schiff, überlebte, um in Beachy Head (1690) und Barfleur (1692) zu kämpfen.

SOVEREIGN OF THE SEAS

Abmessungen	Länge 39,00 m Breite 14,17 m Tiefgang max. 5,89 m
Verdrängung	1.522 t
Besatzung	ca. 800 Mann
Takelage	3 Masten, quadratisches Rigg mit Royals (nach 1685)
Bewaffnung	102 Kanonen (verschiedener Größe)

Während dieser Zeit war sie das größte Schiff der englischen Flotte. Dank ihrer Feuerkraft (im Jahr 1660 auf 100 Kanonen zurückgesetzt) war sie ein mächtiger Vorteil im Kampf. Sie wurde auf der Marinewerft von Chatham aufgelegt, wo am 27. Januar 1697 ein Feuer an Bord ausbrach und sie bis zur Wasserlinie niederbrannte.

Die *Sovereign of the Seas* unter vollen Segeln in einem Gemälde, basierend auf John Paynes zeitgenössischem Stich von 1637: „Zum großen Ruhm unserer englischen Nation, unvergleichlich in der gesamten christlichen Welt.“

Le Soleil Royal (1669)

Das Schiff war ein weiteres schwimmendes Denkmal königlicher Ansprüche, aber auch ein extrem starkes Kampfschiff mit über 100 Kanonen. Es verkörperte die von Minister Jean-Baptiste Colbert durchgeführte Erneuerung der französischen Marine.

Als Vaisseau klassifiziert (der Begriff Schlachtschiff wurde erst um 1884 als Abkürzung für Linienschlachtschiff verwendet, das wiederum erstmals 1705 erwähnt wurde), war die *Le Soleil Royal* prächtig mit farbenfrohen Schnitzereien geschmückt. Der Rumpf war schwarz, weiß und blau mit goldenen Verzierungen bemalt, und am Heck befand sich eine massive Holzskulptur des von geflügelten Pferden gezogenen Sonnenwagens. Der Name war eine Anspielung auf den Sonnenkönig Ludwig XIV. und ersetzte den ursprünglichen Gedanken, das Schiff Grand-Henry zu nennen in Erinnerung an Heinrich IV., einen seiner Vorgänger.

Frankreich brauchte zu dieser Zeit neue Kriegsschiffe, und tatsächlich hätten für den Preis der *Le Soleil Royal* mehrere, perfekt einsatzfähige kleinere Schiffe gebaut werden können. Aber so dachten die Strategen des 17. Jahrhunderts eben nicht. Das riesige, vergoldete und unnötig teure Prunkstück war wesentlich für das nationale Prestige. Vielleicht trug es auch zur Moral der Marine bei. Das Schiff wurde in Brest vom Baumeister Laurent Hubac konstruiert und am 13. Dezember 1669 vom Stapel gelassen. Mit montierten Kanonen wurde es im August 1670 in Dienst gestellt. Frankreich war Europas größte Landmacht, aber trotz seiner zwei Küstenlinien wurde die Marine vernachlässigt. So waren zwei Divisionen erforderlich: eine für das Mittelmeer, die hauptsächlich aus Galeeren und anderen Ruderschiffen bestand, und eine für die Nordküste vor England sowie für die immer mächtiger und aggressiver werdenden Niederlande. Die Franzosen hatten zuvor Galeeren im Ärmelkanalkrieg eingesetzt. Doch nun erkannte man, dass größere Schiffe, die Stürmen besser standhalten konnten und schwerer bewaffnet waren, für die Abwehr der englischen und niederländischen Flotte unerlässlich waren.

SCHWERE GESCHÜTZE

Mittlerweile war es für ein erstklassiges Kriegsschiff üblich, schwere Kanonen auf drei Decks sowie leichtere Kanonen auf Vorschiff und Achterdeck zu montieren. Der Status als Flaggschiff wurde durch die großen Dreifachlaternen am

Decks
Das Halbdeck reichte bis zum Achterdeck. Etikette, Disziplin und Status bestimmten, wer wann die einzelnen Decks betreten durfte.

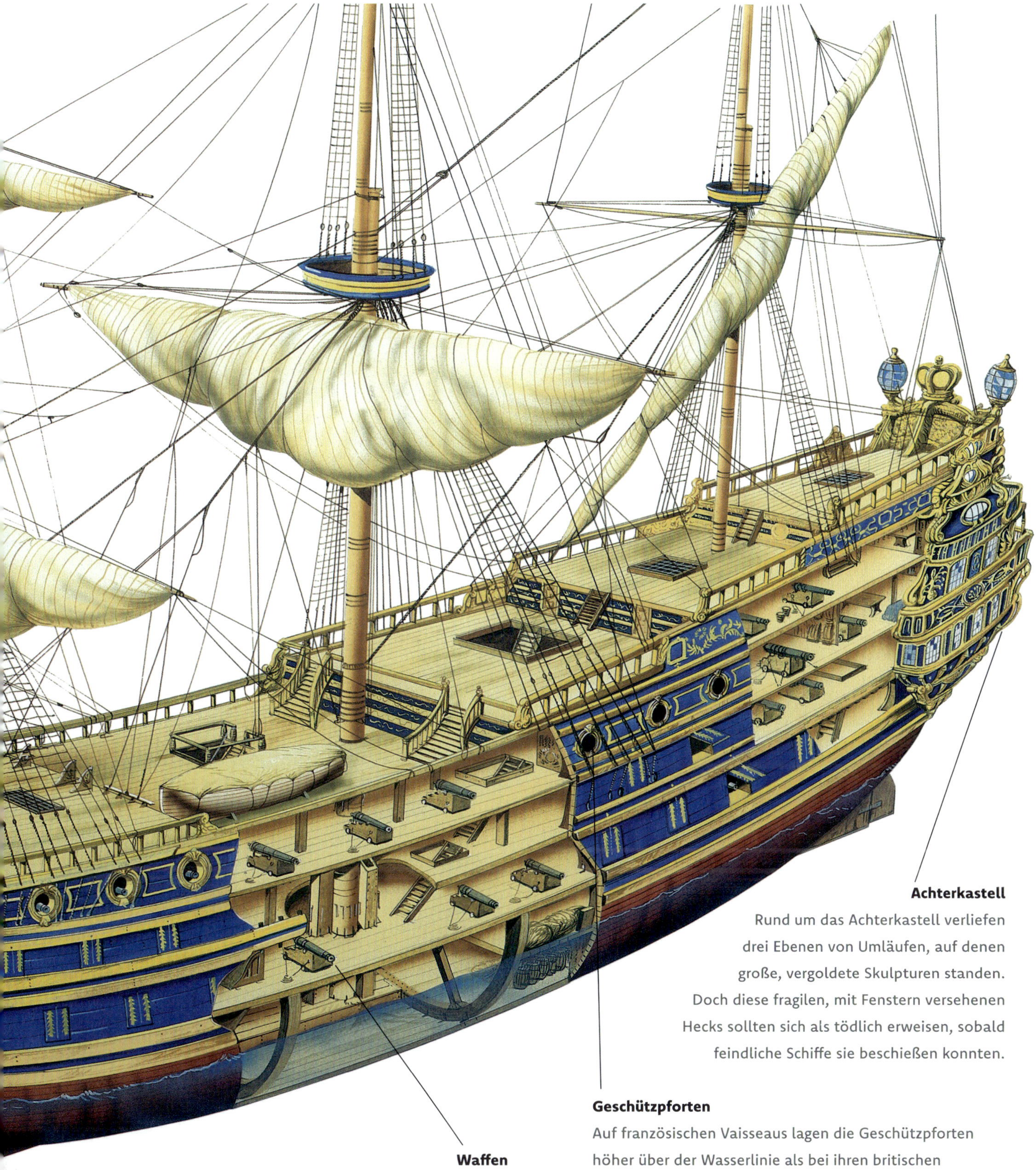

Achterkastell
Rund um das Achterkastell verliefen drei Ebenen von Umläufen, auf denen große, vergoldete Skulpturen standen. Doch diese fragilen, mit Fenstern versehenen Hecks sollten sich als tödlich erweisen, sobald feindliche Schiffe sie beschießen konnten.

Geschützpforten
Auf französischen Vaisseaus lagen die Geschützpforten höher über der Wasserlinie als bei ihren britischen Gegenstücken.

Waffen
Zu erkennen ist die versetzte Quincunx-Anordnung der Geschütze – eine Positionierung, die zum Gleichgewicht beitrug und die Seefähigkeit des Schiffes nicht übermäßig belastete.

Ein modernes Aquarell der *Le Soleil Royal* betont die Verzierung, mit der ein französisches Luxusschiff im Zeitalter des Sonnenkönigs Ludwig XIV. überhäuft wurde, und weist überdies auf die große Länge des Schiffes hin.

Achterdeck angezeigt sowie einer weiteren, die am Besanmast befestigt war. Die Kanonen bestanden aus Bronze und nicht aus Gusseisen und waren hinter leuchtend rot gestrichenen Schießscharten angebracht. Obwohl das Schiff in den Anfangsjahren wohl wenig genutzt wurde, wurde es 1686 umfassend umgebaut und 1688 die Zahl der Kanonen auf 104 erhöht.

Im gleichen Jahr wurde es zum Flaggschiff des Grafen von Tourville, und als Ludwig XIV. Spanien und England 1689 den Krieg erklärte, führte Vizeadmiral Tourville eine Flotte von 75 Schiffen an, der eine alliierte Flotte aus 39 englischen und 21 niederländischen Schiffen gegenüber stand. Diese blieb beim Gefecht von Beachy Head am 10. Juli 1690 siegreich. In Frankreich ist der Kampf auch als Schlacht von Kap Béveziers bekannt. Zu diesem Zeitpunkt ersetzte das Konzept der „Schlachtlinie“ die frühere, weniger geordnete Form einer Seeschlacht. Die französische Flotte wurde daher in drei Divisionen aufgeteilt, wobei die *Le Soleil Royal* die mittlere Division anführte. Von da an war sie regelmäßig im Einsatz.

Tourville sah seine Flotte schrumpfen, als 15 Schiffe ins Mittelmeer verlegt wurden. Obwohl sie nach Brest zurückgerufen wurden, kamen sie verspätet und gehörten nicht zu der Flotte, die den Ärmelkanal von feindlichen Schiffen säubern sollte, um eine Invasion vorzubereiten und König James II. wieder auf den englischen Thron zu bringen. Mit der *Le Soleil Royal* als Flaggschiff kämpften die Franzosen am 20. Mai 1692 vor Barfleur mit 44 Schiffen und elf Brandschiffen gegen eine doppelt so große englisch-niederländische Armada. Tourville brach die Aktion ab und versuchte, seine Schiffe nach Hause zu bringen. Doch seine Flotte, von den Siegern verfolgt, wurde geteilt. Die *Le Soleil Royal* erlitt dabei schwere Schäden, und mehr als die Hälfte der 973 Mann starken Besatzung wurde getötet oder verwundet. Am 30. Mai nahm Tourville Kurs nach L'Ambitieux.

IN BRAND GESETZT

Unter ihrem Kommandanten Desnos wurde die havarierte *Le Soleil Royal* durch die Flut nach Osten gezwungen und lief zusammen mit zwei anderen Schiffen vor Cherbourg auf Grund. Immer noch unter Beschuss und erwiderndem Feuer kappte die Besatzung die Masten in der Hoffnung, das Schiff weiter landeinwärts zu bringen, während die Engländer Brandschiffe vorbereiteten. Am 2. Juni stieß eines der Brandschiffe gegen den französischen Riesen, und bald stand die *Le Soleil Royal* in Flammen. Das Pulvermagazin explodierte und tötete alle bis auf eines der verbliebenen Besatzungsmitglieder. Ihre Zerstörung und die von 13 anderen Schiffen wurde in England und den Niederlanden gefeiert, und es wurden eigens Medaillen geprägt. Doch der Reichtum und die Widerstandskraft Frankreichs führten dazu, dass der Ärmelkanal innerhalb eines Jahres erneut umkämpft wurde. Eine zweite, weniger prächtige *Le Soleil Royal* wurde 1693 vom Stapel gelassen.

LE SOLEIL ROYAL

Abmessungen	Länge 55,00 m Breite 15,60 m Tiefgang 7,60 m
Verdrängung	1.200 t
Besatzung	1.200 Mann
Takelage	3 Masten, vollständige Besegelung
Bewaffnung	98 bis 104 Bronzekanonen

ERSTKLASSIG

Eine königliche Verordnung definierte die Merkmale eines französischen Vaisseau-Schiffs, damit alle Schiffe nach den gleichen Spezifikationen gebaut wurden. Die Hauptanforderung bestand darin, dass sie über drei Kanonendecks in voller Länge verfügen sollten. Nur zwei Schiffe, die *Le Soleil Royal* und die *Royal-Louis*, sollten am Bug ein „Schloss“ tragen. Die königlich französische Marine war in fünf Schiffsklassen eingeteilt und verfügte im Jahr 1692 über 22 erstklassige (80–100 Kanonen), 27 zweitklassige (60–80 Kanonen), 46 drittklassige (50–60 Kanonen), 16 viertklassige (40–50 Kanonen) sowie 21 fünftklassige (20–36 Kanonen) Schiffe. Sie alle wurden als würdig erachtet, sich der Schlachtlinie anzuschließen. Die englische Marine, die als erste ein Bewertungssystem ab 1653 einsetzte, verfügte über sechs Klassen. Anstelle eines Kampfs gegen alle segelten die Flotten in einer Reihe, folgten den Flaggensignalen, tauschten Breitseiten aus und versuchten jeweils, an die Gegner heranzukommen und sie nachteilig zu positionieren, um zum Schuss zu kommen. Ein erfolgreicher Admiral musste nun ein geschickter und manchmal mutiger Taktiker sein.

Victory (1765) 

Die *Victory* ist das älteste noch offiziell in Dienst befindliche Kriegsschiff und fungiert als Flaggschiff des Oberbefehlshabers in Portsmouth, obwohl diese Rolle rein zeremonieller Natur ist. Heute ist sie ein Museumsschiff und liegt seit 1922 dauerhaft im Trockendock.

Takelage

Zur Zeit der *Victory* war das Sprietsegel-Toppsegel mit seiner empfindlichen Verbindung verschwunden, aber der enorm lange Bugspriet (33,5 Meter) besaß Rahen für zwei Sprietsegel und stützte die Stag von zwei Vorsegeln. Insgesamt besaß das Schiff eine Takelage von 42 Kilometern Länge.

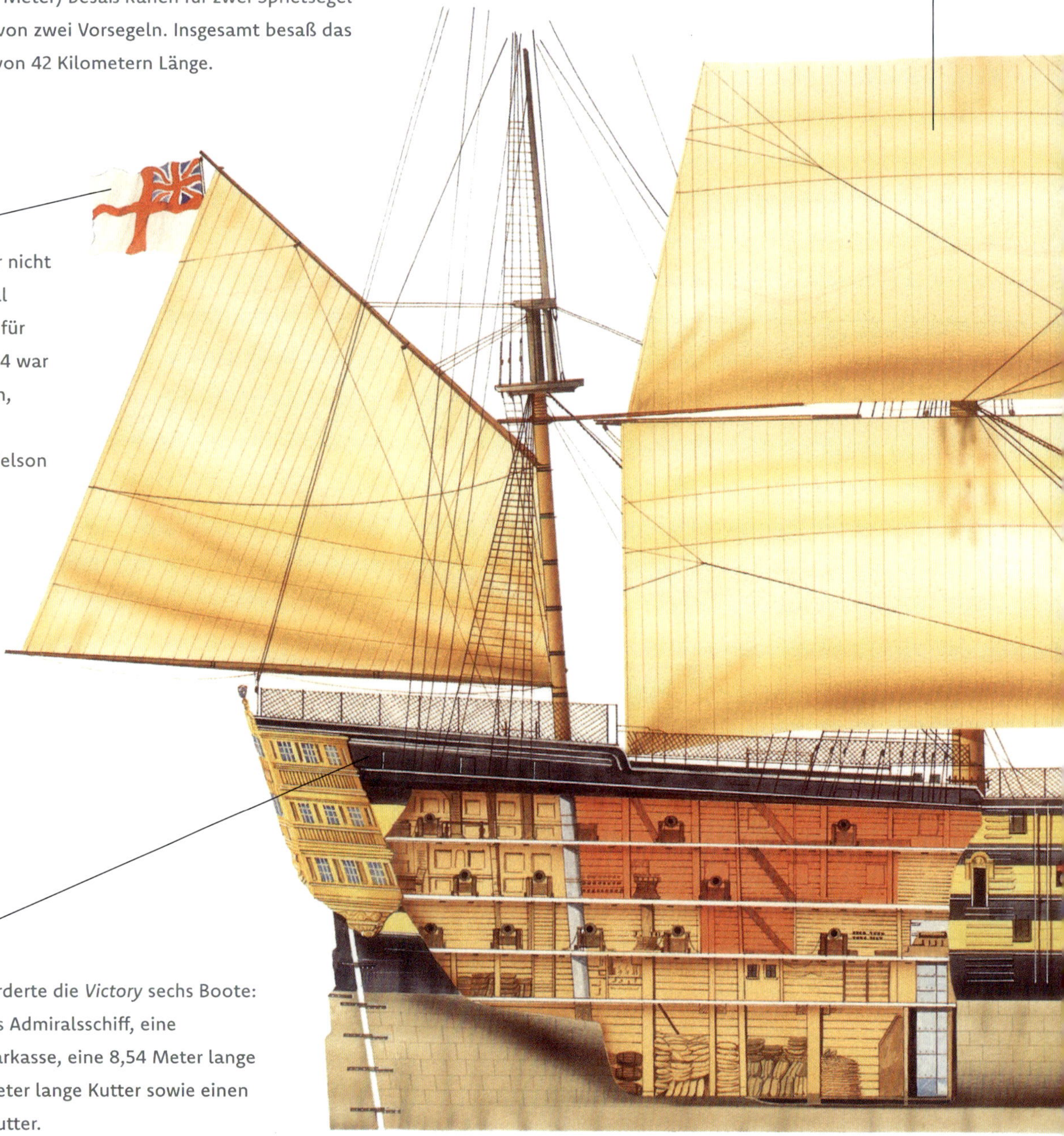

Weiße Fahne

Die weiße Flagge war nicht das Zeichen der Royal Navy, sondern stand für eine Division: Bis 1864 war die Flotte in die roten, weißen und blauen Staffeln aufgeteilt. Nelson war Vizeadmiral der Weißen.

Beiboote

Normalerweise beförderte die *Victory* sechs Boote: ein 9,75 Meter langes Admiralsschiff, eine 10,36 Meter lange Barkasse, eine 8,54 Meter lange Pinasse, zwei 7,62 Meter lange Kutter sowie einen 5,48 Meter langen Kutter.

Die *Victory* wurde 1759 auf Kiel gelegt und 1765 vom Stapel gelassen. Sie wurde erst 1778 in Dienst gestellt, als der Krieg mit Frankreich erneut ausbrach und die Royal Navy eilig zur vollen Einsatzstärke gebracht wurde.

Es handelte sich um ein Klasse-1-Schiff mit maximal 102 Kanonen, das auf der Chatham Naval Dockyard als Flaggschiff gebaut wurde und Platz für einen Admiral und seinen Stab bot. Die „große Kabine" war in drei Bereiche unterteilt: Aufenthaltsraum, Esszimmer und Schlafbereich des Admirals. Die Wahrnehmung eines Großkampfschiffs hatte sich seit der Zeit der *Sovereign of the Seas* verändert: Es war weit weniger ein Ruhmessymbol als vielmehr eine großartige, praktische

Hängematten

Rund um das offene Deck waren Hängemattennetze gegen die Reling gebündelt – U-förmige Eisenbeschläge, an denen tagsüber die Hängematten der Matrosen verstaut wurden. Im Einsatz bildeten sie eine Verteidigung gegen leichten Beschuss.

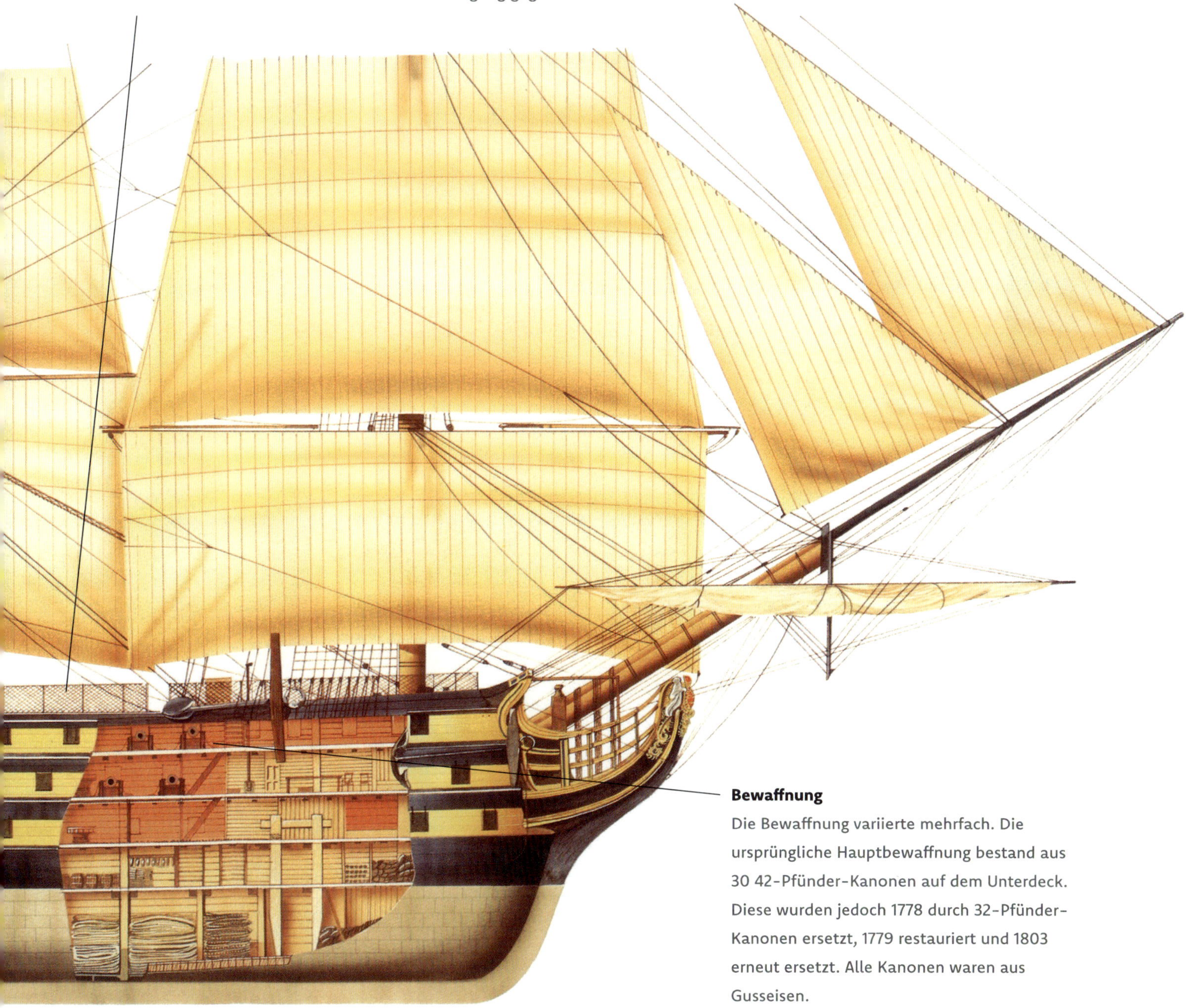

Bewaffnung

Die Bewaffnung variierte mehrfach. Die ursprüngliche Hauptbewaffnung bestand aus 30 42-Pfünder-Kanonen auf dem Unterdeck. Diese wurden jedoch 1778 durch 32-Pfünder-Kanonen ersetzt, 1779 restauriert und 1803 erneut ersetzt. Alle Kanonen waren aus Gusseisen.

Kampfmaschine. Die *Victory* war kaum mit Verzierungen versehen, obwohl rund um Bug und Heck immer noch dekorative Schnitzereien zu sehen waren. Ein weiterer Grund war, dass es inzwischen weitaus mehr Linienschiffe gab und Sparmöglichkeiten gefunden werden mussten, um sie bezahlen zu können.

MEISTERWERK DES DESIGNS

Die *Victory*, die 63.176 Pfund kostete, wurde nach dem Entwurf von Sir Thomas Slade, dem Vermesser der Marine, gebaut und bestand wie andere Linienschiffe aus Eichenholz mit einer Stärke von 60 Zentimetern an der Wasserlinie. Der Kiel war aus Ulme. Die 1761 in der Royal Navy eingeführte

LEBENDES MUSEUM

Nach der Rückkehr der *Victory* aus Trafalgar waren umfangreiche Reparatur- und Erneuerungsarbeiten erforderlich. Danach blieb sie bis 1812 aktiv. Eine Zeit lang wurde sie als Depotschiff genutzt und beherbergte von 1889 bis 1904 eine Marineschule für Telegraphie. Die *Victory* blieb über Wasser, da sich ihr Zustand zunehmend verschlechterte, bis sie am 12. Januar 1922 zur dauerhaften Aufbewahrung in das Trockendock Nr. 2 in Portsmouth verlegt wurde. Eine deutsche Bombe richtete 1941 leichten Schaden an. Im Dezember 2011 begann ein neunjähriges Restaurierungsprogramm. Das Schiff ist ein authentisches Überbleibsel der größten Tage der segelnden Kriegsschiffe.

Kupferbeschichtung wurde 1780 angebracht, um den Rumpf vor Würmern zu schützen. Das Schiff war an der Wasserlinie erheblich breiter als auf der Höhe des Hauptdecks und hatte im Profil eine nach innen geschwungene Tumblehome-Form. Die schweren Geschütze waren von der Mittellinie aus versetzt und auf jedem Deck abwechselnd positioniert statt übereinander gestapelt. Der Fockmast war vertikal, aber der Haupt- und Besanmast hatten eine ausgeprägte Neigung. Die volle Segelausdehnung betrug 5.440 Quadratmeter, was Schiffe dieses Typs sowohl schneller als auch wendiger machte. Ursprünglich waren die Heckgalerien offen.

HMS VICTORY (STAND 1805)

Abmessungen	Länge 69,00 m Breite 15,80 m Tiefgang 8,76 m
Verdrängung	2.162 t
Besatzung	ca. 850 Mann
Takelage	3 Masten, vollständige Besegelung
Bewaffnung	30x 32-Pfünder-, 28x 24-Pfünder-, 44x 12-Pfünder-Kanonen, 2x 68-Pfünder-Karronaden

FLAGGSCHIFF

Im Juli 1778 trat die *Victory* als Flaggschiff der Kanalflotte unter Admiral Keppel in der unentschiedenen ersten Schlacht von Ushant in Aktion. Eine weitere Schlacht vor Ushant am 12. Dezember 1780 führte zur Kaperung von 15 französischen Handelsschiffen. 1782 war die *Victory* Lord Howes Flaggschiff bei der Befreiung von Gibraltar, wurde aber nach dem Ende der Feindseligkeiten zurückbeordert und bis 1791 in der Regel in Portsmouth stationiert. Von 1792 bis 1795 war sie das Flaggschiff von Vizeadmiral Hood im Mittelmeer, dann von Admiral Sir John Jervis. Am 14. Februar 1797 fing Jervis mit weiteren 15 Linienseglern einen spanischen Konvoi ab, der von 27 Schiffen eskortiert wurde. Die daraus resultierende Schlacht am Kap St. Vincent war ein Triumph für die Taktik von Jervis, der zwischen den beiden Divisionen der spanischen Flotte hindurchkam – und für einen seiner Kapitäne, den unabhängig denkenden Commodore Nelson auf der 74-Kanonen-*Captain*. Durch den intensiven Einsatz befand sich die *Victory* in schlechtem Zustand, und so wurde sie von 1798 bis 1799 in die Rolle eines Lazarettschiffs nach Chatham verbannt. Doch zwischen 1800 und 1803 wurde eine umfassende Überholung durchgeführt, mit neuen Masten, Stellungen für 104 Kanonen und umfangreichen, internen Umbauten.

Die Kosten dafür lagen mit 70.933 Pfund über den ursprünglichen Baukosten, aber ein neues Schiff hätte noch mehr gekostet. Am 11. April 1803 war die erneuerte *Victory* fertig. Am 16. Mai hisste Nelson, jetzt Vizeadmiral und zum Kommandeur der Mittelmeerflotte ernannt, seine Flagge an Bord. Das Schiff wurde im schwarz-gelben „Nelson-Check" neu gestrichen, welches es immer noch hat.

TRAFALGAR

Die *Victory* und die britische Flotte verbrachten zunächst zwei aktive aber frustrierende Jahre, bevor es am 21. Oktober 1805 vor Kapstadt zur lang erwarteten Begegnung mit der vereinten französischen und spanischen Flotte vor Trafalgar kam. Nelsons Schlachtplan, die feindliche Schlachtlinie an zwei Stellen zu durchbrechen, bedeutete, dass die *Victory*, die die Wetterdivision anführte, 45 Minuten lang Breitseitenangriffen standhalten musste. Erst dann konnte sie ihre eigenen Geschütze zum Einsatz bringen. Unmittelbar hinter dem französischen Flaggschiff *Bucentaure* vorbei feuerte die *Victory* eine dreifache Breitseite mit verheerender Wirkung ab und lief dann gegen die *Redoutable* an. Für kurze Zeit sah es so aus, als ob die *Redoutable* die *Victory* entern könnte, doch auf der anderen Seite tauchte die *Temeraire* auf, und das französische Schiff geriet zwischen die beiden.

Um 14:30 Uhr zog sich die *Victory* schwer angeschlagen aus der Schlacht zurück, die weiter tobte. 57 der Besatzungsmitglieder wurden getötet, 102 verletzt. Der bemerkenswerteste Tod war der von Nelson selbst, der von einem Scharfschützen aus der Takelage der *Redoutable* getroffen worden war. Trotzdem war der Tag ein Sieg für die Briten. Die *Victory* wurde nach Gibraltar geschleppt, wo Notreparaturen durchgeführt wurden, bevor sie mit Nelsons Leiche nach England zurückkehrte.

AUSMUSTERUNG

Nach einer Umrüstung in Chatham kehrte die *Victory* als Flaggschiff der Baltischen Flotte in den Dienst zurück, war an der Blockade Russlands und dem Schutz von Konvois mit Marinebedarf aus Schweden beteiligt. Zudem eskortierte sie einen Militärkonvoi nach Spanien. 1812 wurde die *Victory* ausgemustert.

Ihre Rolle bei zwei großen Siegen und die Verbindung mit Nelson retteten es allerdings vor dem Schicksal der meisten Schiffe. Ab 1824 wurde sie Flaggschiff des Oberbefehlshabers von Portsmouth und ist weiterhin Flaggschiff des Second Sea Lord (C-in-C Naval Home Command).

Santísima Trinidad (1769)

Als größtes Kriegsschiff des 18. Jahrhunderts mit vier Kanonendecks war das spanische Flaggschiff an zwei der größten Seeschlachten der Geschichte beteiligt: am Kap St. Vincent und bei Trafalgar. Es war als „Escorial (Königspalast) der Meere" bekannt.

Als Inbegriff des erstklassigen Linienschiffs wurde die *Santísima Trinidad* entwickelt, um eine Flotte in die Schlacht zu führen und einer schweren Kanonade standzuhalten. Das Konzept, bei Beschuss durchzuhalten, wurde immer wichtiger.

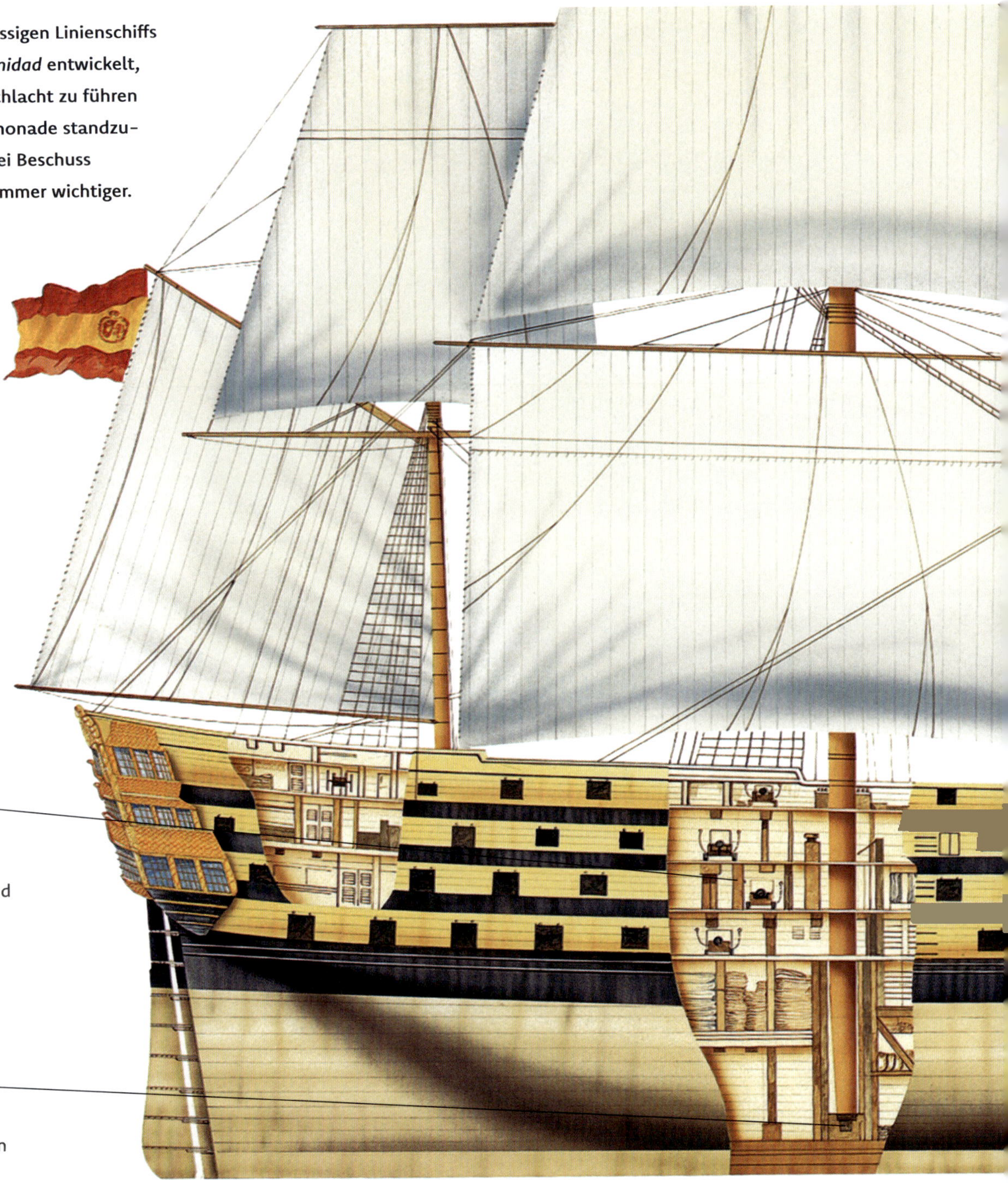

Poller
Über diese massiven Holzklötze wurde das Ankerseil eingeholt und herabgelassen.

Pumpen
Sie wurden von Hand betrieben und reichten bis auf Kielhöhe.

Die königlichen Werften in Havanna, Kuba (damals in spanischem Besitz), waren ein wichtiger Bauplatz für Kriegsschiffe. Die Kosten waren geringer als in Spanien. Außerdem gab es große Holzressourcen, insbesondere an Harthölzern, die in Spanien nicht verfügbar waren. So wurde für die *Santísima Trinidad* amerikanisches Zedernholz verwendet. Sie war das siebte spanische Kriegsschiff dieses Namens, in Auftrag gegeben durch einen königlichen Erlass am 12. März 1768. Der Designer war der Schiffsarchitekt des Königs, Matthew (oder Mateo) Mullan, ein Ire, und der Bau wurde von seinem Sohn Ignacio überwacht. Das Schiff wurde als Dreidecker mit ungewöhnlich großen Abmessungen

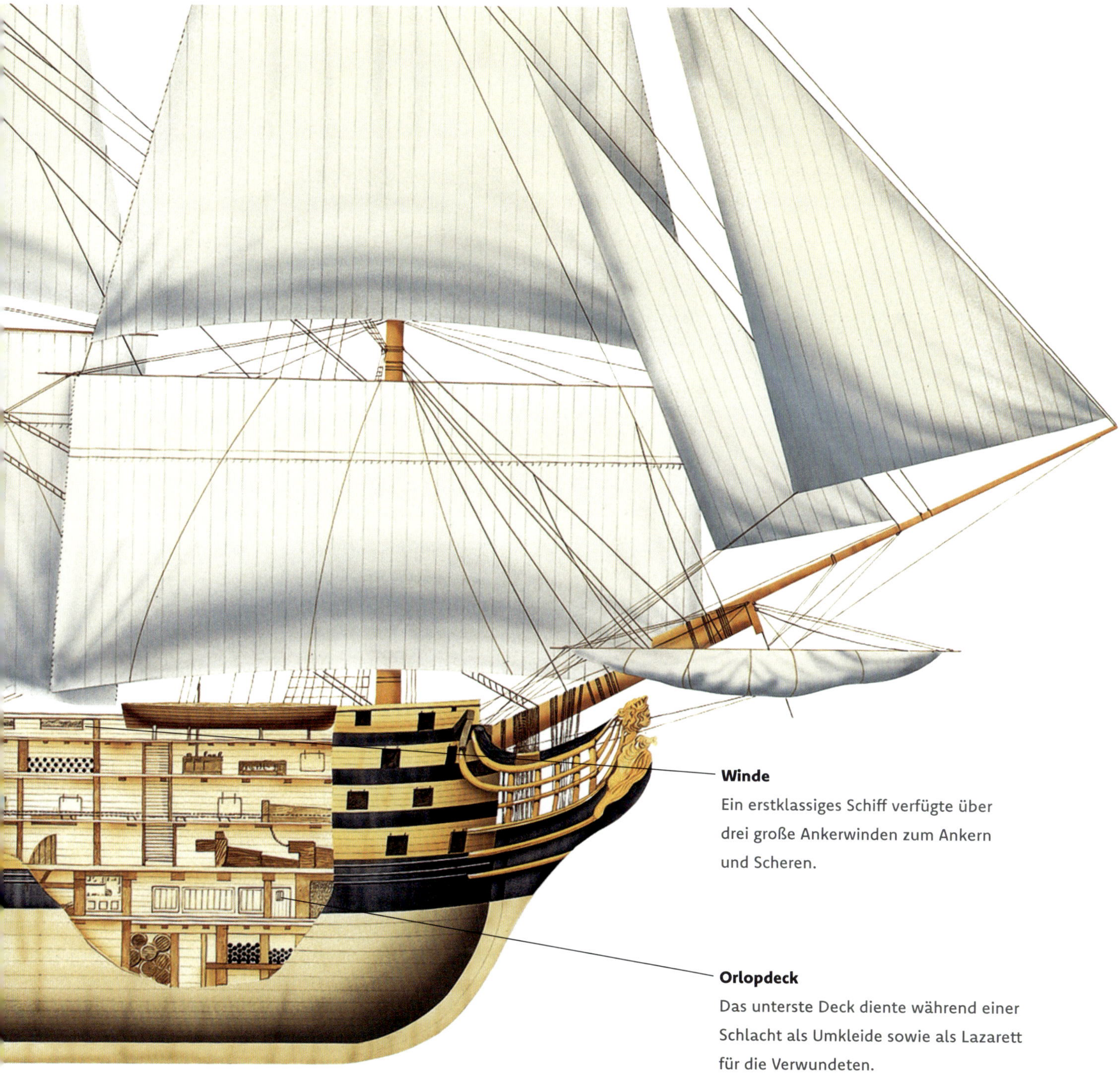

Winde
Ein erstklassiges Schiff verfügte über drei große Ankerwinden zum Ankern und Scheren.

Orlopdeck
Das unterste Deck diente während einer Schlacht als Umkleide sowie als Lazarett für die Verwundeten.

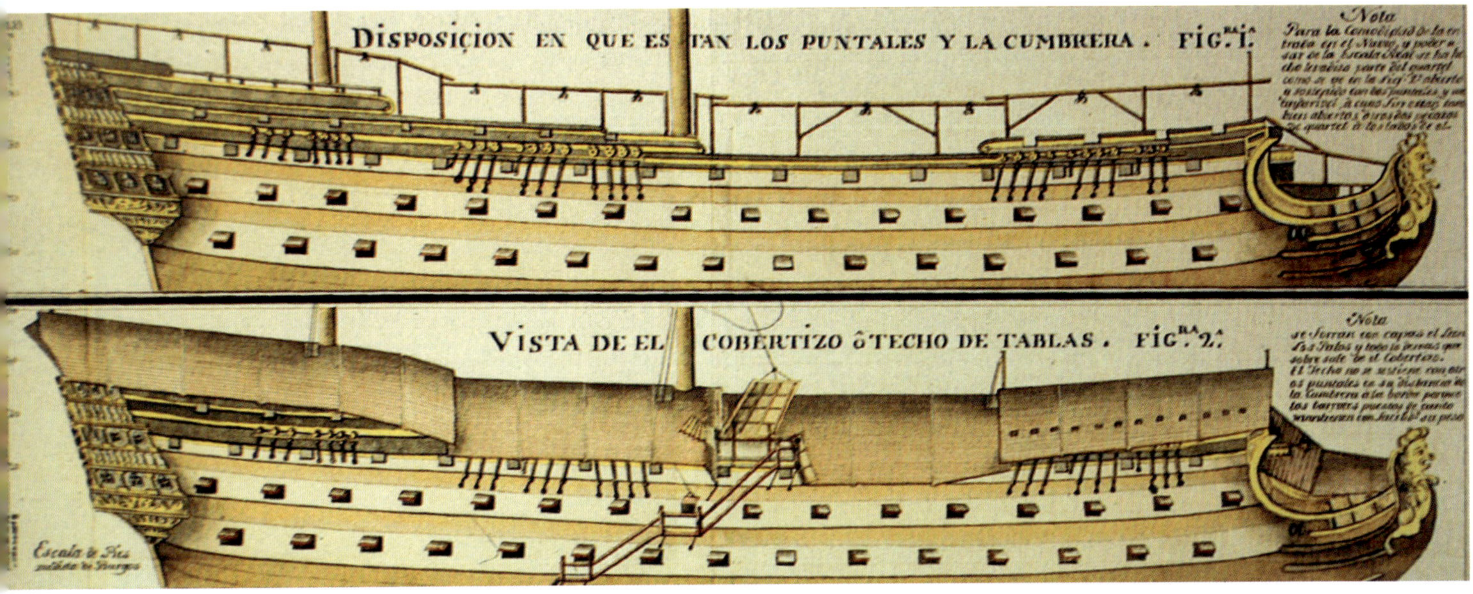

Diese maßstabsgetreuen Zeichnungen aus dem 18. Jahrhundert sind Anleitungen für die Installation der Stützen für ein Segeltuchdach zur Abdeckung des gesamten Oberdecks. Sie wurden vor dem Umbau des Schiffs zu einem Vierdecker hergestellt.

konstruiert. Der spanische Schiffbau war von hoher Qualität, vielleicht der beste aller Nationen. Die Schiffe waren robust gebaut und generell mit mehr Raum für Geschütze als britische Schiffe ausgestattet, was sie als Geschützplattform stabiler machte und weswegen sie Angriffen besser standhielten.

Ein spanisches 70-Kanonen-Schiff wog ungefähr 1.700 Tonnen im Vergleich zu 1.250 Tonnen eines vergleichbaren britischen Schiffs. Diese Tradition der Größe und Stärke gab den Erbauern von 1769 das Vertrauen, das größte Kriegsschiff seiner Zeit zu bauen. Schiffe dieser Größe waren generell Raritäten: Zwischen 1750 und 1790 verfügte die britische Marine nur über sechs Schiffe mit 100 Kanonen. Auch die Franzosen bauten einige sehr große Schiffe. Im Jahr 1788 übertraf die französische *Commerce de Marseille* (1793 von den Briten erobert) die Maße der *Santísima Trinidad* mit einer Länge von 63,5 Metern und einer Breite von 16,6 Metern, hatte aber weniger Geschütze (118). Die *Océan* und die *Orient* von 1790 und 1791 besaßen je 120 Kanonen.

SANTÍSIMA TRINIDAD

Abmessungen	Länge 60,10 m Breite 19,20 m Tiefgang 8,02 m
Verdrängung	ca. 4.750 t
Besatzung	950 Mann
Takelage	3 Masten, Rah-Takelung
Bewaffnung	30x 36-Pfünder-, 32x 24-Pfünder-, 32x 12-Pfünder- und 18x 8-Pfünder-Geschütze

JAHRELANGE AKTIONEN

In den ersten Jahren war das Schiff wahrscheinlich nicht in Dienst gestellt, sondern wurde nur in Bereitschaft gehalten. Mit der Kriegserklärung Spaniens an Großbritannien im Juli 1779 wurde es als Flaggschiff der spanischen Flotte unter Admiral Luis de Cordoba y Cordoba in Dienst gestellt und operierte mit alliierten französischen Schiffen im Ärmelkanal und in den westlichen Zufahrtsgebieten. Im August 1780 führte es ein Manöver durch, das mit der Kaperung von 55 britischen Handelsschiffen aus einem Konvoi endete. Im Jahr 1782 nahm es als Flaggschiff einer kombinierten Flotte von 48 spanischen und französischen Schiffen an der zweiten Belagerung von Gibraltar teil, konnte jedoch keinen britischen Hilfskonvoi abfangen.

ERHÖHTE FEUERKRAFT

Im Jahr 1795 wurde in einer kühnen Erweiterung der Kanonenleistung ein viertes Deck installiert. Es verband das Vorschiff mit dem Achterdeck und erhöhte die Zahl der mitgeführten Kanonen von 112 auf 136. Damit wurde es zum am schwersten bewaffneten Schiff seiner Zeit. 1797 nahm es wieder seinen Dienst auf und wurde zum spanischen Flaggschiff in der Schlacht am Kap St. Vincent am 14. Februar. Dabei erlitt es schwere Schäden (auch mit zerstörtem Mast). Über die Hälfte der Besatzung wurde getötet oder verwundet. Das Schiff zeigte der *Orion* seine Flagge und kapitulierte, doch bevor die Briten Besitz ergreifen konnten, wurden sie wieder abgewiesen. Die *Santísima Trinidad* wurde von der *Pelayo* und der *Principe de Asturias* gerettet und zur Reparatur nach Cádiz gebracht.

Insbesondere nach dem Bau des vierten Decks, das dem Schiff ein sehr hohes, dem Seitenwind ausgesetztes Freibord verlieh, hatte die *Santísima Trinidad* keine guten Segeleigenschaften mehr und erhielt den Spitznamen „El Ponderoso“ (der Mächtige). Im Gegensatz zu zeitgenössischen französischen und britischen Marineschiffen war zudem der Rumpf nicht mit Kupfer ummantelt. Weitere Nachteile waren laut französischen Beobachtern die schlecht ausgebildete Besatzung und die mäßige Qualität vieler Geschütze. Cádiz war, wie für den Großteil der spanischen Flotte, der Hauptstützpunkt des Schiffes.

Im Laufe ihrer mehr als 38-jährigen Karriere wurde die *Santísima Trinidad* dreimal umgebaut und verbrachte fast 20 dieser Jahre außer Dienst. Letzteres war auch typisch für Schiffe anderer Marinen: Wenn kein Krieg herrschte, wurden die Besatzungen entlassen und das Schiff im Normalzustand belassen. Bei den Reserveschiffen wurden die Kanonen entfernt, um die Belastung der unzähligen Verbindungen und Halterungen des Rumpfs und der Kanonendecks so weit wie möglich zu reduzieren.

KAPITULATION IN TRAFALGAR

Unter Kapitän Francisco Javier Uriarte und mit Konteradmiral Baltasar de Cisneros an Bord war die *Santísima Trinidad* Flaggschiff des spanischen Geschwaders bei Trafalgar – dunkelrot gestrichen und mit weißen Streifen. In einer Reihe direkt vor Admiral Villeneuves *Bucentaure* befand sie sich mitten im zentralen Gefecht und wurde von den Breitseiten der *Neptune* schwer getroffen. Nach vier Stunden, um 14:12 Uhr, waren alle drei Masten verschwunden.
Ein Augenzeuge schrieb: „Das gewaltige Schiff rollte tief in der Dünung nach Lee, dann zurück nach Luv. Bei dieser Rückkehr gingen die Masten über Bord, sodass auf dem Wasser ein unkontrollierbarer Klumpen zurückblieb.“
Das Schiff war zur Kapitulation gezwungen (siehe Bild unten: „Kapitulation der *Santísima Trinidad* vor Neptune, Schlacht von Trafalgar, 15 Uhr, 21. Oktober 1805”, gemalt von Leutnant Robert Strickland Thomas).
Nach der Schlacht wurde die *Santísima Trinidad* von der *Prince* in Schlepp genommen, aber in einem aufkommenden Sturm konnte die Verbindung nicht gehalten werden und sie sank am 22. Oktober.

Santa Ana (1784)

Mit einer erstklassigen Ausstattung von 112 Kanonen war die *Santa Ana* das erste einer Klasse von acht Schiffen, die das Rückgrat der spanischen Marine bildeten. Sie war Spaniens Flaggschiff in Trafalgar am 21. Oktober 1805.

Die Schiffsarchitektur war zu Beginn des 18. Jahrhunderts eine etablierte Wissenschaft. Ab Mitte des Jahrhunderts wandten spanische Schiffbauer die Erkenntnisse englischer und französischer Designer auf ihre eigenen Techniken an, insbesondere in Bezug auf Holzbehandlung und Baumethoden. Jose Romero y Fernandez de Landa, der Konstrukteur der *Santa Ana*, war ein wissenschaftlicher Baumeister und Autor eines Lehrbuchs über den Bau von Kriegsschiffen, das 1784 veröffentlicht wurde.

Das in El Ferrol gebaute Schiff lief am 29. September 1784 vom Stapel. Es stach am 24. November desselben Jahres erstmals in See, wurde jedoch erst am 28. Februar 1785 in Dienst gestellt. Das Schiff war in Cádiz stationiert, Wartungsarbeiten wurden im Arsenal von La Carraca durchgeführt. Im Januar 1787 wurde die *Santa Ana* in La Carraca trockengelegt. Im Juni 1791 wurde sie an gleicher Stelle auf Kiel geholt und morsches Holz ersetzt.

Die *Santa Ana* war ein Klasse-I-Dreimastschiff mit drei Kanonendecks: Der Prototyp für sieben weitere Schiffe, die in den 1780er-Jahren auf spanischen und kubanischen Werften gebaut wurden.

Masten
Da Stag und Takelage weggeschossen waren, waren die Masten verwundbar. Die *Santa Ana* verlor alle drei Masten in Trafalgar.

Rumpf
Wie die französischen Schiffe hatten auch die spanischen Linienschiffe einen hohen Freibord, wobei sich das unterste Kanonendeck – und die schwerste Kanone – deutlich über der Wasserlinie befanden.

Rahen

Zu erwähnen sind die Fußseile, die den Matrosen Halt gaben, wenn sie die Rahen bemannen mussten, um die Segel zu hissen.

Segel

Zusätzlich zu der hier gezeigten Standardanordnung mit quadratischem Rigg wurden an den Außenkanten der Hauptsegel und Stagsegel an allen drei Masten Zusatzsegel angebracht.

SANTA ANA (1784)

Abmessungen	Länge 56,14 m Breite 15,50 m Tiefgang 7,37 m
Verdrängung	2.803 t
Besatzung	mindestens 1.000 Mann
Takelage	3 Masten, Vollschiff
Bewaffnung	30x 36-Pfünder-, 32x 24-Pfünder-, 10x 8-Pfünder-Kanonen sowie 10x 48-Pfünder-, 2x 32-Pfünder- und 6x 24-Pfünder-Haubitzen und 4x 4-Pfünder-Schwenkkanonen

FAKTEN UND ZAHLEN

Die *Santa Ana* hatte sieben Anker mit einem Gesamtgewicht von 20.457 Kilogramm. Ihr Ballast aus Eisen (kleine Kugelschrote und Eisenstücke) nahm etwa 20 Prozent der Länge ein, war mittschiffs platziert und von Steinballast umgeben.

Einen Hinweis auf die Sorgfalt, mit der beim Bau gearbeitet wurde, liefern die Anweisungen zum Verlegen des Ballasts. Zuerst wurde Teer aufgetragen, anschließend eine 102 Millimeter dicke Schicht Zulaque (klebriger Ton oder Zement) auf die Bodenköpfe aufgebracht. Gemahlener Ziegelstein wurde in abwechselnden Schichten mit Eisen hinzugefügt, um den verbleibenden Raum bis zu 305 Millimeter Höhe über dem Boden auszufüllen. Darüber wurde die Mischung aus Kies und Ziegeln bis zu den Köpfen der ersten Stützpfeiler verlegt. Das Ziel war, sicherzustellen, dass der Ballast, insgesamt rund 90 Tonnen, dicht gepackt war und sich nicht durch das Stampfen und Rollen des Schiffs verschieben konnte.

INAKTIVITÄT

Im Jahr 1794 wurde das Schiff in La Carraca auf Kiel gelegt, im Januar 1797 neu bewaffnet und in Cádiz stationiert. Zusammen mit der gesamten Flotte war es im Februar 1798 in Cádiz blockiert. Im September desselben Jahres wurde es bei La Carraca erneut gereinigt und am Boden mit einer Kupferummantelung versehen. Am 21. Juli 1799 lief es auf dem Marinestützpunkt Rota auf Grund, wurde aber wieder flott gemacht. Im Laufe des Jahres 1800 wurde ein neuer Kiel angebracht, und die *Santa Ana* blieb bis 1802 im Dienst, bis sie erneut entwaffnet wurde. Die meiste Zeit bis 1805 verbrachte das Schiff entwaffnet, entweder durch Entlassung oder durch Reparaturen und Wartungsarbeiten. Seine Tätigkeitsperioden beliefen sich auf etwa fünf von 21 Jahren. Die Entwaffnung bedeutete die Entfernung aller Dinge, die nicht zur Rumpfstruktur gehörten, einschließlich der unteren Masten, des Bugspriets und des Ballasts. Alles andere wurde entfernt und verstaut, einschließlich des Ruders.

Im Januar 1805 begannen die Vorbereitungen für einen neuen aktiven Dienst. Die *Santa Ana* wurde neu bewaffnet und bemannt, um mit der Vereinigten Flotte als Flaggschiff des spanischen Stellvertreters in See zu stechen.

SCHLACHT AUF SEE

In der Schlacht von Trafalgar trug die *Santa Ana* die Flagge von Vizeadmiral Alava und wurde von Jose Gardoqui kommandiert. Es scheint, dass sie weiß mit schwarzen Streifen gestrichen war, obwohl einige Berichte behaupten, dass sie völlig schwarz war. Ihre Position in der Linie der Vereinigten Flotte brachte sie gegen die Lee-Division der britischen Flotte, angeführt von der *Royal Sovereign*, dem Flaggschiff von Vizeadmiral Collingwood. Unter seiner Führung war die

DIE KUNST DES KIELHOLENS

Normalerweise wurde das Kielholen auf dem Wasser durchgeführt. Es war eine knifflige Übung, bei der alles Bewegliche weggepackt oder festgezurrt wurde. Anschließend wurde der Rumpf gekippt, bis der Kiel über dem Wasser lag. Dies wurde erreicht, indem die Leisten von schwimmenden Pontons oder vom Ufer oder von einem Steg aus eingeholt wurden. Der Rumpf hatte innen Stützen und die Masten wurden abgestützt, um Belastungen zu vermeiden. Der Ballast wurde auf die Kippseite verlagert und nach vorn verlängert, um einen übermäßigen Zug am Fockmast zu minimieren. Bei einer vollständigen Kielholung musste die Schalenbeplankung entfernt und ersetzt werden. Häufig wurde jedoch nur eine Teilbeplankung durchgeführt, um beschädigte oder verrottete Planken zu ersetzen.
Das Reparaturprogramm der *Santa Ana* war typisch und fand alle drei Jahre statt, um Unkraut und Seepocken zu entfernen und den Zustand des Holzes zu überprüfen.

Die schönen Linien, die komplizierte Takelage und die gute Leistung dieser Klasse haben im Laufe der Jahre viele Modellbauer inspiriert. Ein besonderes Merkmal ist das bogenförmige Design des Heckbalkens, der oft blau lackiert gezeigt wird.

Geschützeffizenz dieses Schiffes die beste der britischen Flotte. Die *Royal Sovereign* kreuzte direkt hinter der *Santa Ana* und feuerte eine Doppelschuss-Breitseite ins Heck, wodurch 14 Kanonen außer Gefecht gesetzt wurden und viele Verluste zu beklagen waren. Die beiden Schiffe waren in der Folge eine Zeit lang miteinander verbunden, wobei die *Royal Sovereign* am Steuerbordbug der *Santa Ana* lag. Es kam zu einem verheerenden Kreuzfeuer, das fast zwei Stunden andauerte. „Sie haben uns ziemlich hart bekämpft", berichtete ein britischer Midshipman, ein in Ausbildung befindlicher Marineoffizier. Der Besantopmast der *Santa Ana* wurde weggeschossen, und nach etwa anderthalb Stunden waren alle drei Masten gefallen. Gegen 14:20 Uhr traf es dann die *Royal Sovereign*.

Zwei Tage nach der Schlacht wurde die *Santa Ana* von einem spanischen Fregattengeschwader zurückerobert und nach Cádiz geschleppt. Als die Franzosen 1808 in Spanien einmarschierten, befand sie sich noch in der Reparatur und nahm nicht am Halbinselkrieg teil. Zusammen mit einem Schwesterschiff, der *Principe de Asturias*, wurde sie 1810 nach Havanna verlegt, erlebte jedoch keine weiteren Einsätze. Sie sank schließlich 1816 vor dem Havanna Arsenal.

Bucentaure (1803)

Als neues, hübsches und gut proportioniertes Linienschiff mit 80 Kanonen war sie das Flaggschiff von Admiral Villeneuve, dem Oberbefehlshaber der Vereinigten Flotte in der Schlacht von Trafalgar.

Die *Bucentaure* war das erste einer Klasse von 80-Kanonen-Schiffen für die kaiserlich-französische Marine. 16 Schiffe entstanden zwischen 1803 und 1815, weitere fünf bis 1824. Der Designer war Jacques-Noël Sané. Sané war ein Verfechter der Einheitlichkeit im Schiffsdesign und war, beginnend mit der *Tonnant* im Jahr 1789, für eine Reihe hervorragender Schiffe verantwortlich. Mit 84 Kanonen bewaffnet, wurden diese als zweitklassig eingestuft, übertrafen dabei jedoch die typischen britischen 74-Kanonen-Schiffe. Sie waren überdies einfacher zu handhaben als die massiven erstklassigen 100-Kanonen-Schiffe.

Schwaches Heck
Die Erwartung, seitlichem Beschuss auszuweichen, ließ das Heck zu einem schwachen und exponierten Bereich werden. Die *Bucentaure* wurde durch eine einzige verheerende Breitseite mit drei Schüssen durch das Heck praktisch außer Gefecht gesetzt.

Rumpflinien
Die Rumpflinien französischer Kriegsschiffe waren in der Regel sorgfältiger und subtiler gestaltet als bei britischen Schiffen, was ihnen einen leichten Vorteil in Bezug auf Geschwindigkeit und Handhabung auf See verschaffte.

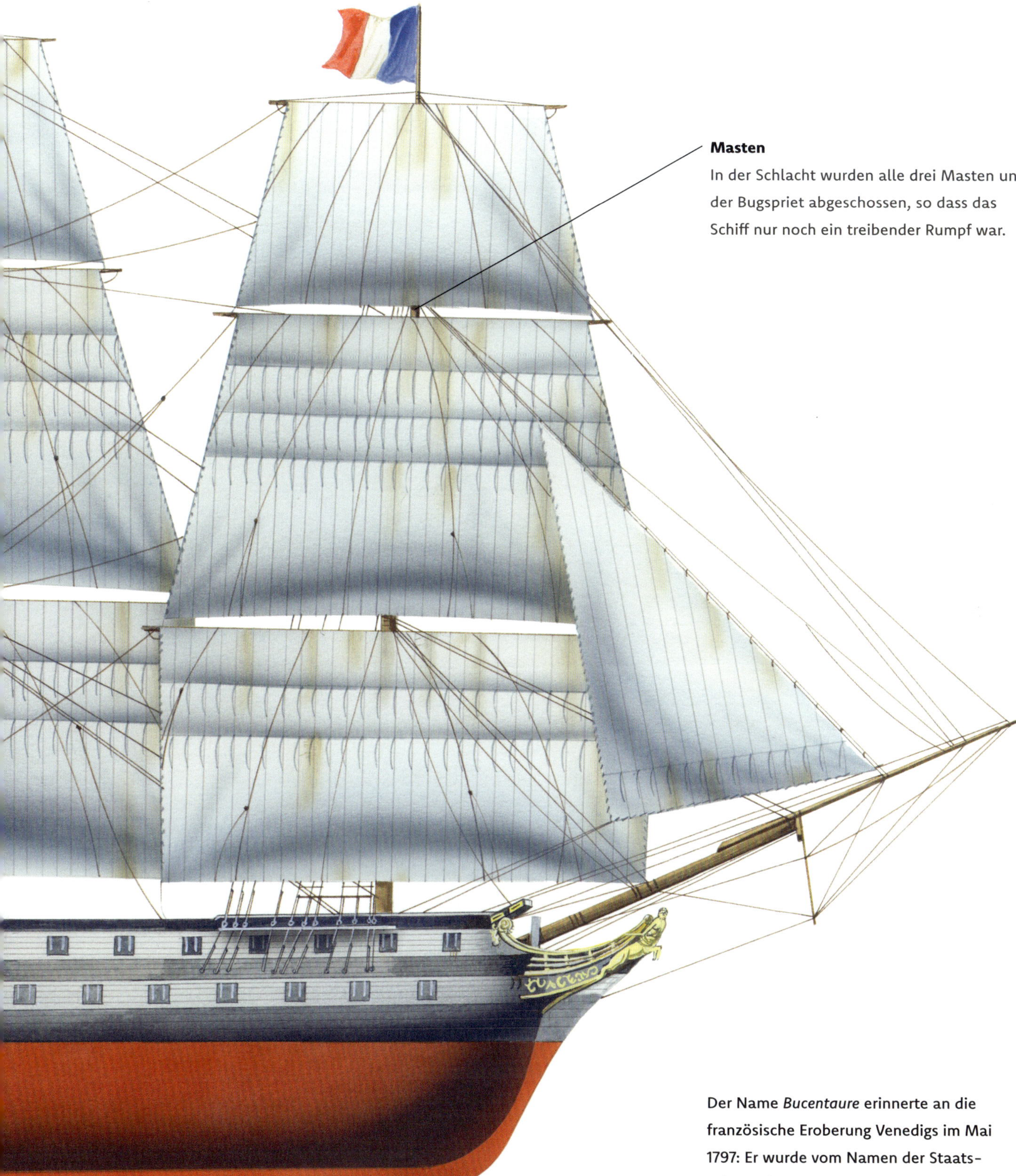

Masten
In der Schlacht wurden alle drei Masten und der Bugspriet abgeschossen, so dass das Schiff nur noch ein treibender Rumpf war.

Der Name *Bucentaure* erinnerte an die französische Eroberung Venedigs im Mai 1797: Er wurde vom Namen der Staatsgaleere des Dogen, Bucintoro, abgeleitet.

Es wurde lange angenommen, dass dieses Gemälde von Auguste Mayer (1805–1890) die entmastete *Redoutable* zeigt. Tatsächlich wurde inzwischen nachgewiesen, dass es die *Bucentaure* darstellt. Das Heck des britischen Schiffs trägt den Namen Sandwich, aber die *Sandwich* lag nicht in Trafalgar.

Auch waren die Schiffe länger als ihre britischen Gegenstücke, stabiler gebaut und schwerer. Zudem verfügten sie über eine gute Takelage und können mit Fug und Recht als die besten Schiffe ihrer Zeit bezeichnet werden. Einige Experten gehen davon aus, dass es in dieser Klasse der *Tonnant* ein letztes Exemplar gab, die *Vesuvio*, die erst 1824 vom Stapel lief und dann an das Königreich beider Sizilien verkauft wurde.

Das große Problem für die französischen Kapitäne war nicht die Qualität ihrer Schiffe, sondern die ihrer Besatzung. Die britische Marine hatte härter daran gearbeitet, ihre Offiziere und Besatzungen auszubilden, was auch dadurch unterstützt wurde, dass weitaus mehr Schiffe über längere Zeiträume auf See waren. Die britischen Besatzungen waren gesünder, daher konnte die an Bord auftretende Geißel Skorbut weitgehend verhindert werden. Die französischen Kapitäne betrachteten ihre Besatzungen als Pöbel. So gibt es einen Satz, der Nelson zugeschrieben wird: „Die beste Marine der Welt würde aus französischen Schiffen und englischen Besatzungen bestehen.“ Aber die englischen Besatzungen waren auch zu einem großen Teil zwielichtige Männer, freigelassene Gefangene und Armee-Deserteure.

DAS VORSPIEL

Die *Bucentaure* wurde im November 1802 in Toulon auf Kiel gelegt, am 13. Juli 1803 vom Stapel gelassen und im Januar 1804 in Dienst gestellt. Vom ersten Moment an war sie ein Flaggschiff, zunächst von Vizeadmiral Latouche-Tréville, der an Bord starb, und ab 6. November 1804 von Vizeadmiral Pierre de Villeneuve. Im September 1805 befand sich die Vereinigte Flotte in Cádiz, als Villeneuve auf Napoleons Befehl angewiesen wurde, Truppen einzuschiffen und zu einer

Invasion Neapels in See zu stechen. Cádiz stand bereits unter strenger Beobachtung der Briten, und es bestand kaum eine Chance, es ohne Kampf zu verlassen. Doch Villeneuve erfuhr, dass er durch Admiral Rosily ersetzt werden sollte, und obwohl er im September entschieden hatte, dass die Vereinigte Flotte nicht einsatzfähig sei, beschloss er, seine Schiffe zur See zu bringen und seinen Posten vor den Augen von Kaiser Napoleon zu verteidigen.

Die Flotte verließ Cádiz am 21. Oktober. Auf dem Papier verfügte Villeneuve mit 33 Linienschiffen (18 davon französisch) und sieben Fregatten über eine überlegene Streitmacht und hatte 2.856 Kanonen, während Nelson 2.314 auf 27 Linienschiffen und sechs Fregatten besaß. Aber der britische Admiral hatte sieben Dreidecker, während Villeneuve nur vier hatte.

IN DIE SCHLACHT

Die *Bucentaure* wurde von Kapitän Jean-Jacques Magendie kommandiert und nahm in der Linie einen zentralen Platz ein. Als die Briten mit ihren beiden Divisionen vorrückten, ähnelte Villeneuves letztes Signal dem von Nelson: „Jedes Schiff, das nicht im Einsatz ist, ist nicht auf seinem Posten und muss Stellung beziehen, um sich so schnell wie möglich am Kampf zu beteiligen."

Die *Victory* feuerte eine Breitseite, die aus einer Entfernung von nur neun Metern in das Heck der *Bucentaure* einschlug und mit niederschmetternder Wirkung über die Decks fegte. In wenigen Minuten befanden sich die *Victory*, die *Bucentaure*, die *L'Indomptable* und die *Temeraire* auf gleicher Höhe, Bord an Bord aneinander. Sie stießen zusammen, die Spieren krachten, Schüsse knallten. Um 13:40 Uhr brachten Kanonen der *Conqueror* den Haupt- und Besanmast zum Einsturz.

EINE MENGE TRÜMMER

Um 13:45 Uhr trieb die *Bucentaure* hilflos mitten im Gefecht, der Bugspriet und alle drei Masten waren gefallen und die Hälfte der Besatzung getötet oder verwundet. Der Kapitän beschrieb die *Bucentaure* als eine Menge Trümmer. Villeneuve versuchte, sein Beiboot zu Wasser zu lassen, um seine Flagge auf ein noch kampffähiges Schiff zu übertragen, aber das Boot wurde unter umgestürzten Spieren zerquetscht. Da die *Bucentaure* keine andere Wahl hatte, als sich zu ergeben, zog sie ihre Flagge ein. Villeneuve und Magendie wurden gefangen genommen. Eine britische Prisenmannschaft wurde an Bord geschickt, während die überlebende französische Besatzung dort als Gefangene festgehalten wurde. Das Schiff wurde durch eine Schleppleine mit der *Conqueror* verbunden, aber die Leine löste sich. Den Franzosen gelang es, sich zu befreien und das Schiff zurückzuerobern. Doch in dem Sturm, der am 23. Oktober aufzog, war es unkontrollierbar. Das Schiff lief vor der Bucht von Cádiz auf ein Riff und sank. Es gab nur eine Handvoll Überlebender.

BUCENTAURE

Abmessungen	Länge 59,30 m Breite 15,30 m Tiefgang 7,80 m
Verdrängung	1.604 t
Besatzung	866 Seeleute und Marinesoldaten
Takelage	3 Masten, vollständige Besegelung
Bewaffnung	30 x 36-Pfünder-, 32 x 24-Pfünder-, 18 x 12-Pfünder-Kanonen, 6 x 36-Pfünder-Haubitzen

DIE BESATZUNG

Die Besatzung war in Gentlemen-Offiziere, Unteroffiziere (Abbildung rechts), Männer und sogenannte Komparsen unterteilt. Die erste Kategorie war 14 Mann stark, darunter ein Kommandant (Capitaine de Frégate) als Vertreter des Kapitäns (Capitaine du Vaisseau), Purser, ein ärztlicher Offizier sowie neun Offiziersanwärter. Zur zweiten Kategorie gehörten zwei Bootsmänner und 25 Bootsmannkameraden, zwei Steuer- oder Quartiermeister und 13 Kameraden, 55 Meisterkanoniere und ihre Kameraden, zwei Schmiedemeister und 13 Kumpel, ein Tischlermeister und sieben Gehilfen, zudem ein Schreinermeister und sieben Kollegen, ein Segelmachermeister und zwei Gehilfen sowie ein Waffenmeister. Es gab vier Matrosengrade mit jeweils 95 Mann, 125 Rekruten ohne Rang, 60 Pulverjungen und 129 Marinesoldaten. Zu den Komparsen gehörten drei Waffenschmiede, fünf Chirurgen, neun Köche und elf weitere Bedienstete.

Gloire (1858)

Als erstes seetüchtig gepanzertes Kriegsschiff löste dieses Schiff Mitte des 19. Jahrhunderts einen Schlachtschiffwettlauf zwischen Großbritannien und dem Frankreich Napoleons III. aus.

Dampfkraft war seit etwa 1830 bei Marineschiffen anerkannt. Allerdings war seine Nutzung zunächst auf Schlepper mit Schaufelrädern beschränkt. Diese Schaufelräder haben auf einem Kriegsschiff offensichtliche Nachteile, obwohl in den 1840er-Jahren eine Reihe von Schaufelfregatten gebaut wurden. In den 1850er-Jahren beschleunigte sich die Entwicklung. Französische Strategen erkannten, dass Dampf und Eisen die hohe, zahlenmäßige Überlegenheit der britischen Marine zunichte machen würden und dass beide Nationen neue Flotten bauen mussten. Obwohl beide Nationen eine gemeinsame Ausgangsbasis hatten, war diese doch nicht ganz gleich, da der Vorsprung der britischen Eisen- und Maschinenbauindustrie, den sie sich zu Beginn des Jahrhunderts erworben hatte, noch nicht verloren war.

Obwohl Briten und Franzosen im Krimkrieg (1854 – 1856) Verbündete gegen Russland gewesen waren, gab es immer noch erhebliche Rivalitäten. Eine der Innovationen des Kriegs waren die französischen

Die Panzerung von Kriegsschiffen war die unvermeidliche Folge schwerer Geschütze, der Entwicklung explosiver Granaten und der technischen Entwicklung in der Metallurgie.

Maschinenraum

Die Maschinenräume von Dampfschiffen waren schon immer äußerst unangenehme Orte für schwere körperliche Arbeit – insbesondere bevor die Zwangsbelüftung eingeführt wurde.

Holz gegen Eisen

Drei der ersten vier Panzerschiffe Frankreichs, die alle im März 1858 bestellt wurden, hatten einen Holzrumpf. Dies war darauf zurückzuführen, dass Frankreich zu diesem Zeitpunkt nicht über genügend Kapazitäten zur Eisengewinnung verfügte. Nur die *Couronne* besaß einen komplett eisernen Rumpf.

Takelage

Die *Gloire* wurde zu verschiedenen Zeiten auf unterschiedliche Weise unter Segel gesetzt. Ursprünglich als Schonerbark getakelt, später mit vollständiger Takelage und dann als Bark. Die finale Anordnung sah nur Vor- und Achtersegel vor.

Rohe Gewalt

Obwohl die *Gloire* nicht zum Rammen gedacht war, hätte sie mit ihrem 119 Millimeter starkem, eisenbeschlagenen Bug leichtes Spiel an der Seite eines Holzschiffs gehabt.

Vorräte

Die Motoren und Kohlebunker benötigten viel Platz – ganz abgesehen von den allgemeinen Anforderungen an die Lagerkapazitäten eines Kriegsschiffs. Dampfkriegsschiffe mussten daher größer sein und waren teurer.

Die *Gloire* und die *Donawerth*, gemalt von Marinekünstler Louis le Breton (1818–1866). Die *Donawerth* war ein 90-Kanonen-Schiff, das 1854 vom Stapel lief und zweimal umbenannt wurde: in *Jean Bart* (1868) und in *Cyclope* (1886).

„schwimmenden Batterien": Eisenbeschlagene Rümpfe mit flachem Boden und begrenzter Kapazität für den Selbstantrieb durch Segel oder Dampfmaschinen mit geringer Leistung, die in das Kriegsgebiet geschleppt und zur Bombardierung von Küstenzielen eingesetzt wurden. Ihr Erfolg veranlasste die Entwicklung seetüchtigerer Schiffe ähnlichen Typs.

ZEITALTER DES EISENS

Bis 1858 hatten sowohl die Franzosen als auch die Briten 32 Linienschiffe mit Holzrumpf zu Dampfschiffen umgebaut. Beide hatten noch mehr in Vorbereitung: sechs in Großbritannien, zehn in Frankreich. Eine weitere neue Entwicklung – gerillte Geschütze, die Granaten mit hoher Geschwindigkeit abfeuerten – überzeugte die französischen Marineplaner davon, dass Eisenpanzerung nun unerlässlich sei. So wurde 1857 der Befehl erteilt, den Bau von Holzrümpfen einzustellen. In diesem Jahr wurde zudem Stanislas Dupuy de Lôme zum Chef der Marine-Planung ernannt. Als brillanter und innovativer Schiffsingenieur hatte er bereits das erste dampfschraubengetriebene Kriegsschiff, die *Napoléon*, entworfen, das 1850 vom Stapel lief. Die *Gloire* wurde nach weitgehend

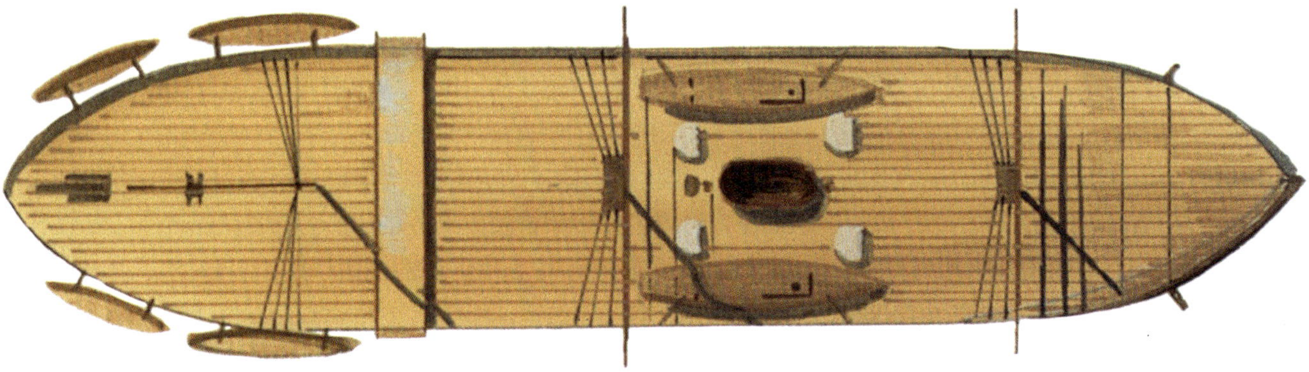

Das Wetterdeck war fast völlig frei, abgesehen von Schornsteinen, Ventilatoren und einer Brückenkonstruktion mit einer Art Kommandoturm direkt vor dem Besanmast. Alle Waffen befanden sich unten auf dem Hauptdeck.

ähnlichen Grundsätzen entworfen. Sie war nicht das erste Panzerschiff, aber das erste echte seetüchtige Kriegsschiff dieser Art. Der Rumpf des neuen Schiffs bestand aus Holz, war durch 119 Millimeter dicke Eisenplatten geschützt und verfügte über ein einzelnes Eisendeck, das 36 162-Millimeter-Kanonen trug. Diese wogen jeweils rund fünf Tonnen. Sie feuerten Sprenggranaten ab, die einen Holzrumpf durchschlagen sollten und dann erst explodierten.

Die *Gloire* wurde im Mai 1858 auf der Marinewerft Toulon auf Kiel gelegt, 1859 vom Stapel gelassen und im Juli 1860 in Dienst gestellt. Im Aussehen war sie kompakt, flach, tief im Wasser liegend, mit einem geraden Bug und einem spitzen Heck. Das Naval Committee of Works hatte festgelegt, dass neue gepanzerte Schiffe eine Geschwindigkeit von 13 Knoten erreichen und eine Panzerung von mindestens 100 Millimetern Dicke bis zu einer Tiefe zwischen 1,3 und 1,7 Metern unter der Wasserlinie haben sollten. Außerdem sollte das Heck so geformt sein, dass es Schutz für die Schraube bot, sowie eine vollständige Schiffsausrüstung für Fahrten ohne Dampfkraft an Bord sein.

Die *Gloire* erfüllte diese Anforderungen, obwohl ihre Geschwindigkeit im Einsatz wahrscheinlich etwas unter zwölf Knoten betrug. Der dicke Rumpf ohne Öffnungen – abgesehen von den Mündungspforten – machte den Innenraum stickig, rauchig und oft heiß. Es war kein komfortables Schiff, auf dem man arbeiten wollte. Es diente neun Jahre lang, bevor es einer umfassenden Überholung und Umrüstung unterzogen wurde. Dabei wurde die ursprüngliche Bewaffnung durch weniger, aber modernere und schwerere Geschütze ersetzt (siehe technische Daten).

FRANZÖSISCHER STANDPUNKT

Die französische Marine vertrat eine andere Sicht auf die Dampfkraft als die britische Admiralität. Während die Briten die Dampfkraft immer noch als Hilfsmittel zum Segeln ansahen, betrachteten die Franzosen den Motor als zentralen Antrieb, ohne den Segeln ganz abzuschwören. Auch waren die Schrauben der französischen Schiffe nicht zerlegbar. Dies spiegelt zum Teil die geringere strategische Reichweite der französischen Flotte wider, zeigt aber auch die größere Bereitschaft, sich die neue, dampfende und lärmende Technologie zu eigen zu machen und sie so effektiv wie möglich zu nutzen. Die *Gloire* verfügte trotzdem über eine Segelfläche von 1.100 Quadratmetern.

Die niedrige Lage der *Gloire* im Wasser, mit ihrem Kanonendeck nur 1,9 Meter über der Wasserlinie (was an die „schwimmenden Batterien" der Krim erinnert, die 1859 erneut gegen Italien in der Adria eingesetzt wurden), schränkte ihre Nutzbarkeit als ozeantaugliches Schiff ein. So machte der Bau der britischen *Warrior* zwei Jahre nach der *Gloire* das französische Schiff praktisch überflüssig. 1879 wurde die *Gloire* von der Marineliste gestrichen und 1881 verschrottet.

GLOIRE

Abmessungen	Länge 77,90 m Breite 17,00 m Tiefgang 8,50 m
Verdrängung	5.617 t
Besatzung	550 Mann
Antrieb	8 Kessel, 2-Takt-Dampfmaschine, 1.864 kW (2.500 PS), 1 Schraube, 3 Masten, vollständige Besegelung
Geschwindigkeit	12,8 Knoten
Panzerung	Panzergürtel 119 mm
Bewaffnung	6x 244-mm-MLR-Geschütze, 2x 198-mm-MLR-Geschütze

PANZERUNG

Die Rumpfbeplankung war auf der Höhe des Oberdecks 109 Millimeter stark und verdickte sich im unteren Bereich auf 119 Millimeter. Der Holzrumpf selbst war bis zu 660 Millimeter stark. Eisenbeschichtungen waren nicht so wirksam wie Kupfer, um das Wachstum von Pflanzen am Unterwasserschiff zu verhindern. Die *Gloire* wurde daher in den 1860er-Jahren aufwendig mit Kupferplatten versehen. Doch die Wechselwirkung von Kupfer, Eisen und Meerwasser korrodierte das Eisen und zerstörte den Vorteil des Kupfers gegen Algen und Seepocken. Deshalb musste eine Holzschicht dazwischen verlegt werden, um elektrolytische Wechselwirkungen zwischen den Metallen zu verhindern. Zum Zeitpunkt des Baus hätte die Panzerung jede Schiffsartillerie besiegt, doch der Vorsprung bei der Granatenstärke war kurz. Das von Joseph Paixhans erfundene, 1841 von der französischen Marine eingeführte und rasch von anderen Marinen übernommene Marinegranatengeschütz wurde verbessert. Das Wechselspiel zwischen besserer Panzerung und effektiveren Waffen sollte bis ins 20. Jahrhundert andauern.

Victoria (1859)

Zusammen mit ihrem Schwesterschiff *Howe* war die *Victoria* der letzte Dreidecker mit Holzrumpf, der für die britische Marine gebaut wurde. Trotz ihres Dampfantriebs war sie bereits von Beginn an veraltet und hatte eine aktive Lebensdauer von weniger als zehn Jahren.

Großmast
Aufgrund der Maschinenanordnung musste der Großmast auf das Orlopdeck gestellt werden, anstelle bis zum Kiel zu reichen.

Schornsteine
Die *Victoria* und die *Howe* waren die einzigen Schiffe der Royal Navy mit Schornsteinen vor und hinter dem Großmast. Beide Schornsteine konnten abgesenkt werden, wenn das Schiff unter Segel war.

Heckgang
Der Propeller wurde so geplant, dass der bei Offizieren beliebte Heckgang wieder realisiert werden konnte.

Die zweischlotige *Victoria* vereint moderne und traditionelle Elemente. Trotz leistungsstarker Motoren war das Segel vollständig vorhanden. Zu beachten sind auch die Heckgalerien.

Die letzten Segelschiffe für den Linienkampf wurden erst 1848 für die Royal Navy bestellt (die 80-Kanonen-Orion-Klasse). Lord Auckland, von 1846 bis 1849 erster Lord der Admiralität, hatte die neue Anforderung an das Design definiert: „Die Art und Weise, wie die Hilfsschraube am besten mit guten Segeleigenschaften kombiniert werden kann."

Der Krimkrieg von 1854 bis 1856 war für Frankreich und vor allem für Großbritannien ein Fernkrieg, der Transporte durch das Mittelmeer ins Schwarze Meer erforderte. Der Dampfantrieb kam hier mit seiner Geschwindigkeit und Windunabhängigkeit besonders gut zur Geltung. Doch die Royal Navy verfügte immer noch über relativ wenige dampfbetriebene Kriegsschiffe, so dass ein eiliges Umrüstungsprogramm begann. Die *Victoria* war indes von Anfang an als Dampfschiff geplant. In der typisch reflexartigen Reaktion der britischen Admiralität auf die französischen Entwicklungen sollte sie mit dem französischen Dreidecker *Bretagne* mit 130 Kanonen konkurrieren, die als Segelschiff geplant, aber während des Baus auf Dampfantrieb umgestellt und im Februar 1855 vom Stapel gelaufen war.

Masthöhen
Der Fockmast war 18,6 Meter lang, der Großmast 20,4 Meter und der Besan 15,7 Meter. Der Bedarf an einer kompletten Segelmannschaft und Heizern führte zu einem Anstieg der Besatzungszahlen, und die Unterbringung der Besatzung war stets beengt.

Motoren
Die Maudslay-Motoren waren die leistungsstärksten, die bis dahin in ein Kriegsschiff eingebaut wurden. Zu dieser Zeit teilte sich Henry Maudslay mit John Penn das Monopol auf den Motorenbau der Admiralität.

HMS VICTORIA

Abmessungen	Länge 79,20 m Breite 18,30 m Tiefgang 7,80 m
Verdrängung	6.959 t
Besatzung	1.000 Mann
Antrieb	1 Maudslay-Motor, 3.283 kW (4.403 PS), 1 Schraube, 3 Masten, vollständige Besegelung
Geschwindigkeit	11,8 Knoten
Panzerung	–
Bewaffnung	62 x 200-mm-Kanonen, 32 x 30-Pfünder- und 36 x 32-Pfünder-Kanonen, 1 x 68-Pfünder-Kanone

HYBRID

Die *Victoria* wurde am 1. April 1856 in Portsmouth auf Kiel gelegt und am 12. November 1859 vom Stapel gelassen. Es handelte sich um ein Hybridmodell, einem traditionellen Dreidecker mit Holzrumpf und 121 Kanonen, aber auch mit Dampfmaschine. Sie kostete 150.578 Pfund. Acht Kessel waren seitlich in vier Paaren mit dem Motor dazwischen angeordnet. Es war das erste Kriegsschiff der Royal Navy mit zwei Schornsteinen. Der Rumpf war an der Innenseite mit diagonalen Eisenreitern mit einer Breite von 127 Millimetern und einer Dicke von 25 Millimetern verstärkt, um die Beplankung gegen die Vibrationen der Maschinen und Schiffsschrauben zusammenzuhalten. Trotzdem neigten die Nähte dazu, sich zu lösen, und das Schiff war undicht. Abgesehen von der überlegenen Granatenresistenz von Eisen forderten auch die Probleme, die sich aus leistungsstarken Maschinen und schweren Kanonen in einem Holzrumpf ergaben, die Verwendung von Eisen im Schiffsbau. Die *Victoria* war das größte jemals gebaute Schlachtschiff mit Holzrumpf und bis zur Indienststellung der *Warrior* sogar kurzzeitig das größte Schiff überhaupt.

Die frühen Motoren waren sperrig. Das Gewicht der Maschinen tief unten im Rumpf ermöglichte es den Erbauern, die Menge des mitgeführten Ballasts erheblich zu reduzieren oder sogar ganz darauf zu verzichten, etwa bei der 101-Kanonen-*Conqueror* (1855). Doch die Kapitäne mussten lernen, ihre Schiffe zu trimmen, während sich die Kohlebunker allmählich leerten. Die *Victoria* und die *Howe* waren für ihre Zeit sehr schnelle Schiffe: Bei den Probefahrten schaffte die *Victoria* 11,79 Knoten und die *Howe* 13,56 Knoten, auch wenn keine von beiden auch nur annähernd voll beladen war.

ZERSTÖRERISCHE KRAFT

Die *Victoria* wurde als „der Gipfel des Dreideckers" beschrieben, besaß die doppelte Tonnage der *Victory* und hatte eine weitaus höhere Feuerkraft. Im Bug war ein 68-Pfünder-Verfolgungsgeschütz montiert, um Beschuss nach vorne zu ermöglichen. Die 200-Millimeter- und 30-Pfünder-Geschütze waren mit Visieren ausgestattet, um präzises Feuer auf Entfernungen von mindestens 1.100 Metern zu ermöglichen. Diese Geschütze feuerten Sprenggranaten ab, die Holzbretter durchschlugen und dann explodierten.

Eine bessere Sicht und eine größere Reichweite ermöglichten außerdem eine größere Streuung des Feuers, sodass

BEWAFFNUNG

Die 200-mm-Geschütze der *Victoria* feuerten Sprenggranaten ab. Obwohl diese seit etwa 20 Jahren im Einsatz waren, erwiesen sie sich nicht als so verheerende Waffen wie ihr Erfinder Joseph Paixhans angenommen hatte. Oft detonierten sie aufgrund fehlerhafter Zünder nicht. Granatfeuer war zu dieser Zeit sowohl in der Theorie als auch in der Praxis wirkungsvoller als im tatsächlichen Kampf. Möglicherweise gefährlicher für ein Schiff mit Holzrumpf waren glühende Kanonenkugeln. Diese wurden im Krimkrieg häufig von russischen Küstenfestungen genutzt, und ab dem 28. Februar 1854 waren die dampfbetriebenen Schiffe der Royal Navy mit Öfen und Handhabungsgeräten zum Abfeuern glühender Ladungen ausgestattet. Dies erforderte natürlich einen sehr sorgfältigen Umgang, und nur 32-Pfünder-Geschütze mit der robustesten Konstruktion galten als wirklich sicher beim Abfeuern. Bis 1860 handelte es sich bei den britischen Marinegeschützen nach wie vor um Vorderlader mit glattem Lauf, aber es war offensichtlich, dass diese veraltet waren oder sehr bald veraltet sein würden. Das Problem bestand in der Frage, durch was man sie ersetzen sollte.

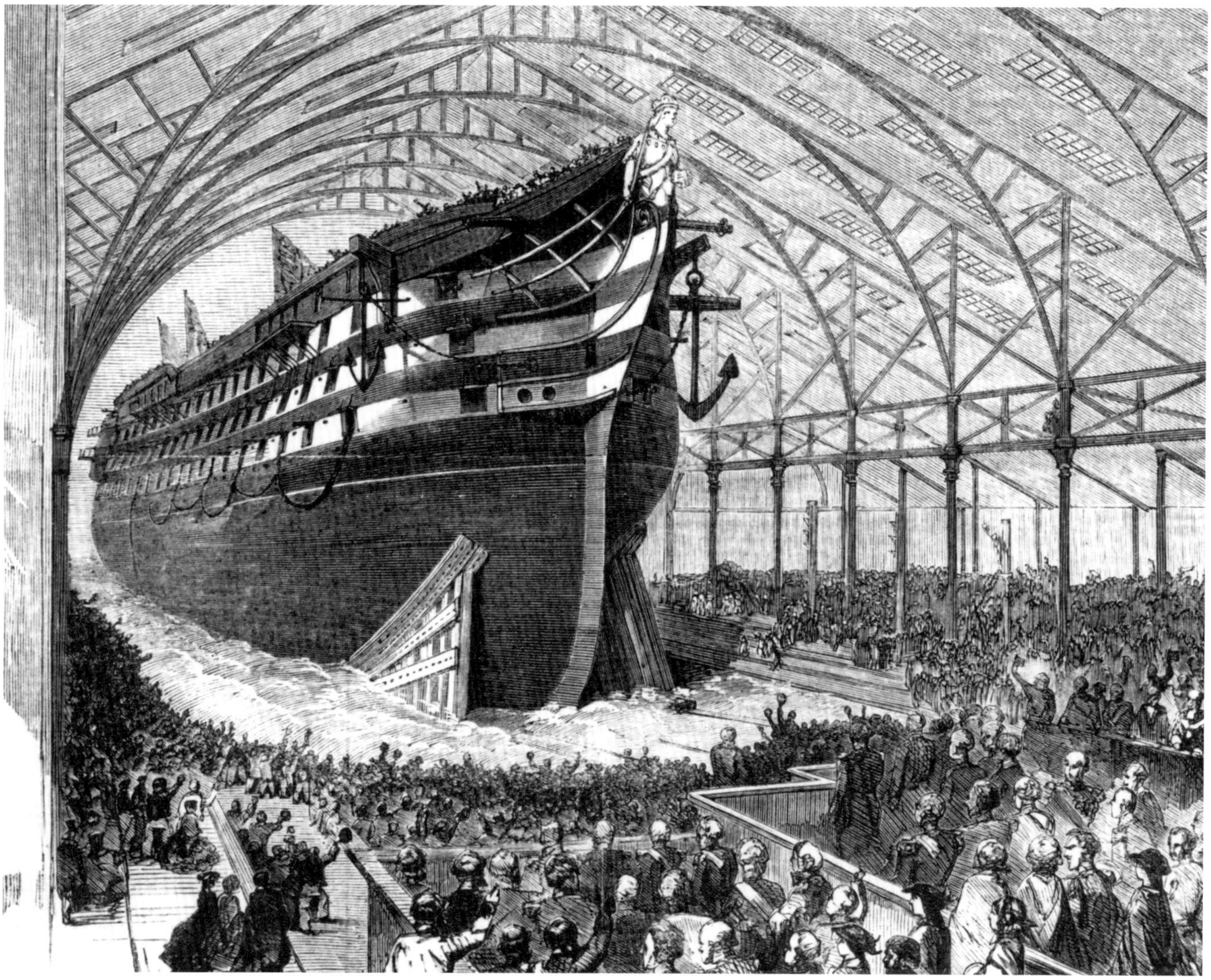

Die *Victoria* wurde von Königin Victoria persönlich getauft. Die für die damalige Zeit ungewöhnliche Überdachung ermöglichte vor allem eine Witterungsunabhängigkeit beim Bauen und weniger das Verbergen der Bauarbeiten.

die *Victoria* ihren Beschuss auf mehr als ein Ziel gleichzeitig richten konnte. Infolgedessen wurden die Taktiken für Seeschlachten überarbeitet. Innerhalb von zwei Jahren wurden die riesigen Dreidecker als veraltet angesehen, und das Unterhaus stimmte im April 1861 für die Beendigung des Baus von Großkampfschiffen mit Holzrumpf. Dies führte nicht dazu, dass die hölzernen, dampfbetriebenen Kriegsschiffe alle sofort aufgegeben wurden, aber größere Umbauten blieben aus. Ende der 1860er-Jahre waren sie alle außer Betrieb.

DAS ENDE DER VICTORIA

1860 bis 1864 befand sich die *Victoria* in Portsmouth in Reserve und wurde ab 1864, als die Zahl der Geschütze auf 102 reduziert worden war, das Flaggschiff der Mittelmeerflotte mit ihren Hauptstationen in Gibraltar und Malta. Das letzte Mal, dass die großen Schiffe mit Holzrumpf an einer Parade teilnahmen, war bei der Spithead Naval Review im Juli 1867 vor Königin Victoria und dem osmanischen Kaiser.

Im August 1867 wurde die *Victoria* ausgemustert und technisch gesehen wieder in den Reservestatus zurückversetzt. Tatsächlich wurden die alten Holzschiffe entweder für andere Zwecke umgebaut oder verrottet. Eine neue *Victoria* wurde 1887 vom Stapel gelassen. Sie galt als das stärkste Panzerschiff aller Marinen. Zu diesem Zeitpunkt war die alte *Victoria* bereits entwaffnet. Ihr Rumpf wurde im Mai 1893 zur Verschrottung verkauft. Einen Monat später wurde die neue *Victoria* bei einer Kollision mit der *Camperdown* während eines Manövers versenkt.

Warrior (1861)

Die dampfgetriebene und gepanzerte *Warrior* wurde als direkte Reaktion auf Frankreichs *Gloire* geplant. Am 25. Mai 1859 auf Mares Werft in Blackwall an der Themse auf Kiel gelegt, lief sie am 29. Dezember 1860 vom Stapel. Im August 1861 wurde sie in Portsmouth in Dienst gestellt und schließlich am 24. Oktober desselben Jahres fertiggestellt. Insgesamt kostete sie 377.292 Pfund.

Schornsteine

Die beiden Schornsteine der *Warrior* waren teleskopartig ausziehbar und wurden normalerweise abgenommen, wenn das Schiff unter Segel fuhr. Im Oktober 1861 wurden die Schornsteine um 1,83 Meter erhöht, um den Abzug für die Maschinen zu verbessern. Das erhöhte die Geschwindigkeit leicht (0,3 Knoten).

Propeller

Wie alle schraubengetriebenen britischen Kriegsschiffe dieser Zeit, verfügte auch die *Warrior* über einen Propeller, der aus dem Wasser gehoben werden konnte, wenn das Schiff unter Segel stand. Dies erforderte einen doppelten Rahmen, zwischen dem die Schraube montiert und durch eine abnehmbare Kupplung mit der Welle verbunden war.

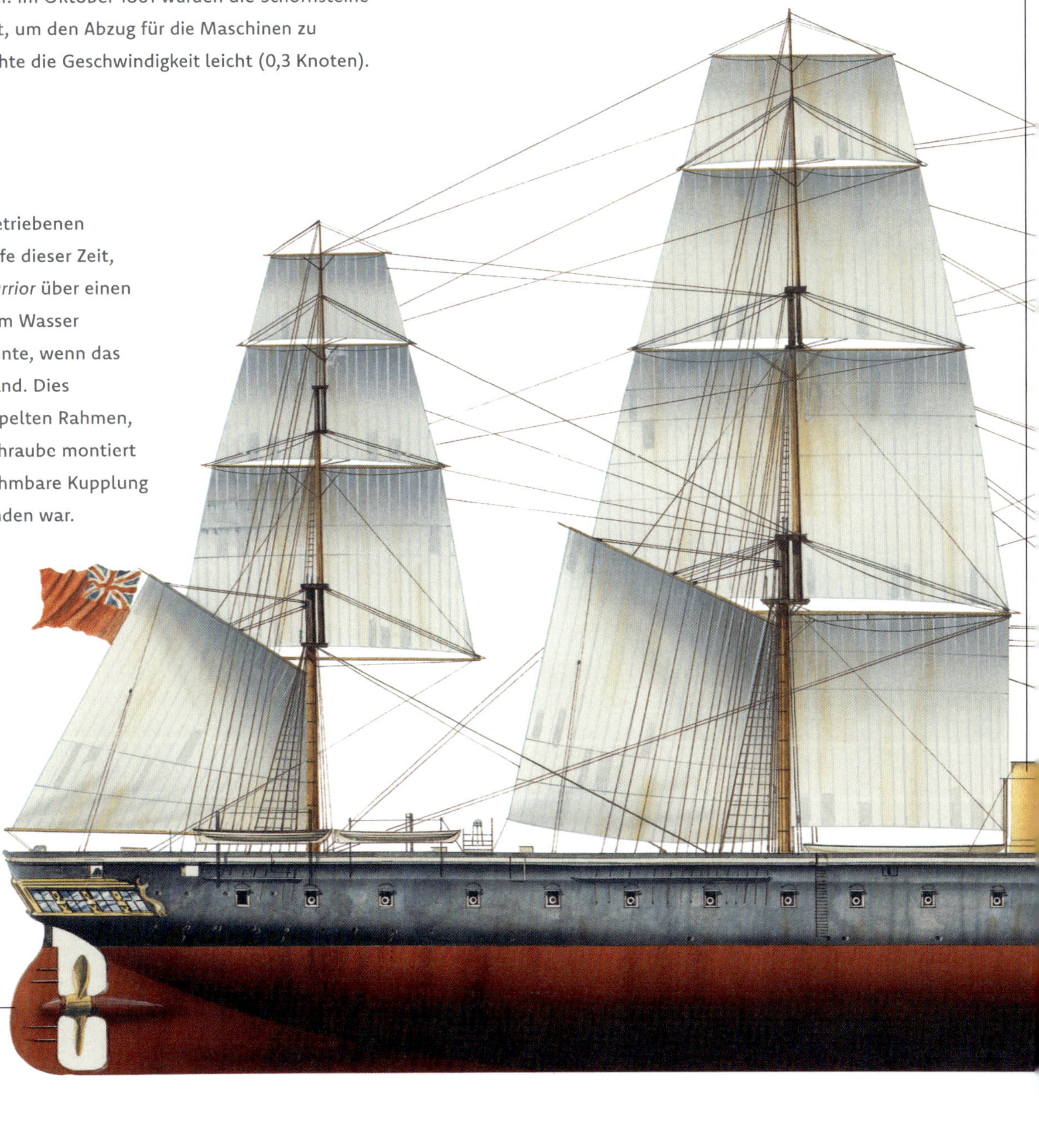

Ihre Rumpfkonstruktion markierte einen klaren Bruch mit der alten Holzbautradition, denn sie sollte 40 große Kanonen auf einem Deck transportieren. Das Design zeigte trotzdem Kompromisse zwischen Neuem und Altem: Das schwere Kniebug-Design war eher eine klassische Konvention als eine strukturelle Anforderung und belastete die *Warrior* am Vorschiff, bis schließlich das Achterdeck vergrößert wurde. Das breite Heck war überdies einfach von bestehenden Segelfregatten übernommen worden. Die *Warrior* war eines der letzten drei Schiffe der Royal Navy, die eine geschnitzte Galionsfigur erhielten. Ein weiteres traditionelles Merkmal, das bei einem Panzerschiff eigentlich nicht notwendig war, waren die massiven Holzschanzverkleidungen, die das Oberdeck umgaben.

Rauchemission

Einer der Einwände gegen die Dampfkraft war, dass der Rauch die Anwesenheit eines Schiffs zeigen würde, ebenso störte er auch die Signalgebung. Bemühungen zur Reduzierung der Rauchemissionen zeigten kaum Wirkung. Hochwertige Dampfkohle war zwar teuer, aber die beste Antwort.

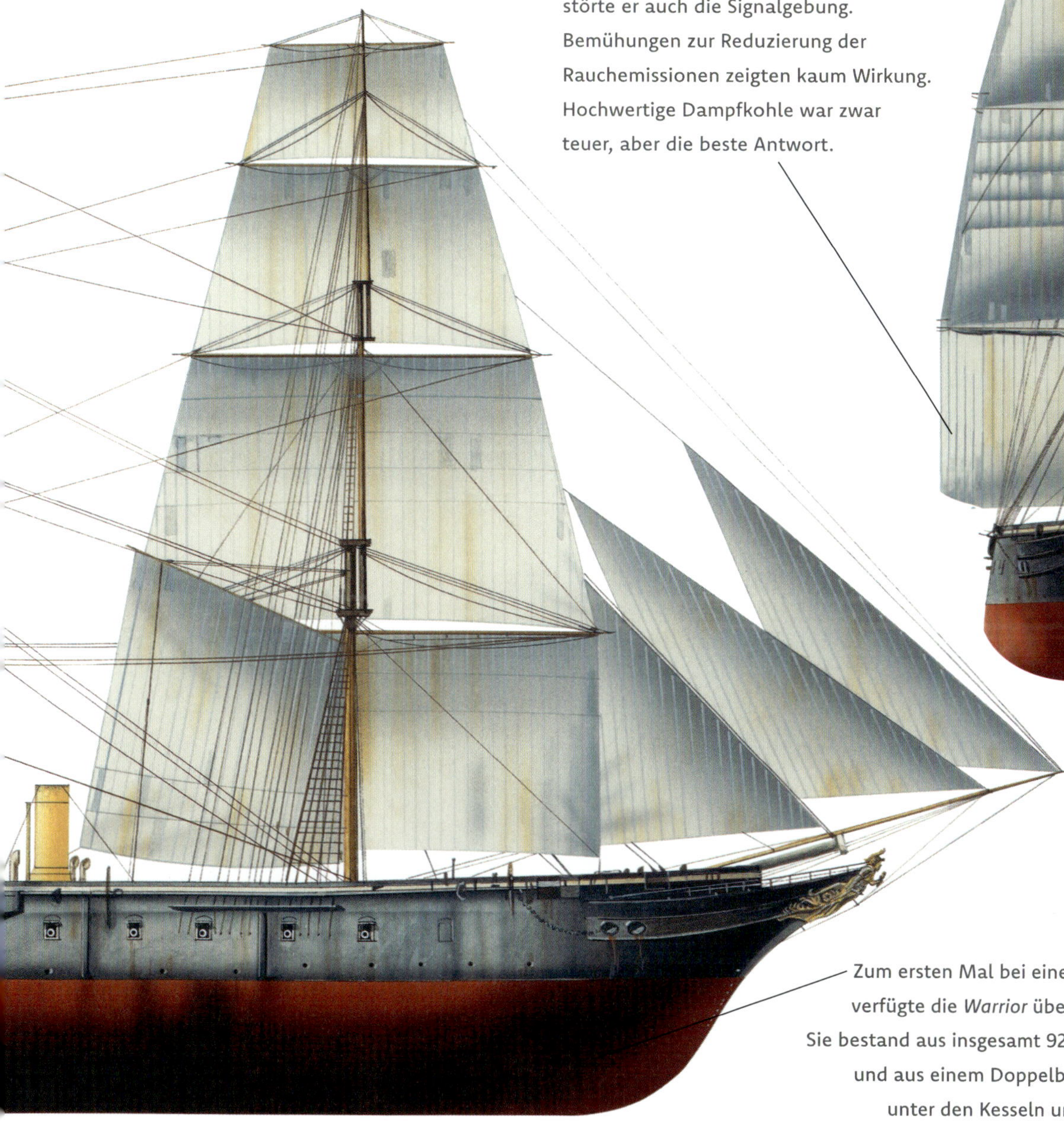

Wasserdichte Schotten

Zum ersten Mal bei einem britischen Kriegsschiff verfügte die *Warrior* über wasserdichte Schotten. Sie bestand aus insgesamt 92 getrennten Rumpfteilen und aus einem Doppelboden aus 57 Abschnitten unter den Kesseln und dem Maschinenraum.

HMS WARRIOR

Abmessungen	Länge 127,00 m Breite 17,80 m Tiefgang 7,90 m
Verdrängung	9.210 t
Besatzung	707 Mann
Antrieb	Penn-Motor, 3.930 kW (5.270 PS), 3 Masten, vollständige Besegelung
Geschwindigkeit	14,1 Knoten
Panzerung	Rumpfgürtel mittschiffs 114 mm (auf 457 mm Holz), Schotten 114 mm
Bewaffnung	26x 68-Pfünder-, 10x 110-Pfünder- und 4x 70-Pfünder-Geschütze

Die mit Teakholz verstärkte Panzerung wurde nur mittschiffs angebracht. Sie war 64,9 Meter lang und 8,23 Meter hoch, wobei 1,83 Meter unter der Wasserlinie lagen. Zur Reduzierung der Rollneigung wurden überdies zwei Bilgenkiele angebracht. Der Penn-Horizontalrumpfmotor war der stärkste, der zu diesem Zeitpunkt auf einem Kriegsschiff installiert war.

DRITTKLASSIG

Das neue Schiff stellte ein Klassifizierungsproblem dar: Sein einziges Kanonendeck definierte es als Fregatte. Da es aber ausdrücklich darauf ausgelegt war, jedes andere Kriegsschiff zu überholen und zu besiegen, war dies eindeutig unangemessen. Die Lösung bestand darin, die 707 Mann Besatzung (entspricht der eines drittklassigen Schiffs) als Grund für die Einstufung der *Warrior* und ihres Schwesterschiffs *Black Prince* als drittklassige Schiffe anzugeben.

Die 114 Millimeter starke Stahlpanzerung war für jedes Marinegeschütz der damaligen Zeit undurchdringlich. Erst 1863 wurden Kanonen gebaut, um solche Panzerungen zu durchbrechen. Bemerkenswert war die Länge der *Warrior* von 103,6 Metern: Große Dimensionen wurden mit der Fähigkeit verbunden, schnell zu sein. Marine-Kontrolleur Sir Baldwin Walker war der Ansicht, dass Geschwindigkeit von größter Bedeutung „und absolut unerlässlich bei mit Eisen verkleideten Seeschiffen" sei. Auch bei der Gestaltung der Unterwasserform wurde auf Geschwindigkeit geachtet: Selbst nur unter Segeln schaffte die *Warrior* 13 Knoten. Mit vereinter Kraft wurden am 15. November 1861 sogar 16,3 Knoten erreicht.

Die 110-Pfünder-Hinterlader von Armstrong (hier zu sehen) wurden 1867 durch vier 203-Millimeter-Vorderlader ersetzt.

DIE SCHWARZE SCHLANGE

Die *Warrior* war ein Schiff von imposanter Erscheinung. Ihr Rumpf war im Gegensatz zum karierten Stil der Segelfregatten schwarz gestrichen und wirkte auf die Zeitgenossen dadurch enorm lang. Sehr auffällig war der große Abstand zwischen Fock- und Großmast. Als sie und die ähnlich bemalte *Black Prince* der Kanalflotte beitraten, wurden sie als „zwei schwarze Schlangen unter Kaninchen" beschrieben. Sie waren die einzigen britischen Panzerschiffe mit hölzernen Untermasten und Spitzen, obwohl in einer frühen Entwurfsphase vier oder sogar fünf Eisenmasten in Betracht gezogen worden waren. Der ursprüngliche Bugspriet war 14,9 Meter lang, aber aufgrund des übermäßigen Gewichts des Vorschiffs wurde er im März 1862 halbiert. Die vollständige Abdeckung wurde dann erst wiederhergestellt, als das Achterdeck zwischen 1872 und 1875 hinzugefügt wurde. So erhielt das Schiff eine bessere Balance. Die gesamte Segelfläche betrug knapp 4.500 Quadratmeter.

AUSRÜSTUNG

Die *Warrior* war immer noch ein Breitseitenschiff, dessen Kanonen auf traditionelle Weise nach außen gerichtet waren. Im Jahr 1867 wurde sie mit 24 178-Millimeter- und vier 203-Millimeter-MLR-Geschützen sowie vier 9-Kilogramm-Hinterladern komplett neu bewaffnet. Indes nutzte die Admiralität die Dampfkraft aber nur zögerlich für die Ausrüstung. Ursprünglich gab es eine Dampfpumpe als einziges Extra. Die zweiblättrige und zehn Tonnen schwere Förderschnecke (die größte jemals in Betrieb befindliche) benötigte angeblich 600 Mann, um sie mithilfe der angebrachten Scherbeine anzuheben.

Die *Black Prince* erhielt dagegen bereits vor der *Warrior* eine Dampfwinde, die auf den Pumpenmotor abgestimmt war. Zuvor waren 90 Mann für die Bedienung der Hauptspille erforderlich. Das Ruder wurde über ein vierfaches Steuerrad hinter dem Besanmast bedient und war auf einer niedrigen Brücke montiert. Diese befand sich auf den Schanzwänden des Achterdecks, unter dem sich eine gepanzerte Kajütkonstruktion befand. Allerdings wirkte sich die Länge des Dampfschiffs negativ auf die Manövrierfähigkeit aus. Die Vorgaben des Navy Controllers sahen nur drei Umdrehungen des Steuerrads vor, um das Ruderblatt von hart steuerbord auf hart backbord zu bringen – so wie es bei Segelschiffen mit schmalem Ruder möglich war. Das machte das Steuern eines langen Schiffs mit Schraubenantrieb zu einer äußerst schweren Aufgabe. Erst 1861 wurde eine vierte Umdrehung für Dampfschiffe mit mehr als 298 kW (400 PS) zugelassen. Die *Warrior* trug zwei Beiboote und zwei mit Holz bestückte Tender nach Admiralitätsart, die je 4,75 Tonnen wogen. Sie hatte zudem einen 1,67 Tonnen schweren Bachanker und zwei je 0,96 Tonnen schwere Kedge-Anker.

DIENSTJAHRE

Mit der *Black Prince* schleppte sie 1869 ein Schwimmdock von Madeira über den Atlantik auf die Bermudas. Bei einem weiteren Umbau zwischen 1872 und 1875 wurde sie mit einem neuen Achterdeck und einer Dampfwinde ausgestattet und diente als Küstenwachschiff in Portland. Von 1881 bis 1884 wurde sie auf dem Fluß Clyde als Ausbildungsschiff für Reservisten eingesetzt und im Jahr 1881 auch wieder als Panzerkreuzer klassifiziert. 1904 erfolgte der Umbau für den Einsatz in der Torpedoschule, zusammen mit der *Vernon*, und schließlich wurde der zerlegte Rumpf nach Pembroke überführt, um als Pier für eine Ölpipeline zu dienen. Heute ist die *Warrior* ein Museumsschiff in Portsmouth.

König Wilhelm (1869)

Zunächst war sie das Flaggschiff der preußischen Flotte, wurde nach 1871 aber zum größten Schlachtschiff der Marine des neu vereinten Deutschen Reichs. Sie behielt diesen Status 20 Jahre lang, bis die deutsche Flottenerweiterung begann.

Die *König Wilhelm* wurde von der preußischen Marine wie andere Schiffe dieser Zeit als Panzerfregatte klassifiziert und war in Wirklichkeit ein Schlachtschiff. Der Begriff Fregatte war eine mittlerweile anachronistische Anspielung auf das einzelne Kanonendeck, das inzwischen über mehr Feuerkraft

Platten
Schmiedeeiserne Platten wurden auf einer Teakholzunterlage montiert. An der Wasserlinie mittschiffs betrug die Plattendicke der Außenpanzerung 305 Millimeter.

Einzelne Schraube
Die einzelne Schraube war vierflügelig und hatte einen Durchmesser von sieben Metern.

Überbau

Ursprünglich war der Aufbau minimal und bestand aus zwei quer verlaufenden Deckshäusern. In den Jahren 1895 bis 1896 wurde eine Brücke hinzugefügt.

Segel

Ab 1878 wurde die Segelfläche auf 1.100 Quadratmeter erheblich reduziert und 1905 schließlich vollständig entfernt.

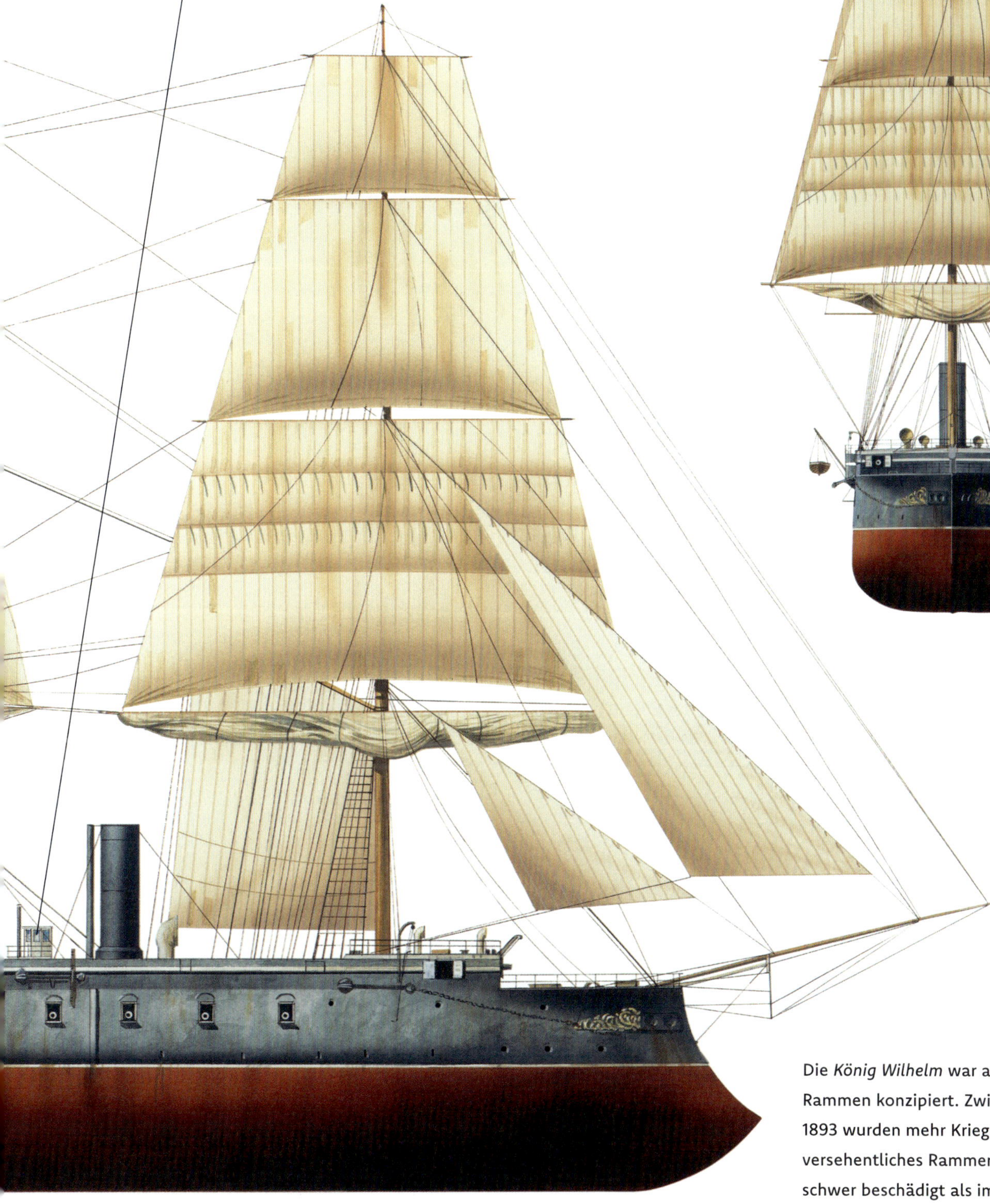

Die *König Wilhelm* war auch zum Rammen konzipiert. Zwischen 1862 und 1893 wurden mehr Kriegsschiffe durch versehentliches Rammen versenkt oder schwer beschädigt als im Gefecht.

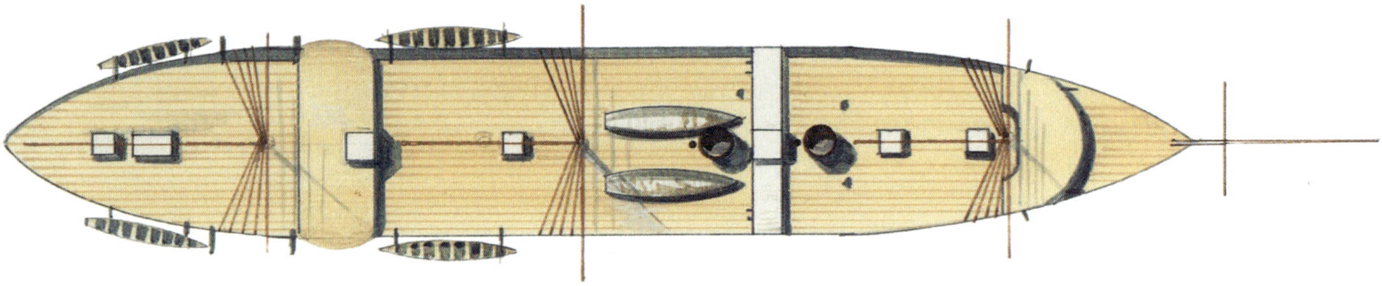

Ein Decksplan des Schiffs in seiner ursprünglichen Form. Trotz des hohen Freibords war das Wetterdeck fast vollständig frei von Ausrüstung. Die Bewaffnung befand sich unten auf dem Hauptdeck.

verfügte als jeder frühere Dreidecker. Das Schiff war ursprünglich von der kaiserlichen osmanischen Marine bei der Thames-Ironworks-Werft in Blackwall bestellt worden. Aber als die Türken die Bestellung stornierten, griffen die Preußen zu und kauften es im Februar 1867. Das am 25. April 1868 vom Stapel gelassene Schiff wurde nach König Wilhelm I. benannt.

SPEZIFIKATIONEN UND BEWAFFNUNG

Der Rumpf war mit dem damals modischen Widderbug ausgestattet, obwohl sich davor ein langer Bugspriet erstreckte, der in einem Aufbau auf einer niedrigeren Ebene als das Wetterdeck endete. Es handelte sich um ein Hochbordschiff mit einem Freibord von 12,94 Metern. Der Rumpf war in elf wasserdichte Abteilungen gegliedert und hatte auf 70 Prozent seiner Länge einen Doppelboden. Die Dampfkraft kam von einem horizontalen Maudslay-Zweizylindermotor. Acht Kessel waren in zwei Räumen untergebracht, jeder mit einem Schornstein. Die drei Masten konnten eine Segelfläche von 2.600 Quadratmetern aufspannen.

Die ursprüngliche Bewaffnung, die schnell veraltet sein sollte, bestand aus 33 32-Pfünder-Vorderladern mit glattem Lauf. Die Wahl der Waffen erfolgte vermutlich auf britischen Rat. Zu diesem Zeitpunkt befand sich die Waffenpolitik der Admiralität in einiger Unordnung. Die Hinterlader mit gerillten Läufen von Armstrong, die zum Durchschlagen von Panzerungen gedacht waren und 1860 eingeführt wurden, waren ein Fehlschlag – insbesondere die 110-Pfünder. Es gab

GRANDIOSE FLOTTENPARADE

Im Zeitalter der dampfbetriebenen Großkampfschiffe wurde es üblich, die Schiffe für friedliche Besuche in verbündeten oder zumindest nicht verfeindeten Ländern zu nutzen. Diese Höflichkeitsbesuche boten auch die Gelegenheit, die neuesten Entwicklungen im Marinedesign vorzustellen. Marineparaden mit langen Schiffsreihen und der Besuch von Kriegsschiffen anderer Nationen waren die bevorzugte Art, die Macht des Britischen Empire und der Royal Navy zu demonstrieren. Zu der großen Ausstellung, die 1896 in Spithead bei Portsmouth anlässlich des diamantenen Thronjubiläums von Königin Victoria organisiert wurde, schickte ihr Enkel Kaiser Wilhelm II. die *König Wilhelm* und nicht die neue *Brandenburg*, um die Kaiserliche Deutsche Marine zu vertreten. Es war ein zweideutiges Kompliment an das Gastland, ein ursprünglich in Großbritannien gebautes, aber in Deutschland radikal modernisiertes und verbessertes Schiff zu entsenden: Ein Hinweis darauf, dass Deutschland die Absicht hatte, Großbritannien als führender Seemacht Konkurrenz zu machen.

intensive Diskussionen über die jeweiligen Vorzüge von glatter und gerillter Waffe, über die Verschlüsse sowie über die Mündungen. Daher wurden verschiedene Konstruktionen ausprobiert. Im Jahr 1865 wurde ein 64-Pfünder-Vorderlader eingeführt, der in der Royal Gun Factory entwickelt worden war. Er war jedoch kein Erfolg. Es sollte dann noch bis 1880 dauern, bis die Briten ihr Geschützproblem endgültig gelöst hatten.

KAISERLICHE FLOTTE

Preußen war ein Königreich mit starken militärischen Ambitionen. 1870 erklärte Frankreich Preußen den Krieg, wurde aber an Land schnell besiegt. Die *König Wilhelm* war das Flaggschiff der preußischen Flotte, aber trotz der viel größeren Stärke der französischen Marine spielten die Seestreitkräfte kaum eine Rolle in diesem Krieg. Zudem war die *König Wilhelm* die meiste Zeit durch Motorprobleme manövrierunfähig.

Im Jahr 1871 wurde das Deutsche Reich ausgerufen, König Wilhelm wurde Kaiser, und das gleichnamige Schiff wurde zum größten der kaiserlichen Flotte – eine Umbenennung der bisherigen preußischen Flotte. Danach wurde ein Neubauprogramm in die Wege geleitet. Am 31. Mai 1878 rammte und versenkte die *König Wilhelm* versehentlich eines der neuen Schiffe, die mit Turmpanzern ausgerüstete *Großer Kurfürst* (Indienststellung 1875). Es war ein fehlerhaftes Manöver, um einigen Segelschiffen auszuweichen, die vor Folkestone den Ärmelkanal hinauffuhren. Ein britischer Admiral bemerkte: „Der Rammbug war im Frieden gefährlicher als im Krieg."

MODERNISIERUNG

Im Jahr 1896 wurde in Hamburg eine komplette Modernisierung durchgeführt. Die Segelanlage wurde abgebaut und durch zwei neuartige Marinemasten mit Aussichtsplattformen, Kampfspitzen mit leichten Kanonen sowie Signalwaffen ersetzt. Es blieb ein kleiner dritter Mast übrig, vor dem ein Brückenhaus errichtet wurde. Der Raum hinter dem Bugspriet wurde mit Metall überzogen, vorne eine Aussichts- und Suchscheinwerferplattform installiert.

Zudem wurden neue Kessel und Dreifachexpansionsmotoren eingebaut und das Schiff komplett neu bewaffnet. 22 Krupp-239-Millimeter- und ein 152-Millimeter-Hinterlader, allesamt gerillt, wurden installiert und noch durch 18 88-Millimeter-Schnellfeuergeschütze ergänzt. Über der Wasserlinie wurden fünf Torpedorohre angebracht – Waffen, mit denen man bei der ursprünglichen Planung nicht gerechnet hatte.

SMS KÖNIG WILHELM

Abmessungen	Länge 112,00 m Breite 18,30 m Tiefgang 8,56 m
Verdrängung	9.603 t
Besatzung	730 Mann
Antrieb (1869)	8 Kessel, Maudslay-Zweizylindermotor mit 6.000 kW (8.000 PS)
Geschwindigkeit	14,5 Knoten
Reichweite (nach 1896)	4.148 km bei 10 Knoten
Panzerung	Panzergürtel 152–305 mm, Deck 50 mm, Geschützbatterie 152 mm
Bewaffnung	33 72-Pfünder-ML-Geschütze mit glatter Bohrung

Von 1893 bis 1894 wurden die vier neuen Schlachtschiffe der Brandenburg-Klasse der deutschen Marine in Dienst gestellt. In ihrer neuen Form wurde die *König Wilhelm* in *Großer Kreuzer* (Panzerkreuzer) umbenannt. Von 1893 bis 1897 war sie Flaggschiff der Division II der Kaiserlichen Deutschen Marine im neuen Nordseestützpunkt Wilhelmshaven. Nach 1897, als die deutsche Flotte bereits gewachsen war, wurde sie bis zum Ende des aktiven Diensts im Jahr 1904 auf eine Hafenverteidigungs- und Ausbildungsfunktion beschränkt. Ohne Bewaffnung wurde sie als Unterkunftsschiff in Kiel genutzt und erst 1921 endgültig außer Dienst gestellt. Schließlich wurde sie in Rönnebeck bei Bremen verschrottet. Sie hatte das Deutsche Reich um drei Jahre überdauert.

Die *König Wilhelm* in ihrer ursprünglichen Form vor 1896. Es scheint, dass die Schornsteine einziehbar waren, wie bei einigen anderen Kriegsschiffen jener Zeit, sofern die Motoren nicht im Einsatz waren.

Devastation (1873) 

Die *Devastation*, das erste seetüchtige Turmschiff mit den bis dahin schwersten Geschützen, war ein höchst umstrittener Entwurf. Aber ihre Konstruktion mit großen Kanonen und die ausschließliche Verwendung von Motoren ohne Segel erwiesen sich entgegen den Untergangsprophezeiungen der Kritiker als erfolgreich und gaben viele Anregungen für die weitere Entwicklung.

Die *Devastation* war die Schöpfung von Sir Edward Reed, seit 1862 Chefkonstrukteur der Admiralität. Er war eng in die technischen, aber auch finanziellen und politischen Aspekte des Kriegsschiffdesigns involviert – in einer Zeit radikaler Veränderungen. Sein Nachfolger Sir Nathaniel Barnaby nahm nach 1870 indes zahlreiche Änderungen an diesem Entwurf vor. Das Turmschiff hatte seinen Vorfahren im amerikanischen Panzerschiff *Monitor* von 1862. Unter Reed war 1870 bereits ein britischer Brustpanzer, die *Cerberus*, als Wachschiff für den Hafen von Melbourne gebaut worden. Und die *Devastation* war eine Art vergrößerte, seetüchtige Version.

Der niedrige Freibord verbesserte die Stabilität und erforderte weniger Panzerung als bei einem höherbordigen Schiff. Die gepanzerte Brustwehr bot einen gewissen Schutz für das Deckshaus und die Sockel der beiden Doppelgeschütztürme, die jeweils in einer Linie mit einem Feuerwinkel von 180 Grad montiert waren. Diese Türme verliehen dem Schiff im Gegensatz zu einer an der Breitseite montierten Batterie eine Feuerkraft von 360 Grad. Mit schweren Kanonen war ein solches Schiff im Kampf weitaus flexibler. Diese Form hatte aber auch Nachteile, darunter die Tatsache, dass sie zwar seetüchtig war, aber oft eher wie ein U-Boot genutzt werden musste: mit überschwemmten Decks und dicht verschlossenen Luken gegen das Wasser. Eine stürmische Transatlantikreise des ähnlich gebauten, amerikanischen Doppelturmschiffs *Miantonomoh* nach Großbritannien im Jahr 1866 war für seine Besatzung eine verzweifelte Tortur.

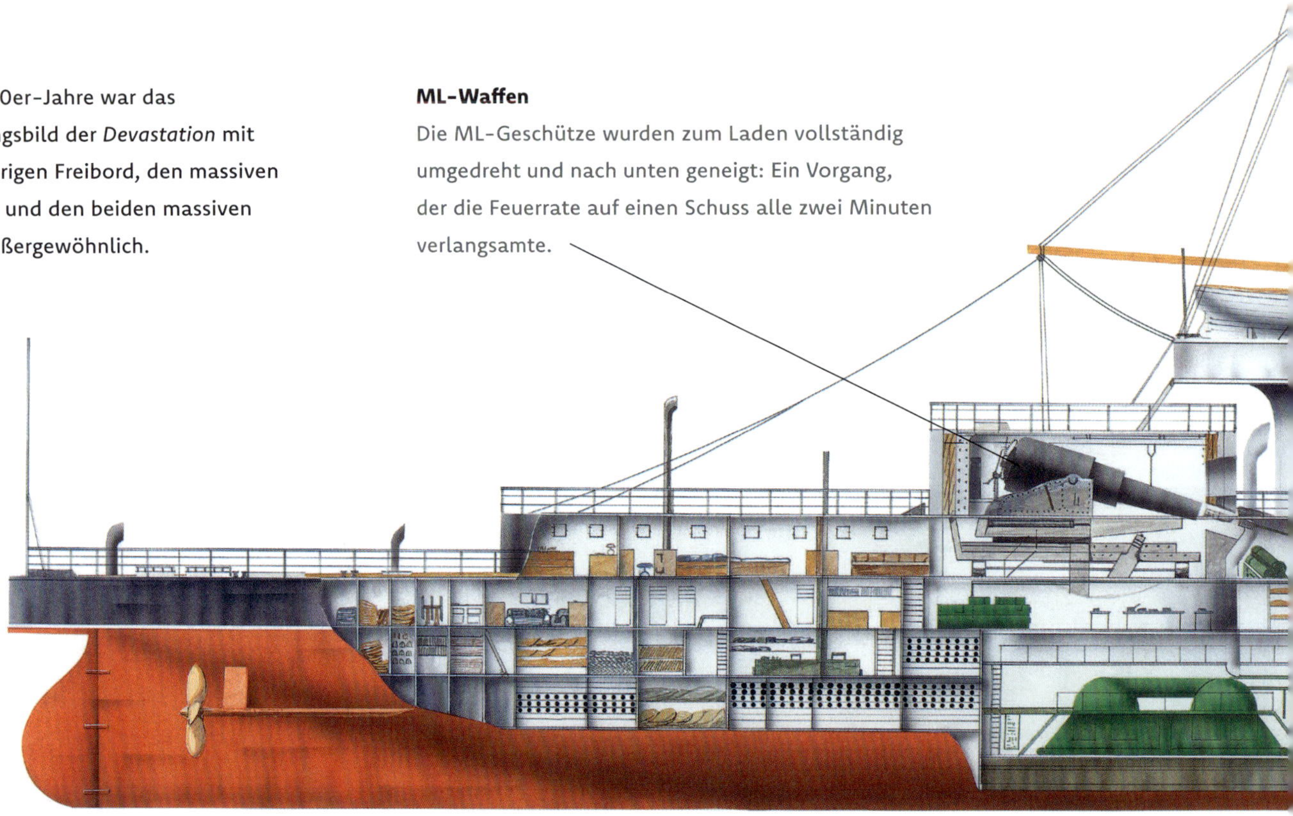

Für die 1870er-Jahre war das Erscheinungsbild der *Devastation* mit ihrem niedrigen Freibord, den massiven Aufbauten und den beiden massiven Türmen außergewöhnlich.

ML-Waffen
Die ML-Geschütze wurden zum Laden vollständig umgedreht und nach unten geneigt: Ein Vorgang, der die Feuerrate auf einen Schuss alle zwei Minuten verlangsamte.

Rumpfseiten

Die Rumpfseiten waren über zwei Drittel der Schiffslänge parallel, ein weiteres, originelles Merkmal in einer Zeit, als die Flanken von Kriegsschiffen normalerweise vom Bug bis zum Heck gekrümmt waren.

Freibord

Der Freibord des niedrigen Panzerdecks lag nicht mehr als 1,37 Meter über der Wasserlinie. Er war aber höher als bei der amerikanischen Monitor und so berechnet, dass er einen effektiven Auftriebsspielraum bot.

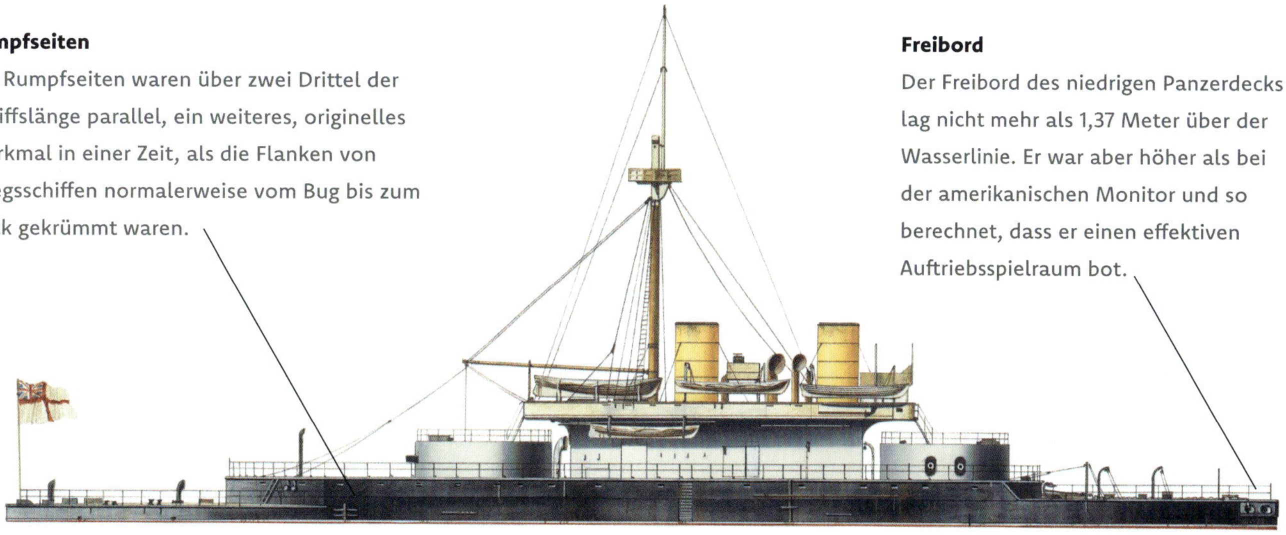

Kohleladung

Die *Devastation* beförderte 1.800 Tonnen Kohle, eine für die damalige Zeit außergewöhnliche Menge.

Panzerungsgewicht

Im Vergleich zum 6.010 Tonnen schweren Panzerschiff *Audacious* von 1870, das ein Panzerungsgewicht von 15,3 Prozent der Verdrängung hatte, betrug der Panzerschutz der *Devastation* 27,2 Prozent der Verdrängung – eine enorme Verbesserung.

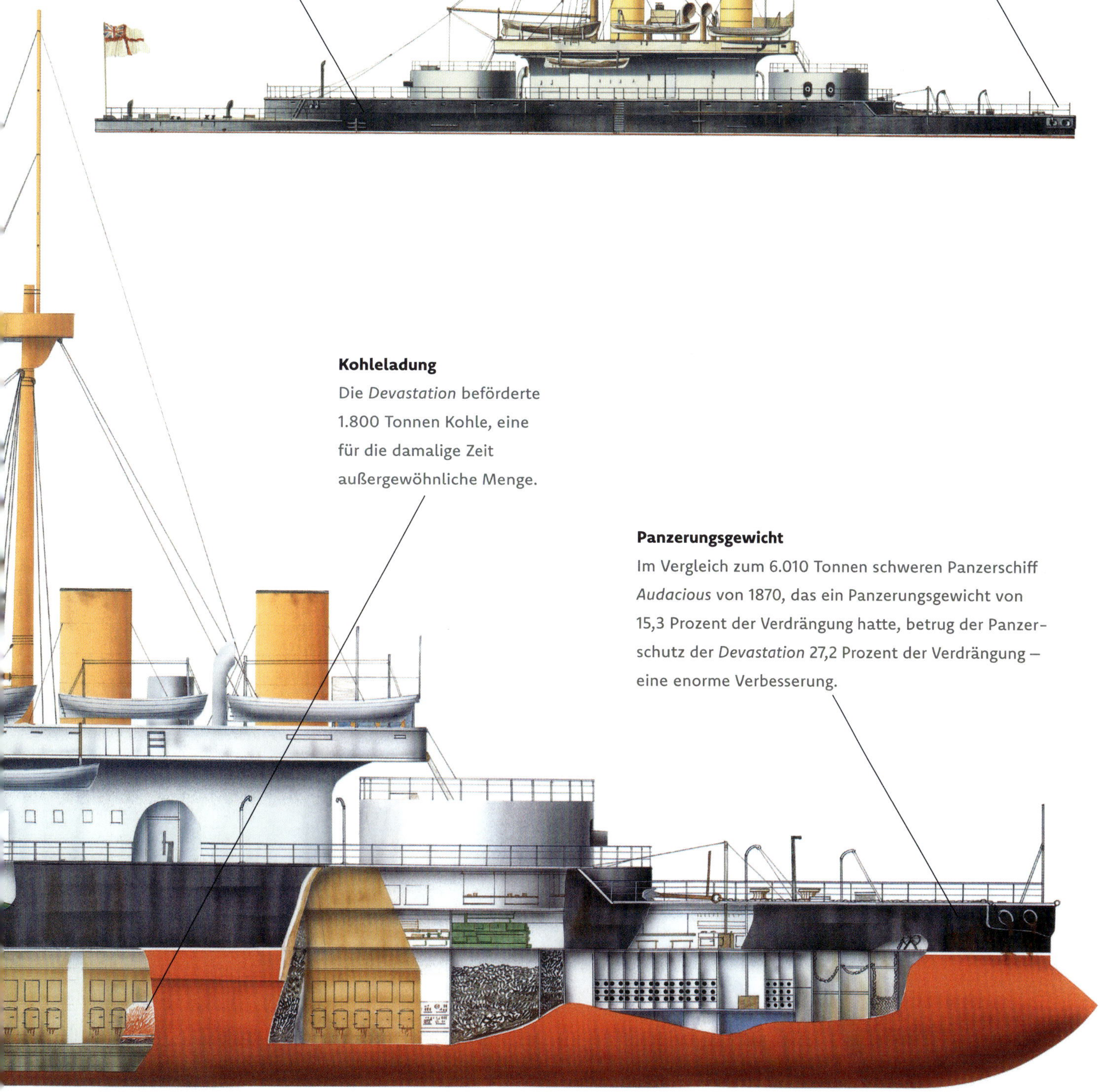

HMS DEVASTATION

Abmessungen	Länge 86,90 m Breite 19,00 m Tiefgang 8,40 m
Verdrängung	9.330 t
Besatzung:	358 Mann
Antrieb	Direkt wirkende Penn-Motoren, 4.959 kW (6.650 PS), 2 Schrauben
Geschwindigkeit	13,84 Knoten
Reichweite	8.704 km bei 10 Knoten
Panzerung	Panzergürtel 216–305 mm, Brustwehr 250–305 mm, Deck 50–76 mm, Türme 250–356 mm, Verbindungsturm 228 mm
Bewaffnung (1873)	4x 305-mm-MLR-Geschütze

MARINE-SENSATION

Die *Devastation* wurde am 12. November 1869 in Portsmouth auf Kiel gelegt, am 12. Juli 1871 vom Stapel gelassen und am 19. April 1873 fertiggestellt. Die Gesamtkosten beliefen sich auf 361.438 Pfund. Das Kentern des Turmschiffs *Captain* mit dem Verlust fast seiner gesamten Besatzung im September 1870 verzögerte den Bau, obwohl dessen Instabilität dadurch verursacht worden war, dass dem Entwurf drei Masten und ein kompletter Satz Segel hinzugefügt worden waren.

Bei ihrer Indienststellung war die *Devastation* eine ebenso große Sensation wie die *Dreadnought* 30 Jahre später. Sie sah völlig anders aus als alle früheren britischen Kriegsschiffe. Der Freibord betrug nur 1,37 Meter, und die Wellen konnten einfach das Wetterdeck überspülen. Der Rumpf hatte einen nahezu quadratischen Querschnitt und einen riesigen Aufbau mit abgerundeten Enden. Unterhalb der Wasserlinie war ein kurzer Rammsporn angebracht.

Im Inneren war der Rumpf in 68 Abteilungen unterteilt. Das Schiff hatte einen doppelten Boden, wobei der Raum dazwischen 1.000 Tonnen Wasserballast aufnehmen konnte. Ein zentraler Aufbau stützte die beiden Schornsteine. Dazwischen befand sich ein niedriger, gepanzerter Lotsenturm. An jedem Ende des Aufbaus befand sich ein massiver Geschützturm mit einem Durchmesser von 9,3 Metern und zwei 305-Millimeter-ML-Geschützen, die Granaten von 320 Kilogramm abfeuerten. Der Turm war durch eine gepanzerte Brustwehr geschützt.

Am auffälligsten war vielleicht, dass es einen einzigen Mast und überhaupt keine Segelanlage gab. Zwei Kesselräume und der Motor befanden sich im mittleren Teil des Rumpfs. Die direkt wirkenden Rumpfmotoren von Penn wurden dabei zum letzten Mal in einem britischen Schlachtschiff eingebaut und trieben zwei vierblättrige Propeller an. Trotz Katastrophenprognosen verhielt sich die *Devastation* bei rauer See genau so, wie ihre Konstrukteure es vorhergesagt hatten. Sie

Ein Vergleich mit den vorangegangenen Abbildungen zeigt, wie sehr das Aussehen der *Devastation* von der etablierten Vorstellung abwich, wie ein Schlachtschiff im Jahr 1873 aussehen sollte.

PANZERUNG

Dies war bei einem seegängigen Schlachtschiff die erste vollständige Anwendung des Prinzips, die Kanonen oben auf dem Rumpf und nicht im Inneren zu montieren. Die ursprünglichen 305-Millimeter-Geschütze der *Devastation* waren die größten Vorderlader, die jemals auf einem Schiff montiert waren. Die Türme hatten Feuerwinkel von 280 Grad. Ihre Reichweite war jedoch begrenzt und die Feuerrate gering. Im Jahr 1886 übernahm die Royal Navy das Prinzip der rückseitig bestückbaren Kanonen. Die 254-Millimeter-Hinterlader-Ersatzgeschütze von Whitworths aus dem Jahr 1892, die 227-Kilogramm-Granaten abfeuerten, hatten die doppelte Reichweite und die dreifache Feuerrate. Die 1879 hinzugefügten Nordenfelt-Geschütze waren mehrläufige Maschinengewehre, die 1873 patentiert wurden und die von einem einzigen Mann bedient werden konnten. Es gab sie in verschiedenen Kalibern bis zu 25 Millimetern. Die Royal Navy nutzte sie als Anti-Torpedo-Bootswaffen. Die Firma Nordenfelt wurde 1888 von der Maxim Gun Co. übernommen.

erwies sich als eine stabilere Geschützplattform als die Segelschiffe mit längerem Rumpf.

NACHRÜSTUNG

Im Jahr 1879 wurde die *Devastation* einer umfassenden Überholung unterzogen. Dabei wurden sechs Nordenfelt-Kanonen auf dem Hurricane-Deck montiert sowie eine Gatling-Kanone auf dem Mast platziert. Mittlerweile war der Torpedo Teil der Marinebewaffnung, und auf beiden Schiffsseiten wurden Öffnungen für 14-Zoll-Torpedos in die Brustpanzerung geschnitten. Gleichzeitig konnten zwölf Torpedos im Whitehead-Design befördert werden. Weitere Modifikationen in den Jahren 1891 und 1892 umfassten die Aufrüstung mit 254-Millimeter-Geschützen und den Ersatz der Nordenfelt-Geschütze durch sechs 6-Pfünder- und acht 3-Pfünder-Geschütze. Auch wurden neue Dreifachexpansionsmotoren mit zylindrischen Rohrkesseln und Trichtern moderner Bauart installiert. Um die Sicht zu verbessern, wurde eine geschlossene Brücke gebaut.

KAMPF GEGEN KOHLEBERGWERKE

Obwohl die *Devastation* nie an einem Kampf beteiligt war, bestätigte ihre Leistung in Manövern die Vorzüge ihrer Bauweise. Aufgrund ihrer großen Bunkerkapazität (die 1892 durch neue und effizientere Maschinen reduziert wurde) wurde sie als „kämpfendes Kohlebergwerk“ beschrieben. Von 1874 bis 1875 der Kanalflotte zugeteilt, wurde sie im November 1878 ins Mittelmeer verlegt. Nach der Umrüstung blieb sie bis April 1885 in Reserve und war von August 1885 bis Mai 1890 Hafenwachschiff in Queensferry. Nach Abschluss der zweiten Überholung war sie von November 1898 bis April 1902 als Hafenwachschiff, unter anderem in Gibraltar, sowie als Reserveschiff tätig. 1907 wurde sie beschädigt und 1908 zur Verschrottung verkauft.

Italia (1880) 

Als neuartiges Schlachtschiffdesign mit vier sehr großen Kanonen und ohne Seitenpanzerung war die *Italia* in vielerlei Hinsicht ein Vorläufer des Schlachtkreuzers. Einige Jahre lang hatte sie den Prestigestatus des größten und schnellsten Schlachtschiffs der Welt inne.

Das Königreich Italien wurde 1861 ausgerufen und hatte von Anfang an schwierige Beziehungen zu Frankreich und Österreich. Für Italien war es mit seinen langen Küsten und zahlreichen Inseln eine absolute Notwendigkeit, eine Seestreitmacht zu besitzen. 1866 hatte es eine der ersten modernen Seeschlachten gegen die österreichische Marine bei Lissa in der Adria ausgetragen. Trotz zahlenmäßiger Überlegenheit verloren die Italiener und wurden zu einem weiteren Ausbau ihrer Flotte angetrieben.

SCHNELL UND KRAFTVOLL

Die *Italia* wurde 1877 in Castellamare auf Kiel gelegt und 1880 fertiggestellt. Sie trieb Brins revolutionären Entwurf der *Duilio* (1876) auf die Spitze. Der Auftrag lautete, ein sehr

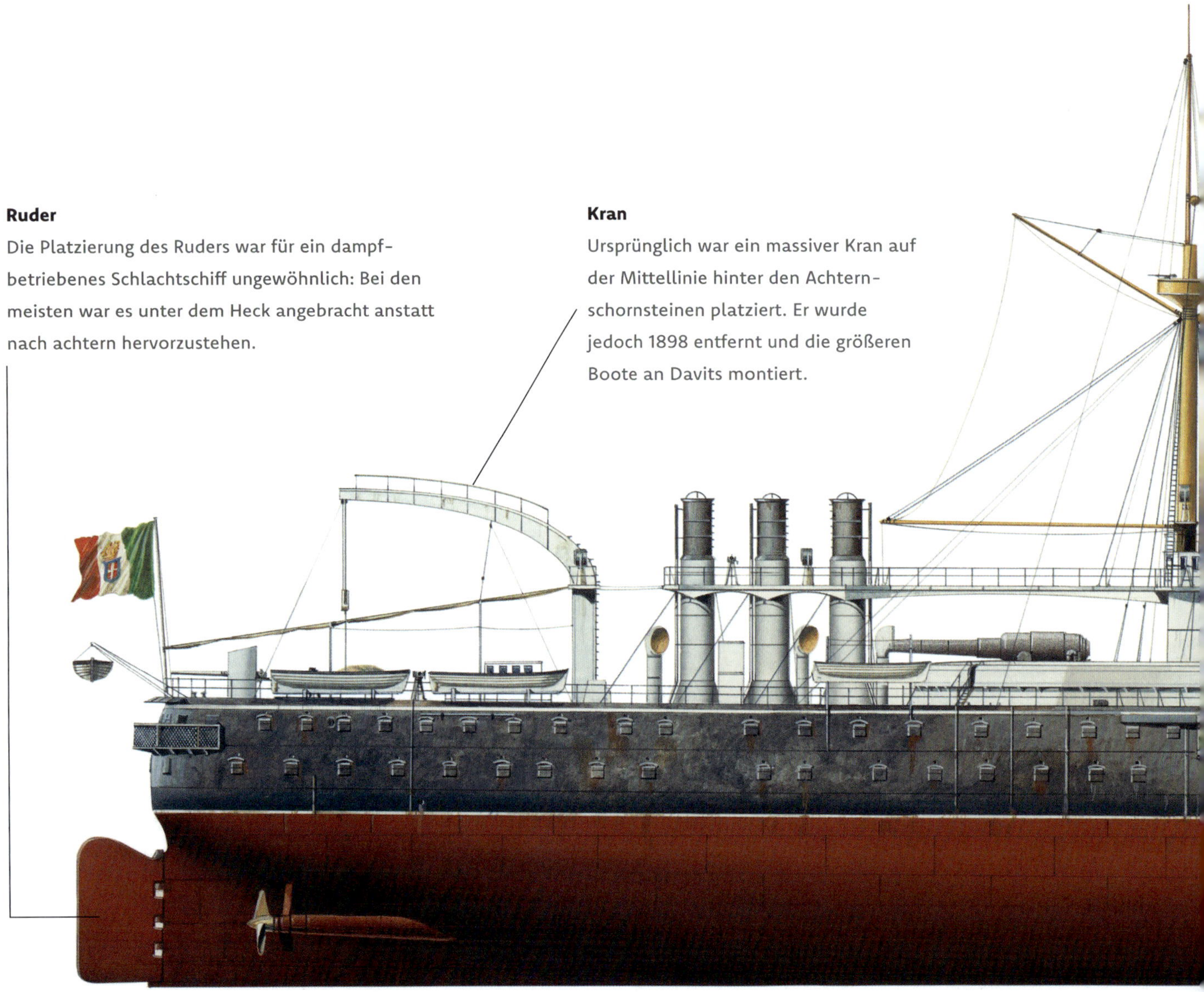

schnelles, schwer bewaffnetes Schiff zu bauen, das auch große Truppen transportieren konnte – zu dieser Zeit befanden sich Frankreich und Italien am Rande eines Kriegs um Tunis an der Südküste des Mittelmeers. Wie bei der *Duilio* waren die Geschütze in Staffeln montiert, aber die Hauptbewaffnung der *Italia* und ihres Schwesterschiffs *Lepanto* war von noch schwererem Kaliber: vier 432-Millimeter-Geschütze mit einem Gewicht von jeweils 103 Tonnen, die Granaten mit einem Gewicht von 907 Kilogramm abfeuerten. Die Geschütze waren in einer riesigen, ovalen Geschützbank montiert. Sie ragte über die Seiten hinaus und bildete eine gepanzerte Redoute, die diagonal über den Rumpf gesetzt war. Im Gegensatz zur britischen *Inflexible* verfügte die *Italia* über einen hohen Freibord von 7,6 Metern, was dem Feind mehr Angriffsfläche bot. Die Seiten trugen keine Panzerung,

Leichte Waffen

Im Jahr 1898 wurden auf dem Vorschiff und dem Achterdeck elf leichtere Schnellfeuergeschütze zur Torpedoabwehr hinzugefügt.

Die Frontalansicht zeigt die Flybridge, das erhöhte vordere Steuer- und Navigationshaus, das Schwalbennest und die abgerundete Rumpfform.

Bewaffnung

Im Gegensatz zur *Inflexible* waren die großen Geschütze der *Italia* nicht in Türmen eingeschlossen, sondern ragten über den Rand der Geschützbank hinaus.

ITALIA

Abmessungen	Länge 124,70 m Breite 22,50 m Tiefgang max. 10,10 m
Verdrängung	15.654 t
Besatzung	701 Mann
Antrieb	24 Kessel, 2 vertikale Verbundmotoren mit 11.780 kW (15.797 PS), 2 Schrauben
Geschwindigkeit	17,80 Knoten
Reichweite	9.260 km bei 10 Knoten
Panzerung	Kesselraum 406 mm, Deck 76–102 mm, Verbindungsturm 102 mm, Barbetten 483 mm
Bewaffnung (1873)	4x 432-mm-Hinterladergeschütze mit 103 Tonnen, 7x 150-mm- und 4x 119-mm-Geschütze, 4x 356-mm-Torpedorohre

denn die *Italia* verließ sich auf die Kraft ihrer Geschütze und ihre hohe Geschwindigkeit, um einem Angriff zu entgehen. Sechs Schornsteine in Dreiergruppen, die durch hohe Laufstege mit dem Kommandoturm verbunden waren, ein hoher Mittelmast und ein großer, gebogener Kran auf dem Achterdeck verliehen der *Italia* ein einzigartiges Aussehen. Eines der wenigen traditionelleren Merkmale war ein Admiralsgang um das geschwungene Heck.

BESCHLÄGE

Das Schiff wurde größtenteils aus Stahl und nicht aus Eisen gebaut. Im Inneren verfügte es über das heute übliche gepanzerte Deck, das sich an den Seiten 1,83 Meter unterhalb der Wasserlinie leicht nach oben wölbte. Darüber verlief ein Zellenraster über die gesamte Länge des Schiffs. Der Raum dazwischen war mit Kork wasserdicht ausgekleidet und trennte so auf jeder Seite die Rumpfbeplankung von einem innen liegenden Kofferdamm. Zudem gab es zwei Querebenen, darunter befand sich ein Lagerraum für Kohle. Das Schiff besaß auch einen Doppelboden.

Ein neuartiges Merkmal der *Duilio*, das jedoch auf dem neuen Schiff nicht beibehalten wurde, war ein Heckraum für ein Torpedoboot, der durch wasserdichte Türen gesichert war. Die *Italia* verfügte dafür über Platz für eine Infanteriedivision von 10.000 Mann und deren Ausrüstung für die relativ kurze Überquerung des Mittelmeers. Die Hauptgeschütze konnten unabhängig voneinander ausgerichtet werden. Wie bei anderen sehr großen Geschützen der damaligen Zeit war die Feuergeschwindigkeit langsam, nicht mehr als ein Schuss alle vier oder fünf Minuten.

Der Bau der *Italia* und der *Lepanto* belastete Italiens Budget für den Bau weiterer Kriegsschiffe. Daher unternahm die italienische Regierung keine weiteren Schritte mehr, um die Schlachtflotte zu vergrößern. Dennoch hatten Größe, Geschwindigkeit und allgemeine Innovation dieser beiden italienischen Großkampfschiffe Einfluss auf das Schiffsdesign und die Marineplanungen sowohl der britischen als auch der französischen Marine. Nathaniel Barnaby, Großbritanniens Chefmarinekonstrukteur, bemerkte: „Wir müssen ... die erstklassigen Panzerschiffe ... mit einem Gewicht von über 14.000 Tonnen betrachten, wenn wir die Überlegungen der italienischen Konstrukteure und den Ausdruck ihrer Ideen bei der *Italia* und der *Lepanto* akzeptieren." Mitte der 1880er-Jahre grübelten britische Konstrukteure noch immer über den Schiffstyp, der „am besten für die Begegnung mit der *Italia* geeignet" sei. So trug die italienische Marine dazu bei, die größeren Seemächte zu Riesenschiffen zu drängen.

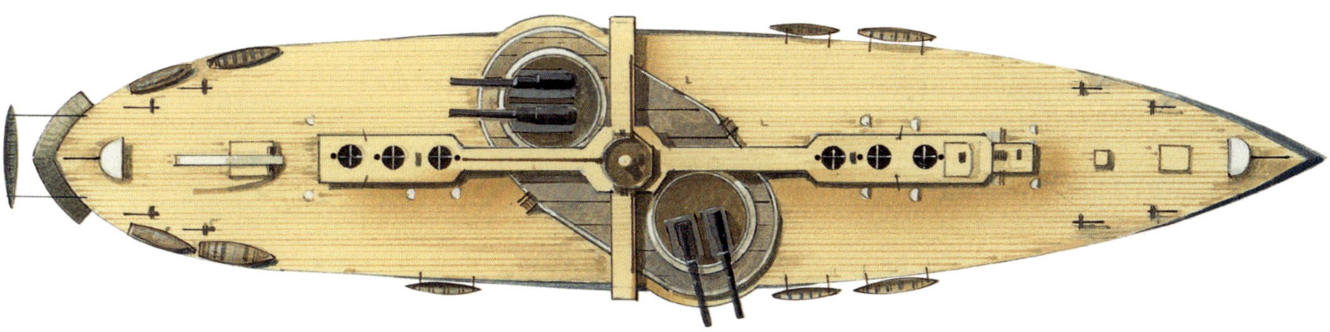

Aus diesem Deckplan geht die diagonale Anordnung der Geschütze hervor. Es gab knapp unterhalb der Wasserlinie ein gepanzertes Deck, aber weder eine Zitadelle noch eine Seitenpanzerung.

UMBAU

Zwischen 1905 und 1908 wurde die *Italia* umgebaut, wobei zwei Schornsteine verschwanden und der hohe Einzelmast durch zwei vor und hinter den Schornsteinen ersetzt wurde. Zu diesem Zeitpunkt hatten sich die Schlachtschiffe spürbar weiterentwickelt. Eine verbesserte Panzerung hatte Brins Theorie widerlegt, dass die Seitenpanzerung durch die Waffenstärke sinnlos geworden sei. Auch die beeindruckenden Geschütze waren leider veraltet. So erlangte das Schiff in den 1890er-Jahren einen wirklichen Stellenwert als Panzerkreuzer. Die Sekundärbewaffnung wurde verändert und mengenmäßig reduziert. In den Jahren 1909 und 1910 wurde es zur Torpedoausbildung genutzt.

Während des Ersten Weltkriegs wieder im Dienst, aber in *Stella d'Italia* umbenannt, war das Schiff zur Schießausbildung in Taranto und Brindisi stationiert, bis es 1917 entwaffnet und als Getreidetransporter der Handelsmarine übergeben wurde. Es wurde 1921 an die Regia Marina zurückgegeben, aber schon kurz darauf zur Verschrottung verkauft.

DIE SCHLACHT VON LISSA

Die Schlacht von Lissa, die erste große Schlacht zwischen Panzerschiffen, fand am 20. Juli 1866 vor der Insel Lissa in der Adria statt. Obwohl die italienische Flotte mit zwölf Panzerschiffen im Vergleich zu den sieben der Österreicher zahlenmäßig stärker war, war ihre Organisation schlecht. Der österreichische Admiral Tegetthoff auf dem Flaggschiff *Erzherzog Ferdinand Max* hatte eine bessere Taktik als der italienische Admiral Persano auf der *Affondatore*. Tegetthoff isolierte die italienischen Schiffe, so dass er im Hauptgefecht seine sieben Panzerschiffe gegen nur vier italienische antreten lassen konnte. Die Schlacht fand zu einer Zeit statt, als die Rüstungsentwicklung vorübergehend schneller war als die Fortschritte im Geschützwesen. Ein Großteil der Kämpfe wurde aus nächster Nähe ausgetragen, und beide Seiten waren damit beschäftigt, gegnerische Schiffe zu rammen. Dies stand im Widerspruch zum langfristigen technischen Trend, Konfrontationen mit Geschützen über größere Distanz auszutragen. Es führte jedoch dazu, dass die meisten schweren Schiffe für die nächsten 40 Jahre mit Rammspornen ausgestattet wurden.

Inflexible (1881) 

Die *Inflexible* sollte, wie die *Warrior* im Jahr 1859, ein neues ausländisches Schlachtschiffdesign nachahmen und übertreffen – in diesem Fall das der italienischen Schiffe *Duilio* und *Dandolo*, die am schwersten gepanzerten und schnellsten Kriegsschiffe ihrer Zeit, mit riesigen 100-Tonnen-Kanonen in einer zentralen Zitadelle.

Es war undenkbar, dass Großbritannien seine Vormachtstellung zur See verlieren würde. Doch die von Benedetto Brin entworfenen italienischen Schiffe schickten die britischen Marinekonstrukteure zurück an ihre Zeichenbretter, um ein Schiff von herausragender Kraft, Geschwindigkeit und Größe zu bauen. Das dauerte einige Zeit. Die *Inflexible* wurde am 24. Februar 1874 in Portsmouth auf Kiel gelegt und am 27. April 1876 vom Stapel gelassen – aber erst am 18. Oktober 1881 fertiggestellt. Die Kosten beliefen sich auf 812.485 Pfund.

SPEZIFIKATION

Die Geschützanordnung, die der *Duilio* nachempfunden war, bestand aus zwei großen, zentralen Zwillingstürmen. Diese waren in Staffelformation montiert, und der Backbordturm

Zwillingstürme
Die Türme selbst hatten einen Durchmesser von 10,3 Metern und wogen jeweils 750 Tonnen. Es dauerte eine ganze Minute, bis sie eine komplette Drehung vollzogen hatten.

Panzerung
Die Panzerung nahm das spätere amerikanische Alles-oder-nichts-System vorweg, mit einem sehr starken Schutz rund um die zentrale Zitadelle (ein Drittel der Rumpflänge). Damit waren Magazine und Maschinen geschützt, während die Enden des Schiffs ungepanzert waren.

Die *Inflexible* war das einzige Turmschiff ihrer Zeit, das über eine vollständige Takelage verfügte. Die Segelfläche betrug 1.719 Quadratmeter. Im Vergleich dazu hatte der Teeklipper *Cutty Sark* eine Segelfläche von 2.976 Quadratmetern.

Türme
Obwohl ein Rundumfeuer möglich war, schloss die Wirkung des Abfeuerns auf die Aufbauten in der Praxis ein gemeinsames Schießen aus.

Laufsteg
Ein erhöhter Laufsteg über die Geschütztürme und rund um den Kontrollturm erleichterte den Weg von vorn nach achtern – insbesondere weil das Turmdeck aufgrund des niedrigen Freibords oft überschwemmt war.

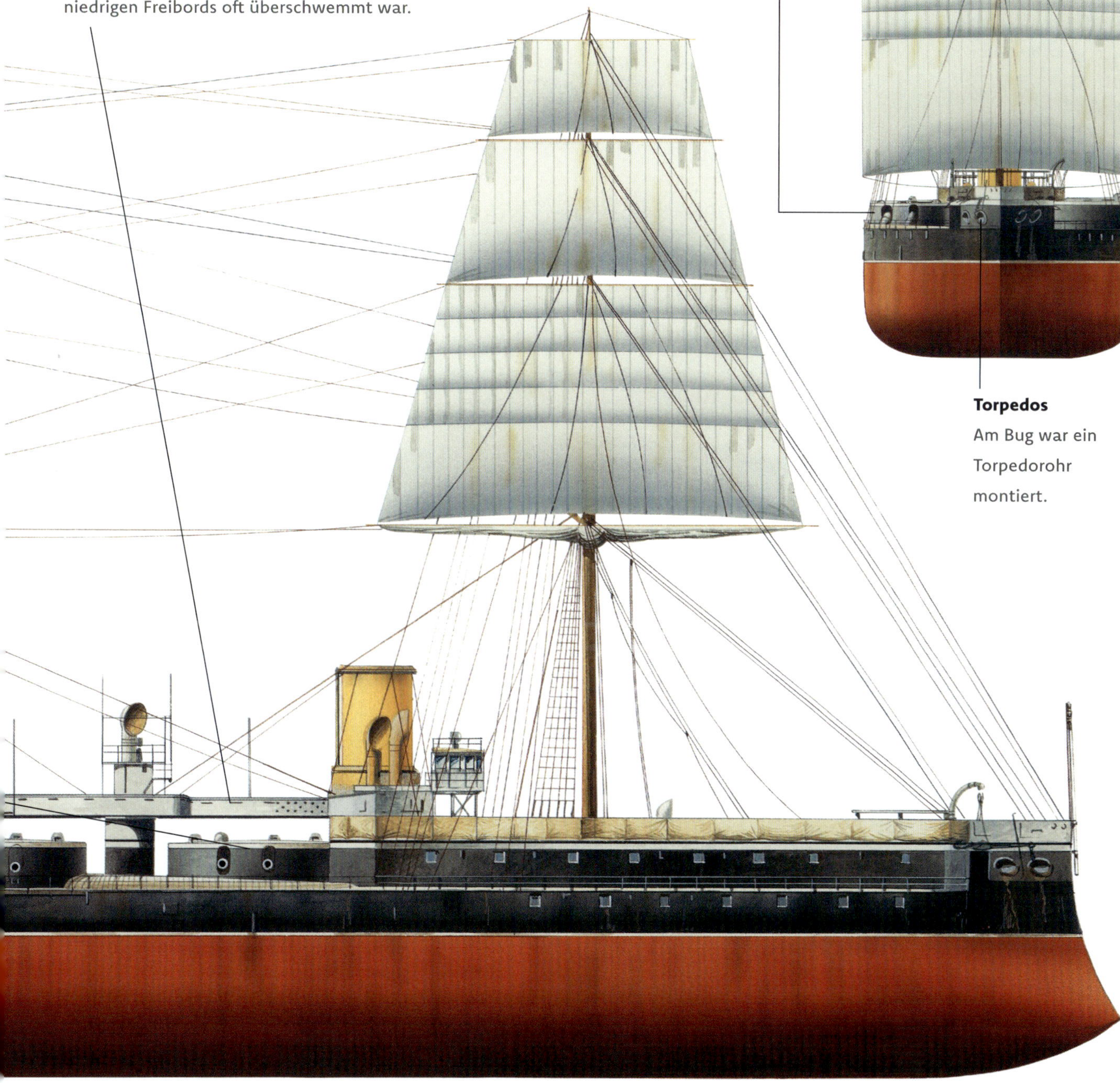

Torpedos
Am Bug war ein Torpedorohr montiert.

Die *Inflexible* im Jahr 1881 vor dem Austausch der ursprünglichen Masten und Takelage sowie mit ausgefahrenen Davits für die Rettungsboote.

HMS INFLEXIBLE

Abmessungen	Länge 97,50 m Breite 22,90 m Tiefgang 8,08 m
Verdrängung	11.880 t
Besatzung	440 Mann
Antrieb	12 Kessel, 2x 3-Zylinder-Verbundmotoren von Elder & Co, 6.269 kW (8.407 PS), 2 Schrauben, Segelfläche 1.719 m²
Geschwindigkeit	14,75 Knoten
Reichweite	–
Panzerung	Zitadelle 406–610 mm, Deck 76 mm, Schornsteine 356–559 mm, Türme 406–432 mm
Bewaffnung	4x 406-mm-MLR- (80 t), 6x 20-Pfünder-Geschütze, 2 integrierte Torpedorohre, 2 Torpedowagen (356 mm)

wurde vor dem Steuerbordturm an gegenüberliegenden Ecken der Zitadelle mit einer beispiellosen Panzerstärke von bis zu 609 Millimetern platziert.

Anstelle einer vertikalen Panzerung entlang der Wasserlinie verlief ein 76,2 Millimeter starkes Panzerdeck über die gesamte Länge des Schiffs, unterhalb des Hauptdecks und unterhalb der Wasserlinie. Oberhalb dieses Decks war der Rumpf in viele Abteilungen getrennt, um Wassereinbruch leichter zu lokalisieren. Die Zitadelle war ein gepanzerter Kasten, der sich bis auf 2,9 Meter über die Wasserlinie erhob und sich 1,8 Meter nach unten erstreckte. Sie enthielt die Magazine und hydraulischen Geräte zur Bedienung der Türme. Darunter befanden sich zwei Heizräume, zwischen denen die Motoren standen. Das Schiff war im Verhältnis zur Länge das breiteste, das je gebaut wurde, um Stabilität zu gewährleisten und den Geschütztürmen den größtmöglichen Schusswinkel zu geben. Die vorderen und hinteren Abschnitte waren nicht gepanzert, sondern in viele wasserdichte Abteilungen mit Kohlebunkern auf jeder Seite und dick mit Kork ausgekleideten Innenwänden unterteilt. Diese Bereiche konnten Schaden erleiden, ohne die Kampffähigkeit des Schiffs zu beeinträchtigen. Die Zitadelle galt dagegen als unverwundbar und konnte sogar 408-Millimeter-Granaten abwehren. Der Aufbau befand sich in der Mitte des Schiffs, um den Schusswinkel der Kanonen zu maximieren.

Am Heck gab es zwei Einrohr-Torpedoboote, die von einem Turm vom Achtermast aus zu Wasser gelassen werden konnten. Doch dies war auch das erste gepanzerte Schiff, das Unterwasser-Torpedorohre besaß, wobei zwei versuchsweise am Bug angebracht waren, obwohl sie nicht wirklich mit dem Rammsporn kompatibel gewesen sein können. An Deck waren zwei 356-Millimeter-Torpedowagen montiert. Zu den vielen anderen technischen Fortschritten gehörten Verbundexpansionsmotoren und Dynamos, um das Schiff zu elektrifizieren (das erste Kriegsschiff überhaupt, das damit ausgestattet war). In vielerlei Hinsicht, insbesondere mit dem über die gesamte Länge gepanzerten Unterdeck, etablierte die *Inflexible* Standards, denen spätere Schlachtschiffe folgen sollten. Dabei sollte aber auch die Anerkennung gegenüber Brin und den italienischen Schiffen nicht vergessen werden. Doch obwohl die Zitadellenformation eine Zeit lang beliebt war, wurde sie später fallen gelassen.

SCHLECHTE BEWAFFNUNG

Der schwächste Aspekt der *Inflexible* waren ihre Waffen. Im ursprünglichen Entwurf waren Kanonen mit einem Gewicht von 60 Tonnen vorgesehen. 1875 – das Schiff war bereits im

Der ursprüngliche Plan bestand darin, die Schornsteine fast nebeneinander zwischen den Türmen zu platzieren. Das wurde jedoch verworfen – für den Fall, dass sie alle durch Schüsse beschädigt werden sollten.

Bau – wurde es auf 80 Tonnen vergrößert. Mit Vorderladern im Kaliber 406 Millimeter feuerten sie 764 Kilogramm schwere Granaten ab, die eine 584 Millimeter dicke Panzerung aus einer Entfernung von 914 Metern durchschlagen konnten. Sie mussten mit den Laufmündungen unter eine gepanzerte Schutzabdeckung gedrückt werden, damit die Granaten mit einem Hydraulikzylinder eingesetzt und die Kanonen neu ausgerichtet werden konnten. Das Abfeuern war so auf einen Schuss alle zwei Minuten beschränkt. Innerhalb weniger Jahre wurden die massiven Vorderlader von leichteren, schneller feuernden und schwereren Hinterladern abgelöst.

Im Jahr 1885 wurde schließlich ein Umbau durchgeführt. Die beiden Masten waren wie bei einer Brigg aufgetakelt worden. Allerdings war dies im Wesentlichen rein kosmetischer Natur, damit Männer die Rahen zu Ausstellungszwecken bemannen konnten. Bei der Umrüstung wurde die Takelage zugunsten von zwei konventionellen Masten aufgegeben.

MITTELMEERFLOTTE

Das Erscheinungsbild der *Inflexible* wurde als reizlos, pummelig und tief im Wasser liegend verurteilt. Nach 1885 verbesserte sich der Eindruck jedoch erheblich, als ihr symmetrisches Design erkennbarer wurde. Zweifellos als Geste an die Italiener (die auf die Nachricht vom Bau der *Inflexible* reagiert hatten, indem sie das Gewicht der Geschütze der *Duilio* auf 100 Tonnen erhöhten), wurde die *Inflexible* im Oktober 1881 zur Mittelmeerflotte geschickt. Ihre Geschütze kamen im Juli 1882 in Alexandria zum Einsatz, wo ein ägyptischer Aufstand gegen die von Großbritannien unterstützten Khediven niedergeschlagen wurde. Dabei musste sie auch einige Treffer von Küstenfestungen einstecken. Sie blieb bis 1885 im Mittelmeer und kehrte nach einer Umrüstung und einer größtenteils in Reserve verbrachten Zeit für die Jahre 1890 bis 1893 dorthin zurück. Von 1893 bis 1897 diente sie als Wachschiff in Portsmouth, gehörte ab 1897 der Reserveflotte und ab 1901 der Dockyard Reserve an und wurde schließlich im September 1903 zur Verschrottung verkauft.

MODERNISIERUNG

In den frühen 1880er-Jahren handelte es sich bei Kontrollständen und Kommandotürmen noch um rudimentäre Bauwerke. Bei der *Inflexible* befand sich zwischen den Schornsteinen ein Kontrollstand über einem von unten heraufführenden Luftkanal, obwohl diese Position direkt über und zwischen den Kanonen beim Schießen äußerst unkomfortabel war. Direkt vor dem vorderen Schornstein war außerdem eine kleine, gepanzerte Box vorgesehen.

Die Kommunikation zwischen den verschiedenen Stationen an Bord eines Schiffs sollte bald durch die Verwendung von Telefonen anstelle der Auf- und Ab-Sprechrohre oder des laufenden Boten verbessert werden. Aber zu dieser Zeit vertraute man noch immer stark auf das individuelle Positionieren von Waffen.

Die Genauigkeit und Regelmäßigkeit des Geschützfeuers waren schlecht und verschlechterten sich bei Entfernungen über 914 Metern weiter, insbesondere wenn sich sowohl die Geschützplattform als auch das Ziel auf unterschiedlichen Kursen bewegten.

Es wurden neue Hilfsmittel für das Schusswesen benötigt – ein Problem, das im nächsten Jahrzehnt angegangen werden sollte.

Collingwood (1887) 

Vorn und achtern in Barbetten montierte Hinterlader, in seitlichen Batterien gruppierte Sekundärgeschütze, eine Dampfgeschwindigkeit von 16 Knoten sowie große Geschütze, die höher als je zuvor auf einem britischen Schiff montiert wurden, waren die Hauptmerkmale der *Collingwood*.

In den späten 1870er-Jahren führte die französische Marine die Formidable-Klasse von Schlachtschiffen ein, die drei großkalibrige Hinterlader auf der Mittellinie und sechs 140-Millimeter-Kanonen auf jeder Seite des Hauptdecks trugen. Die endgültige Umsetzung war erst 1889 abgeschlossen, doch die britische Admiralität, die bereits Kenntnis von der großen *Italia* hatte, überprüfte daraufhin Optionen für neue Designs. Ein Schiff mit niedrigem Turm war nicht die Lösung: Was benötigt wurde, war ein Schiff mit hohem Freibord, das für Langstrecken geeignet war.

Eine mögliche Antwort wurde in Gestalt der *Collingwood* geliefert, die am 12. Juli 1880 auf der Marinewerft in Pembroke auf Kiel gelegt wurde. Am 22. November 1882 lief sie vom Stapel und wurde im Juli 1887 fertiggestellt. Die Kosten betrugen 636.996 Pfund, und sie war Großbritanniens erstes Barbette-Schlachtschiff. Die Hauptgeschütze waren in

Gürtel
Obwohl es als Zitadellenschiff bezeichnet wurde, handelte es sich bei dem gepanzerten Bereich tatsächlich um einen 42,7 Meter langen und 2,3 Meter hohen Gürtel, der die Barbetten und die Maschinen schützte.

Überflutete Abschnitte
Als Experiment wurden die ungepanzerten Bug- und Heckabschnitte überflutet, was zu einem Geschwindigkeitsverlust von nur einem halben Knoten führte.

Torpedonetze
Torpedonetze, die auf Höhe der Wasserlinie an seitlichen Auslegern aufgehängt waren, waren auf allen großen Schiffen angebracht und wurden beim Liegen vor Anker verwendet.

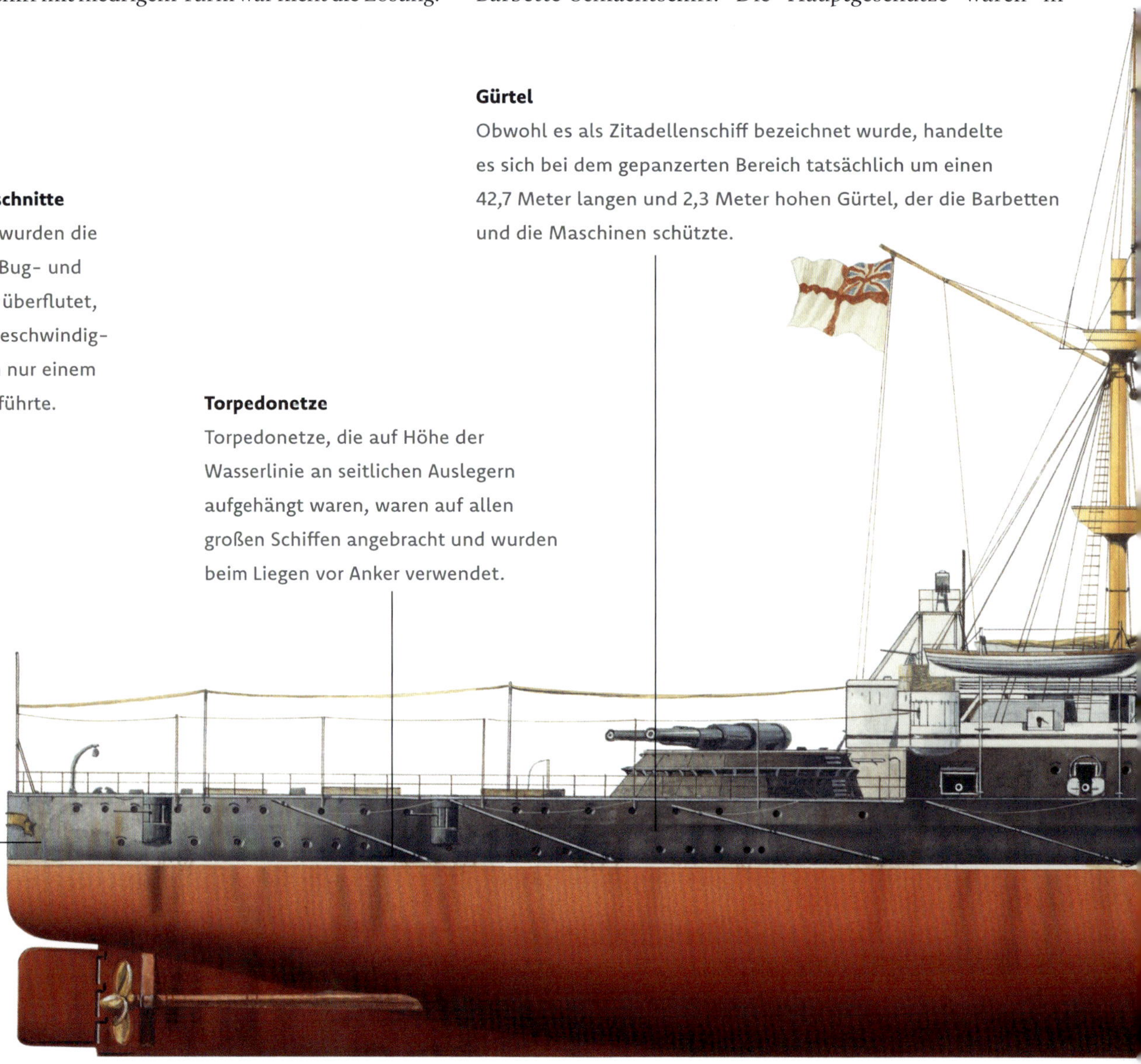

gepanzerten Barbetten untergebracht und befanden sich über dem offenen Deck vor und hinter den Aufbauten. Mit einer Barbette konnte das Geschütz höher montiert werden. So befanden sich die Hauptgeschütze der *Collingwood* 8,5 Meter über der Wasserlinie, so dass sie auf See trockener blieben und eine bessere Position zum Abfeuern hatten. Diese Lösung bot weniger Schutz als ein Geschützturm, aber viele Kanoniere mochten den beschränkten Raum und die schlechte Luft eines Geschützturms nicht. Die offene Position des Geschützes verbesserte dagegen auch die Sicht und Ausrichtbarkeit. Die zunehmende Zahl von Torpedobooten in allen Marinen machte es auch notwendig, eine umfangreiche Sekundärbewaffnung zu installieren. Um einen guten Überblick über tiefliegende Boote und Torpedospuren zu haben, wurden hohe Plattformen auf dem Hauptmast gebaut – oftmals der einzige Mast, wie auf der *Collingwood*.

Druckluft

Dies war das erste Schiff der Royal Navy, das Druckluft einsetzte: Dabei wurde Luft mit mehr Druck als in der Atmosphäre in die 36 Öfen geblasen, um Verbrennung und Dampfproduktion zu steigern.

In dieser Ära wurde die Gewohnheit, alle Unterkünfte unter dem Wetterdeck unterzubringen, aufgegeben. Das Gewicht eines eisernen Rumpfs und großer Motoren ermöglichte einen großen Aufbau über dem Deck sowie die Platzierung schwerer Kanonen in großer Höhe.

DER TURM

Die Geschützstellung befand sich in einer Entwicklungsphase. Die schweren Geschütze der *Collingwood* waren in offenen Barbetten montiert. Das waren feste, gepanzerte Positionen, mit einem Lauf, der durch den gepanzerten Boden zu den Magazinen führte. Darin drehte sich die Waffe auf einer eigenen Drehscheibe. Der Schutz für die Geschützmannschaft war auf die Höhe des Barbette-Rands beschränkt. Das Design der Schlachtschiffe entwickelte sich in Richtung des Turms, der eine vollständige Panzerung für das Geschütz und die Besatzung bot und sich mit dem Geschütz drehte. Die Barbette wurde zum Fundament des Turms, immer noch mit dem Rumpf verbunden und mit hydraulischen oder elektrischen Hebesystemen aus den Magazinen ausgestattet. Der Turm hatte anfänglich einige Nachteile: Er erhöhte das Gewicht, konnte sich mit Dämpfen füllen, die sich nur schwer auflösten, und behinderte die Sicht. Ventilatoren und periskopische Visiere sowie eine zentralisierte Geschützlenkung reduzierten diese Probleme, während gepanzerte Türme dem Schiff im Gefecht mehr Durchhaltevermögen verliehen. Leichte Waffen hatten bis zum 20. Jahrhundert kaum oder gar keinen Schutz.

LAGERUNG UND FEUERKRAFT

Die Seitenpanzerung war auf kurze Bereiche mittschiffs konzentriert, die sich über 1,5 Meter unterhalb der Wasserlinie und 75 Zentimeter darüber erstreckten. Verbunden waren die Panzerteile durch Querschotte. Schotten und Panzerung waren von Kohlebunkern gesäumt. In den ungepanzerten Abschnitten des Rumpfs war der Raum zwischen dem Panzerdeck und dem Hauptdeck in Bereiche unterteilt, in denen sich weitere Treibstoffvorräte und allgemeine Vorräte befanden. Die Munition wurde unter dem gepanzerten Deck gelagert, wobei ein stark geschützter Munitionskoffer mit einer Breite von drei Metern durch dieses Deck und den gepanzerten Boden der Barbette führte. Über diesem Rumpf befanden sich die Kanonenverschlüsse. Die 152-Millimeter-Geschütze waren in Gruppen aufgestellt und feuerten durch Geschützpforten. Vier dieser Sechspfünder wurden an den Ecken dieser Batterie platziert, acht davon auf dem Bootsdeck darüber. Vom Achterdeck ragten kleine Vorsprünge für leichte Schnellfeuergeschütze heraus, andere wurden im Gefechtsdeck und auf den Aufbauten platziert.

GESCHWINDIGKEIT

Da großer Wert auf Geschwindigkeit gelegt wurde, waren die Motoren mit Druckluft ausgestattet. Die zwölf Kessel arbeiteten mit einem Druck von 6,2 bar (90 psi). Bei Probefahrten, also nicht unter Volllast, schaffte das Schiff 16,6 Knoten bei einer angegebenen Leistung von 6.241 kW (8.369 PS). Mit Verwendung der Druckluft stieg die Leistung auf 7.139 kW (9.573 PS). Die Geschwindigkeit erhöhte sich jedoch nur um 0,24 Knoten.

Trotz der vergleichsweise hohen Platzierung der Hauptgeschütze hatte die *Collingwood* einen niedrigen Freibord. Bei unruhiger See tauchte der Bug häufig unter, was das Leben für die Besatzung, die in altbewährter Weise auf dem

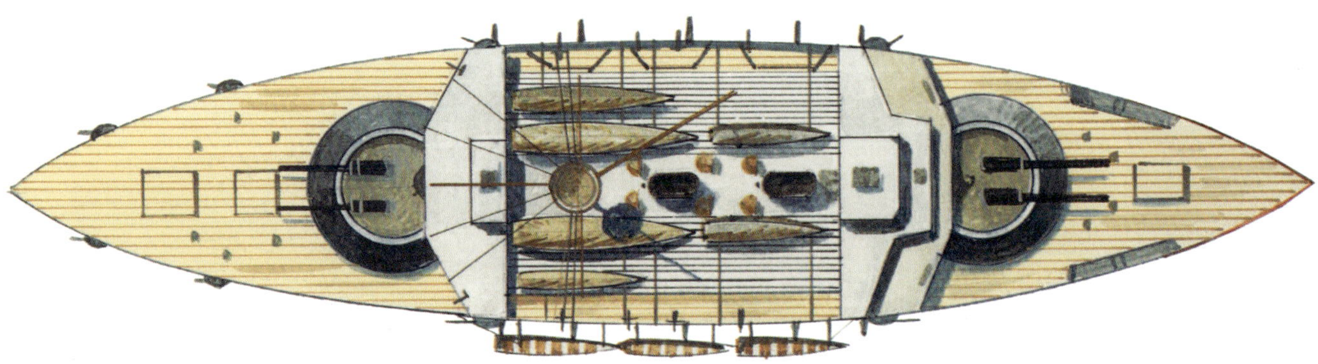

Die seitlichen Aufbauten ergeben einen ganz anderen Grundriss als die freien Decks früherer Schiffe mit zentral montierten Kanonen. Torpedoöffnungen befanden sich an den Ecken der Aufbauten.

Vorschiff wohnte, unbequem machte. Die Kritik konzentrierte sich jedoch weniger auf die Qualitäten als Seeschiff als vielmehr auf den vermeintlichen Mangel an Panzerung. Der schmale Wasserliniengürtel wurde als unzureichend bemängelt.

Die Konstrukteure hatten es sich, wie Brin in Italien, ganz bewusst zum Ziel gesetzt, die *Collingwood* zu einem Kampfschiff zu machen. Sie hatten bei den Plänen für das ungepanzerte Heck große Sorgfalt darauf verwendet, dass es von Treffern durchlöchert sein und bis zu einem gewissen Grad Wasser aufnehmen konnte, ohne die Kampffähigkeit der Besatzung zu beeinträchtigen. Darüber hinaus konnten die Geschütze der *Collingwood* im Vergleich zu den beiden der *Inflexible* neun Schuss pro Minute abfeuern, was sie zu einem viel effektiveren Schiff im Gefecht machte. Das erhöhte ihre Chancen, ein feindliches Schiff außer Gefecht zu setzen, erheblich, bevor sie selbst ernsthaften Schaden erleiden konnte.

HMS COLLINGWOOD

Abmessungen	Länge 99,00 m Breite 20,70 m Tiefgang 8,03 m
Verdrängung	9.500 t
Besatzung	498 Mann
Antrieb	12 Kessel, 2 umgekehrte Humphrey-Sätze mit zusammengesetzten 3-Zylinder-Dreifachexpansionmotoren
Geschwindigkeit	16,8 Knoten
Reichweite	12.964 km bei 10 Knoten
Panzerung	Panzergürtel 203–457 mm, Deck 50–76 mm, Verbindungsturm 50–305 mm, Barbetten 250–292 mm
Bewaffnung	4x 305 mm-BL-(45 Tonnen), 6x 152-mm-BL-, 12x 6-Pfünder-Geschütze, 14 kleine Schnellfeuergeschütze, 4x 356-mm-Torpedorohre auf Deck

IN RESERVE

Tatsächlich bot die Karriere des Schiffs keine Chance, seine Qualitäten im Kampf unter Beweis zu stellen. Die *Collingwood* wurde im Juli 1887 kurzzeitig für die Queen's Jubilee Review in Auftrag gegeben und sofort der Reserve zugeteilt. Ihre längste Dienstzeit dauerte neun Jahre bei der Mittelmeerflotte von November 1889 bis März 1897, einschließlich einer Überholung auf einer Werft in Malta im Jahr 1896. Von März 1897 bis Juni 1903 war sie Küstenwachschiff in Bantry und kehrte bis zum 11. März 1909 in die Reserve zurück, bevor sie zum Verschrotten verkauft wurde.

Diese Illustration der *Collingwood* zeigt, dass das Schiff keinen Freibord hat. Selbst bei mäßigem Seegang oder hoher Geschwindigkeit wurde das Deck vor der Barbette überschwemmt. Zu beachten sind die Winde und der Ankerhub.

Royal Sovereign (1892) 

Sie war das erste britische Schlachtschiff mit einer Verdrängung von mehr als 12.000 Tonnen und das erste mit einer Stahlplattenpanzerung. Nach Worten eines erfahrenen Experten war sie das erste Schiff von sieben ihrer Klasse, das „majestätisch und mit Vornehmheit auf dem Wasser lag".

Von der Grundlegung bis zur Fertigstellung eines Erste-Klasse-Schlachtschiffs dauerte es mehr als drei Jahre. Ende der 1880er-Jahre versuchte der britische Marinebau, mit den Leistungen anderer Nationen Schritt zu halten. Aus einer Phase mit verworrenen Experimenten und Konstruktionen konnte man letztendlich zu mehr Selbstbewusstsein finden und eine ganze Klasse von Großkampfschiffen planen.

Doch es gab auch Momente, in denen es schien, als sei die Ära der Schlachtschiffe bereits zu Ende, da die Kosten für ein Großkampfschiff auf 1.000.000 Pfund zusteuerten und

Dies war die erste Klasse britischer Schlachtschiffe, die ihre gesamte Hauptbewaffnung auf dem Wetterdeck trug – eine Innovation, die durch einen 5,5 Meter hohen Freibord und die Verwendung von Barbetten anstelle von Türmen ermöglicht wurde.

Bilgenkiele
Bei allen Schiffen der Royal-Sovereign-Klasse mussten Bilgenkiele eingebaut werden, um die Neigung zu übermäßigem Rollen zu verhindern.

Bewaffnung
Die 152-Millimeter-Schnellfeuergeschütze waren zum ersten Mal bei einem britischen Großkampfschiff in Kasematten montiert.

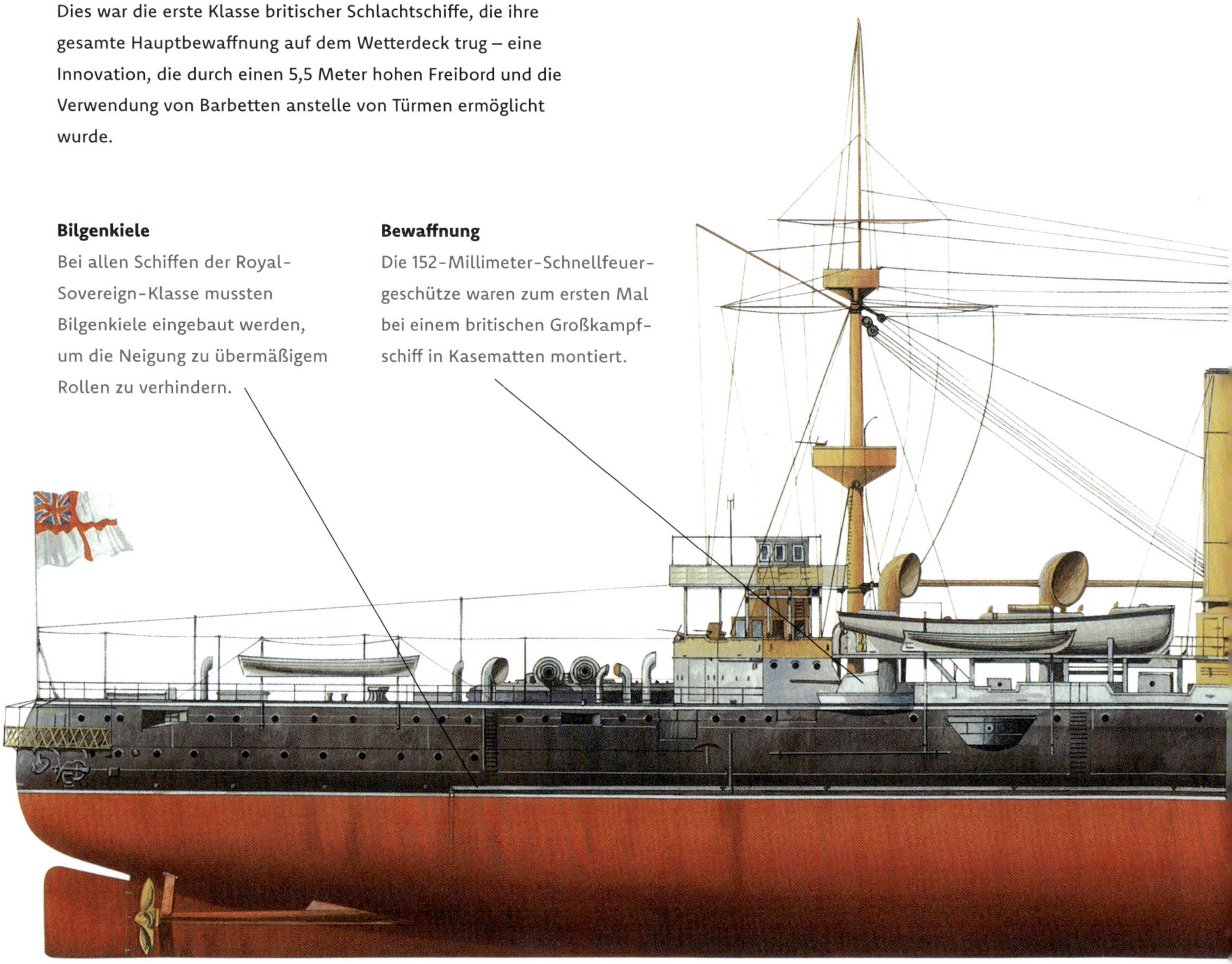

Politiker und Strategen Bedenken hatten, dass es möglicherweise bereits von einem einzigen Torpedo zerstört werden könnte. Tatsächlich stoppte Frankreich Ende der 1880er-Jahre den Bau von Schlachtschiffen vorübergehend. Der Erste Lord der Admiralität machte jedoch im März 1889 deutlich, dass „die Stärke von Torpedobooten von Marineoffizieren stark übertrieben worden war".

Großkampfschiffe spielten also immer noch eine Rolle. Der Naval Defense Act von 1889 sah in Folge den Bau von nicht weniger als 70 Schiffen vor, darunter acht große Schlachtschiffe mit 14.150 Tonnen und eines mit 10.500 Tonnen. Zu dieser Zeit verfügte Großbritannien über 22 Schlachtschiffe erster Klasse und 15 zweiter Klasse. Frankreich besaß 14

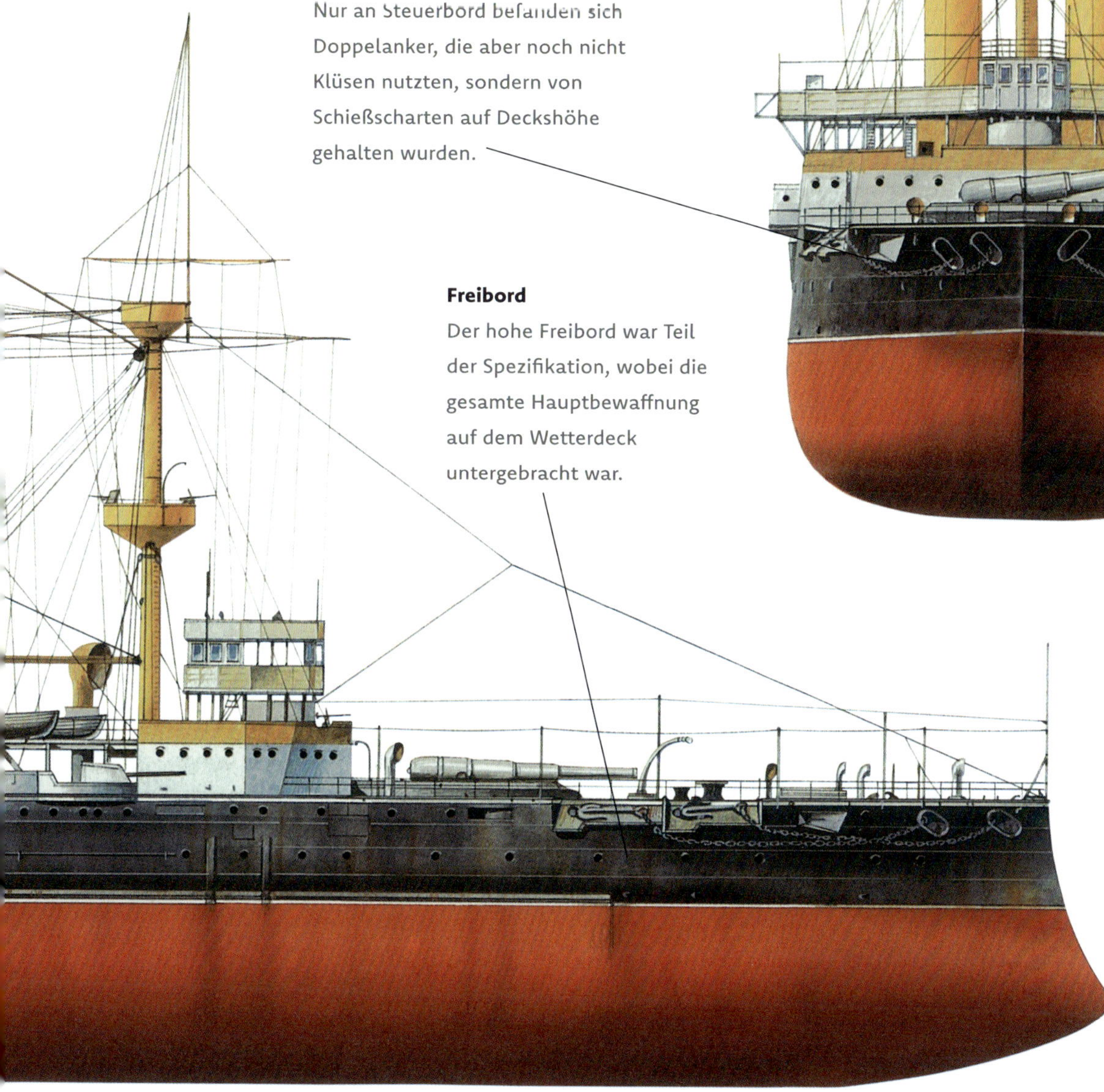

PANZERUNG

Ab Ende der 1870er-Jahre wurden Stahlpanzerungen ausprobiert. So wurde in Großbritannien ab Mitte der 1880er-Jahre eine Verbundpanzerung mit einer auf Eisenplatten aufgeschweißten Stahlfläche eingesetzt. Die französische Firma Schneider hatte 1881 eine wirksame Stahlpanzerung entwickelt, die sowohl von den Amerikanern als auch von den Russen genutzt wurde. Da die Briten nicht in der Lage waren, mit dem Schneider-Produkt mitzuhalten, fuhren sie mit der stahlbeschichteten Panzerung fort. 1889 wurde eine Nickel-Stahl-Legierung entwickelt, und 1891 stellte der amerikanische Metallurge H. A. Harvey eine neue Stahlsorte vor, die durch die Verwendung von Kohlenstoff bei sehr hohen Temperaturen und anschließendem Anlassen und Glühen oberflächengehärtet wurde. Die Gürtel- und Barbettenpanzerung der *Royal Sovereign* war vom alten Verbundtyp, aber die Rumpfteile jenseits des Gürtels bestanden aus 127 Millimeter starkem, harveyisiertem Stahl, unterstützt von Kohlebunkern. Man ging davon aus, dass dies genügend Widerstand gegen Granaten mittleren Kalibers bot.

beziehungsweise sieben und Russland sieben beziehungsweise eines. Deutschland, das die Entwicklungen mit Interesse beobachtete, war dabei, seine Schlachtschiffstärke auszubauen.

ROYAL-SOVEREIGN-KLASSE

Sieben große Schlachtschiffe sollten die Royal-Sovereign-Klasse bilden. Das gleichnamige Schiff wurde am 30. September 1889 in Portsmouth auf Kiel gelegt, am 26. Februar 1891 vom Stapel gelassen und im März 1892 für insgesamt 913.986 Pfund fertiggestellt. Es handelte sich eher um ein Barbette- als um ein Turmschiff. Die daraus resultierende Gewichtsreduzierung ermöglichte es, höher im Wasser zu liegen und eine größere Geschwindigkeit zu erreichen. Dies war im Vergleich zu den Vorjahren eine ziemlich radikale Abkehr beim Design, die jedoch von vielen erwartet worden war, die sich noch an die Segelschiffe erinnerten. Denn wie diese verfügte die *Royal Sovereign* an den Seiten über eine nach innen gerichtete Tumblehome-Neigung, um den vertikalen Schwerpunkt niedrig zu halten. Schiffbaudirektor Sir William White soll in dieser Hinsicht jedoch einfach zeitgenössische französische Kriegsschiffe kopiert haben, verzichtete dabei aber auf Vorsprünge im Rumpf – jedenfalls in der Royal-Sovereign-Klasse.

Ein anderes Schiff dieser Klasse, die *Hood*, wurde als Turmschiff gebaut und war sowohl als Seeschiff als auch als Kampfschiff deutlich weniger erfolgreich als die anderen sechs: Die Kanonen saßen 1,83 Meter tiefer, und ihre Decks waren regelmäßig überschwemmt. Wie einige frühere Großschiffe, darunter die *Trafalgar*, verfügte die *Royal Sovereign* über zwei nebeneinander stehende Schornsteine, die über der Trennwand zwischen den beiden Kesselräumen aufgestellt waren. Diese waren in einer Linie mit dem Maschinenraum am Heck angeordnet. Wie mittlerweile üblich wurden Doppelschrauben verwendet.

HMS ROYAL SOVEREIGN

Abmessungen	Länge 115,80 m Breite 22,86 m Tiefgang max. 8,50 m
Verdrängung	max. 15.585 t
Besatzung	712 Mann
Antrieb	8 zylindrische, einseitige Kessel, 2 Sätze 3-Zylinder-Vertikal-Dreifachexpansionsmotoren, 6.711 kW (9.000 PS), Doppelschrauben
Geschwindigkeit	18 Knoten (bei maximalem Tiefgang)
Reichweite	8.741 km bei 10 Knoten
Panzerung	Panzergürtel 356–457 mm, Schotten 356–406 mm, Deck 63–76 mm, Kasematten 152 mm, Verbindungsturm 356 mm (vorn) bzw. 76 mm (hinten), Barbetten 279–432 mm
Bewaffnung	4x 343-mm-Geschütze, 10x 152-mm-QF-, 16x 6-Pfünder-QF- und 12x 3-Pfünder-QF-Geschütze, 7x 356-mm-Torpedorohre (davon zwei unter Wasser)

FEUERKRAFT

Die Barbetten der *Royal Sovereign*, die vier 343-Millimeter-BL-Kanonen beherbergten, hatten eine ähnliche Form und Bauweise wie die der *Collingwood*. Sie bestanden aus

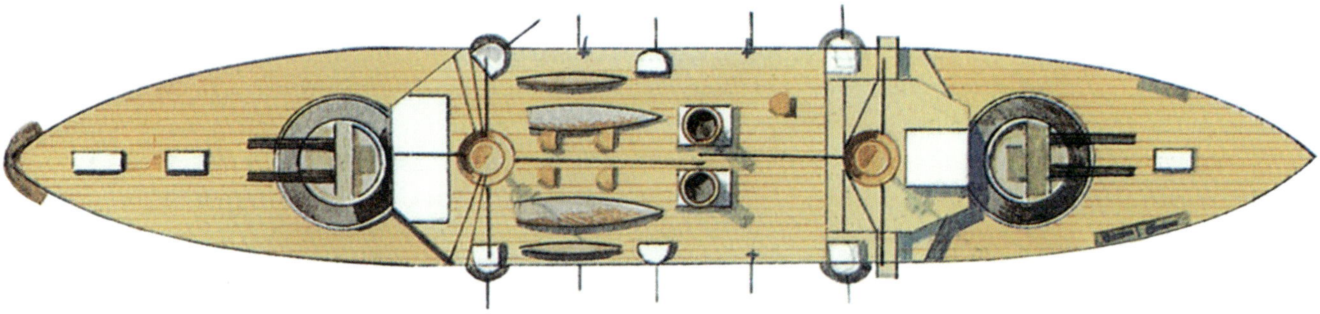

Die Barbetten hatten einen birnenförmigen Grundriss und erstreckten sich bis unter die Deckskonstruktion. Die Panzerung war bis zu 432 Millimeter stark, doch die Sichtbarkeit der Geschütze war eine Schwäche.

152-Millimeter-Stahlpanzerung, obwohl die Panzerwände bis zur Gürtelhöhe reichten. Die Sekundärbewaffnung aus zehn 152-Millimeter-Geschützen war in gepanzerten Kasematten mit einer Stärke von 152 Millimetern auf der Ebene des Hauptdecks sowie hinter Geschützschilden auf dem Oberdeck untergebracht. Letztere wurden bei der Umrüstung im Jahr 1903 in Kasematten umgewandelt. Zudem waren Sechs-Pfünder-Geschütze auf beiden Decks verteilt und Drei-Pfünder-Geschütze auf dem Schutzdeck und in den Kampfspitzen beider Masten platziert. Auch wurden sieben 356-Millimeter-Torpedorohre eingebaut. Diese Konfiguration wurde jedoch in den Jahren 1903/1904 bei einer Überholung in Portsmouth auf vier 456-Millimeter-Torpedorohre geändert.

Die *Royal Sovereign* wurde zunächst der Kanalflotte zugeteilt und war Teil des britischen Geschwaders bei der feierlichen Eröffnung des Nord-Ostsee-Kanals im Juni 1895. Von Juni 1897 bis August 1902 diente sie im Mittelmeer. Im November 1901 explodierte eines der 152-Millimeter-Geschütze, sechs Männer wurden bei diesem Unfall getötet. Bis 1905 wurde sie noch als Wachschiff in Portsmouth eingesetzt.

Von Mai 1905 bis Februar 1907 befand sich das Schiff als Reserve in Devonport und wurde anschließend mit einer Notbesatzung in den Sonderdienst gestellt. Von April 1909 bis 1913 war es Teil der 4. Division der Heimatflotte, bevor die *Royal Sovereign* im Oktober 1913 verkauft wurde.

Marinemaler William Frederick Mitchell (1845–1914) erhielt den Auftrag, eine Reihe britischer Kriegsschiffe zu malen. Diese Chromolithografie zeigt die *Royal Sovereign* auf einer Fahrt mit leicht erhobenen Waffen.

Maine (1895) 

Die *Maine* wurde in einer Zeit hoher internationaler Spannungen nach Havanna auf Kuba geschickt, um Flagge zu zeigen und die Interessen der USA zu schützen. Sie sank nach einer Explosion, deren Ursache mehr als ein Dreivierteljahrhundert lang umstritten war.

Die *Maine* wurde am 3. August 1886 vom US-Kongress genehmigt und am 17. Oktober 1888 im New York Navy Yard als Panzerkreuzer auf Kiel gelegt. Sie wurde jedoch als Schlachtschiff zweiter Klasse umklassifiziert und lief am 18. November 1890 vom Stapel. Die Indienststellung erfolgte am 17. September 1895. Die Baukosten beliefen sich auf 4.677.788 US-Dollar. Schlachtschiffe waren eine relativ neue Kategorie in der US-Marine, und die *Maine* war erst das zweite Schiff. Große Teile der öffentlichen Meinung in den USA standen der Idee von Großkampfschiffen mit großer Reichweite ablehnend gegenüber. Die Schlachtschiffe der 1890er-Jahre wurden offiziell als Küstenschiffe bezeichnet, was die Verteidigungsrolle betonte. Zu dieser Zeit bauten mehrere

Obwohl die USA in den 1860er-Jahren Pionierarbeit bei der Entwicklung von Panzerschiffen geleistet hatten, handelte es sich nicht um große Hochseeschiffe, die für lange Fahrten geeignet waren. Für die *Maine* wurden britische und europäische Schlachtschiffdesigns herangezogen.

Geschütze
152-Millimeter-Geschütze waren in Kasematten am Bug und Heck eingebaut, um zusätzliches Feuer vorn und hinten zu ermöglichen.

Kohlebunker
Kohlebunker wurden zwischen dem vorderen 254-Millimeter-Magazin und der Außenwand platziert. Eine Selbstentzündung könnte hier die tödliche Explosion verursacht haben.

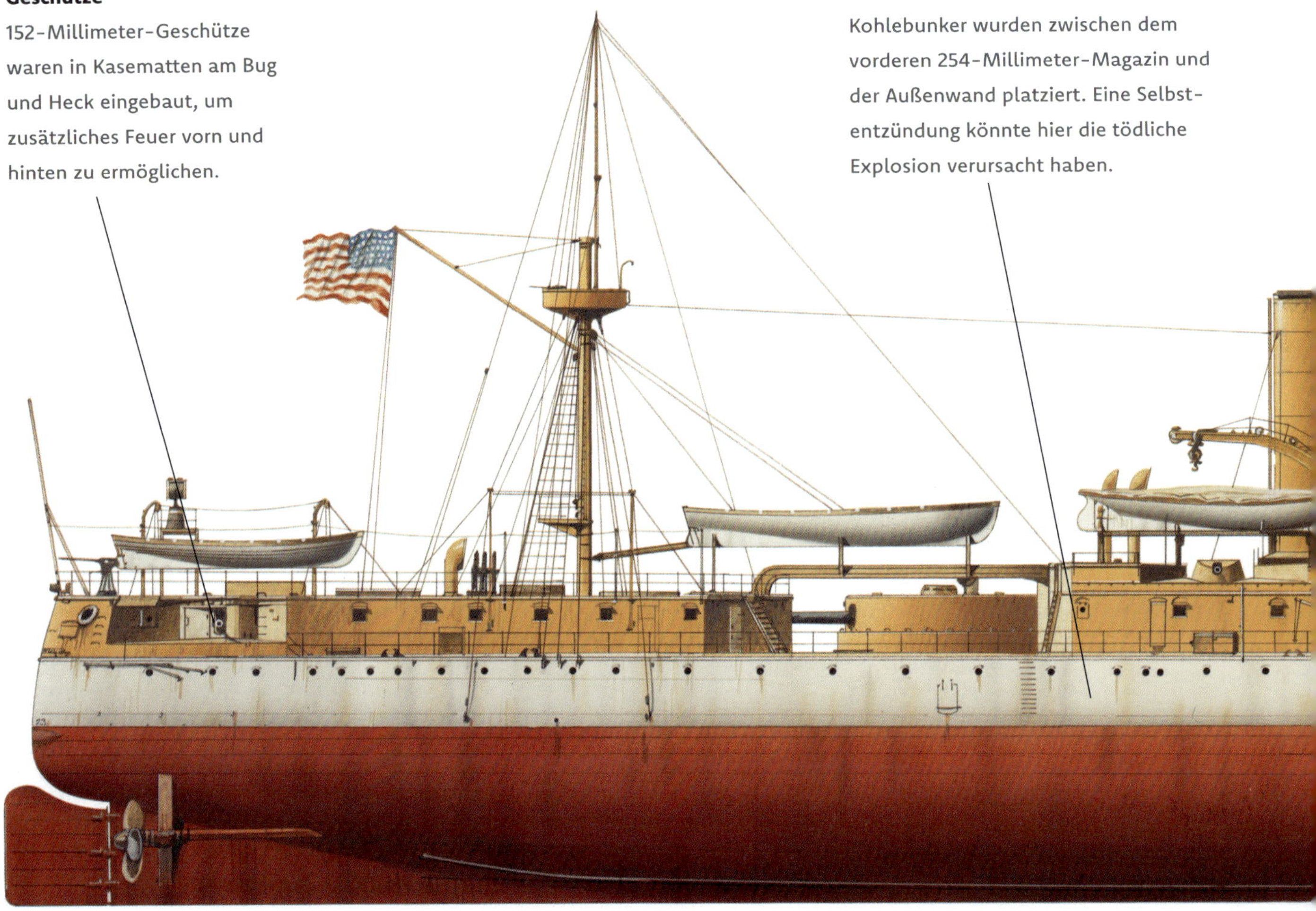

südamerikanische Staaten ihre Marinen aus, und Brasilien hatte kurz zuvor zwei in Großbritannien gebaute Schlachtschiffe erworben – die *Riachuelo* und die *Aquidaba*. Die Regierung der Vereinigten Staaten hielt es für unerlässlich, mit diesen Entwicklungen Schritt zu halten. Der Panamakanal war zu diesem Zeitpunkt noch nicht geöffnet (er wurde erst 1914 fertiggestellt), und so mussten die USA an jeder Küste eigene Flotten unterhalten.

LANGSAMER START

Die langsame Fertigstellung der *Maine* war darauf zurückzuführen, dass die Versorgung mit geeigneten Panzerplatten nur schwer sicherzustellen war. Daher handelte es sich bei der endgültigen Indienststellung sozusagen um ein Schiff einer früheren Generation, gebaut nach den Konzepten und Standards der frühen 1880er-Jahre. Seine beiden Geschütztürme mit jeweils zwei 254-Millimeter-Geschützen waren in einer langgestreckten Staffelformation angeordnet und

Türme
Die beiden Haupttürme hatten kein Gegengewicht. Wenn beide in eine Richtung ausgerichtet waren, krängte das Schiff. Nach der *Maine* und der *Texas* wurde die Staffelformation aufgegeben.

Kampfplattform
Auf jeder Plattform befand sich ein Ein-Pfünder-Geschütz, das Teil der Torpedobootabwehr war, ebenso wie Suchscheinwerfer. Die Geschütze feuerten Granaten mit einem Gewicht von 0,5 Kilogramm auf eine Reichweite bis zu 3.200 Metern ab.

Maine (1895)

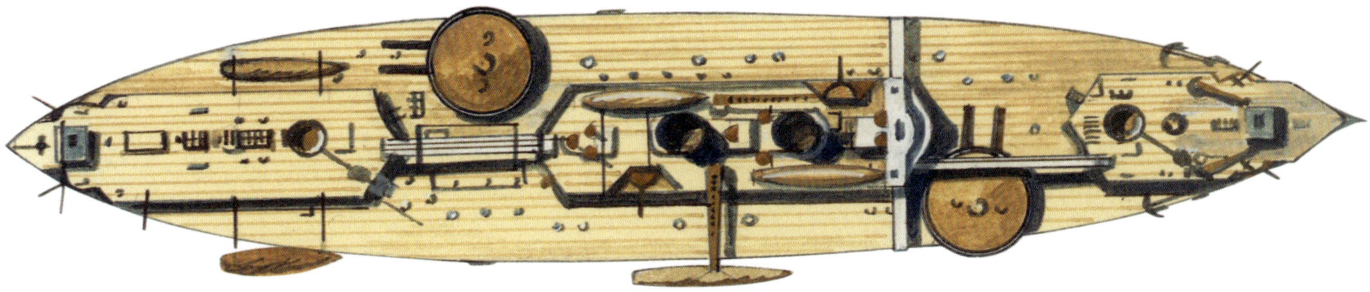

Decksplan: Die Staffelanordnung der Geschütztürme wurde durch das erhöhte Vorschiff und die Achterdeck notwendig – ein Designaspekt, der bei folgenden US-Schlachtschiffen verschwand.

steckten in zwei Schwalbennestern an den Seiten, wobei der Steuerbordturm weit vor den Aufbauten positioniert war. Die Granaten wogen 236 Kilogramm und hatten bei einer maximalen Neigung des Geschützes von 15 Grad eine Reichweite von 18.000 Metern. Wie auf ähnlichen, europäischen Schiffen wurden breite Decksräume freigehalten, um die Möglichkeit zu haben, direkt nach vorn und nach hinten schießen zu können – obwohl dies wie bei anderen Schiffen aufgrund der Gefahr von Explosionsschäden tatsächlich nicht praktikabel war. Die Türme drehten sich mit hydraulischer Kraft und konnten in jedem Winkel beladen werden. Die Sekundärbewaffnung bestand aus sechs 152-Millimeter-Geschützen, die in Kasematten auf jeder Seite untergebracht waren. Sechs-Pfünder-Geschütze, die zur Torpedoabwehr gedacht waren, wurden höher auf den Aufbauten platziert

USS MAINE

Abmessungen	Länge 98,90 m Breite 17,40 m Tiefgang 6,50 m
Verdrängung	6.682 t
Besatzung	374 Mann
Antrieb	8 Kessel, 2 x N.F. Palmer (drehte sich vertikal), Dreifachexpansions-motoren, 6.930 kW (9.293 PS), 2 Schrauben
Geschwindigkeit	16,45 Knoten
Reichweite	–
Panzerung	Panzergürtel 305 mm, Deck 102 mm, Türme 203 mm, Kommandoturm 254 mm
Bewaffnung	4x 254-mm-, 6x 152-mm-, 7x 6-Pfünder- und 8x 1-Pfünder-Geschütze, 4x 457-mm-Torpedorohre

und eines auf jeder Kampfplattform installiert. Auf dem Hauptdeck gab es zudem vier 457-Millimeter-Torpedorohre. Der ursprüngliche Entwurf sah auch die Mitnahme von zwei Einrohr-Torpedobooten vor. Doch mit diesen wurde das Schiff nie bestückt.

Die *Maine* war auch mit einem Rammbug ausgestattet. Allerdings war die Stahlkonstruktion des Rumpfs für Rammtaktiken ungeeignet. Im Rumpf selbst befanden sich 214 wasserdichte Kammern. Ein in Längsrichtung verlaufendes wasserdichtes Schott trennte die beiden Motorräume, und ein doppelter Boden lag unter dem zentralen Panzerkasten, der aufgrund der weit auseinander liegenden Türme fast zwei Drittel der Schiffslänge ausmachte.

Acht einseitige Schiffskessel, die mit 9,3 bar (135 psi) arbeiteten, versorgten zwei vertikal montierte, umgekehrte Dreifachexpansionsmotoren mit Dampf. Für die elektrische Beleuchtung sowie die Suchscheinwerfer waren zwei Dynamos eingebaut. Ursprünglich sollten die Motoren durch Segel auf drei Masten mit einer Barkentakelung ergänzt werden, aber zwischen Stapellauf und Fertigstellung wurde der dritte Mast entfernt und die anderen militärisch mit Kampfmasten und Signalrahen ausgestattet.

EXPLOSION

Im Jahr 1897 war Kuba noch eine spanische Kolonie, aber ein Unabhängigkeitskampf war im Gange. Im Einklang mit der seit langem etablierten amerikanischen Politik gegen ein europäisches Engagement in amerikanischen Gewässern wurde die *Maine* als bewusste Machtdemonstration nach Havanna geschickt, wo sie am 25. Januar 1898 im Hafen vor Anker ging. Am 15. Februar kam es um 21:40 Uhr zu einer gewaltigen Explosion im vorderen Teil des Rumpfs. Das Schiff blieb als halb untergetauchtes Wrack zurück, wobei 252 Besatzungsmitglieder tot oder vermisst waren. Angesichts der damaligen Spannungen konnte ein Angriff nicht ausgeschlossen werden, und ein US-Untersuchungsgericht entschied, dass die *Maine* von einer Mine in die Luft gesprengt wurde, obwohl unklar war, wie und durch wen. Der Vorfall trug wesentlich zur Beschleunigung des Spanisch-Amerikanischen Kriegs bei, der am 21. April ausbrach. Im Laufe der Jahre wurde die Ursache der Explosion durch weitere Untersuchungen und aufgrund vieler verschiedener Theorien erforscht. Admiral Hyman Rickover kam 1975 in seinem Bericht zu dem Schluss, dass es sich bei der Explosion um eine interne Detonation gehandelt hatte, die höchstwahrscheinlich durch einen Brand im Kohlebunker neben dem Reservemagazin mit 152-Millimeter-Munition verursacht worden war. Dies ist bis heute die wahrscheinlichste Erklärung. Die Überreste der *Maine* wurden gehoben und am 12. März 1914 mit allen Marineehren auf offener See versenkt.

Das teilweise überflutete Wrack der *Maine* lag von 1898 bis 1914 im Hafen von Havanna.

SPANISCH-AMERIKANISCHER KRIEG

Die Zerstörung der *Maine* beschleunigte den drohenden Krieg zwischen den USA und Spanien. Seine beiden Seegefechte gewannen die USA. Die Schlacht in der Bucht von Manila am 1. Mai 1898 wurde zwischen Kreuzern, die Schlacht von Santiago de Cuba am 3. Juli 1898 zwischen vier US-Schlachtschiffen, einem Panzerkreuzer und zwei Hilfskreuzern sowie vier spanischen Kreuzern und zwei Zerstörern ausgetragen. Die US-Schlachtschiffe waren die *Texas*, die *Iowa*, die *Oregon* und die *Indiana*. Die *Oregon* wurde von der Pazifikflotte abberufen und schaffte die Route über Kap Hoorn in 67 Tagen. Während der Reise fing einer ihrer Bunker Feuer (wie es möglicherweise auch auf der *Maine* passierte), das aber gelöscht werden konnte. Die spanischen Schiffe wollten aus dem blockierten Hafen von Santiago fliehen, anstatt sich der überlegenen, feindlichen Streitmacht entgegenzustellen. Die Amerikaner versuchten, dies zu verhindern. Alle sechs spanischen Schiffe wurden von ihren Besatzungen versenkt oder auf Grund gesetzt. Obwohl die amerikanischen Schiffe mehrfach getroffen wurden, erlitten sie keine größeren Schäden, nur ein Mann kam ums Leben.

Indiana (1895) 

Die *Indiana* und ihre beiden Schwesterschiffe waren Klasse-eins-Schlachtschiffe, die ein britischer Experte als „deutlich überlegen gegenüber allen europäischen Schiffen mit vergleichbarer Verdrängung" beschrieb. Aus innenpolitischen Gründen wurden sie teilweise als Küstenkampfschiffe eingestuft.

Der einflussreiche amerikanische Marinestratege Kapitän Alfred Thayer Mahan war der Ansicht, dass die Verteidigung der amerikanischen Küste eine Vorwärtsstrategie erforderte, um eine feindliche Flotte auf See abzufangen. Dazu benötigte man Schlachtschiffe, und Mahans Ansicht wurde im Juli 1889 von einem politischen Ausschuss unterstützt, der den Aufbau einer Schlachtflotte empfahl. Die *Indiana* wurde 1890 vom Kongress genehmigt und als BB1 in der Liste der Großkampfschiffe der US-Marine eingetragen. Sie wurde am 7. Mai 1891 auf der Cramps-Werft in Philadelphia auf Kiel gelegt, am 28. Februar 1893 vom Stapel gelassen und am 20. November 1895 für 6.000.000 US-Dollar in Dienst gestellt.

Wie bei der *Maine* verzögerte sich die Fertigstellung durch die langsame Lieferung der Panzerplatten. Dafür wurden vorläufige Probefahrten auf See durchgeführt, bevor die Panzerung schließlich angebracht und die Kanonen montiert wurden. Der Schutz sollte dem der britischen Royal-Sovereign-Klasse entsprechen. Die Verfügbarkeit von Harvey-Stahl ermöglichte aber ein geringeres Gewicht bei gleichzeitig wirksamerem Schutz für Rumpf und Haupttürme. Die restliche Panzerung bestand aus Nickelstahl. Mit zwei hohen Schornsteinen und einem hohen Einzelmast wirkte die *Indiana* recht erhaben, betont durch einen niedrigen Freibord.

BEWAFFNUNG

Die *Indiana* wie auch ihre Schwesterschiffe *Oregon* und *Massachusetts* waren für ihre Größe schwer bewaffnet und besaßen 330-Millimeter-, 203-Millimeter- und 152- Millimeter-Geschütze. Die Hauptgeschütze waren in Bunkertürmen montiert, die kein Gegengewicht hatten, wodurch das Schiff

Türme
Die Türme mit den 330-Millimeter- und 203-Millimeter-Geschützen erlaubten eine Rundumbeladung – eine Verbesserung gegenüber der europäischen Praxis.

Panzerung
Während der Bauphase der *Indiana* wurde harveyisierter Nickelstahl verfügbar, der für die Panzerung des Gürtels und der Türme zum Einsatz kam.

Lackierung
Die Standardlackierung für US-Schlachtschiffe war zu dieser Zeit ein weißer Rumpf und Aufbauten mit hellbraunen Oberteilen, einschließlich Schornsteinen und Masten.

kippte, wenn alle Geschütze quer gerichtet waren, was auch die Türme selbst instabil machte. Das Problem wurde durch die Rollneigung des Schiffs verschärft, was durch den Einbau von Bilgenkielen teilweise behoben wurde. Der niedrige Freibord führte jedoch dazu, dass die Decks selbst bei gemäßigtem Seegang überschwemmt wurden, insbesondere bei hoher Geschwindigkeit. Die halbschweren 203-Millimeter-Geschütze sollten verstärkte Seitenpanzerungen durchdringen. Diese waren eingeführt worden, um der Wirkung von Sprenggranaten aus schnellfeuernden 152-Millimeter-Geschützen entgegenzuwirken. Der relativ kurze Rumpf verringerte indes die Wirksamkeit im Einsatz.

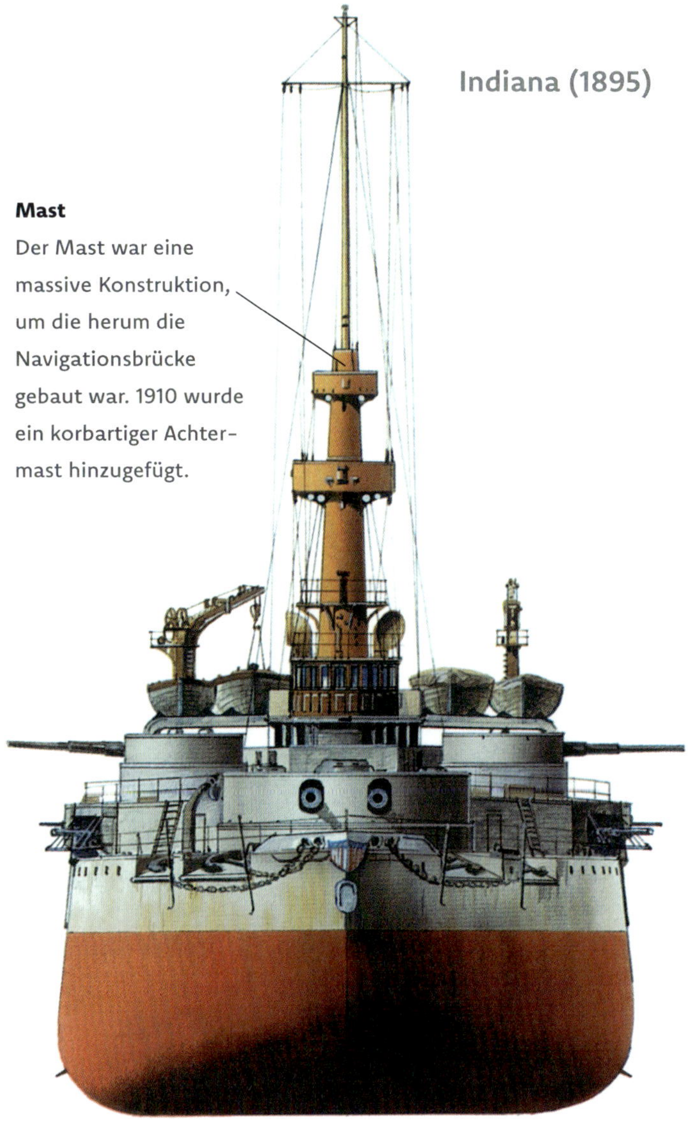

Die *Indiana* wurde als Schlachtschiff Nummer eins klassifiziert, die Schwesterschiffe *Massachusetts* und *Oregon* als Schlachtschiffe Nummer zwei und drei. Ab 1907 wurde die Bezeichnung manchmal als B1, B2 und B3 ausgedrückt. Die Initialen BB wurden ab dem 17. Juli 1920 verwendet.

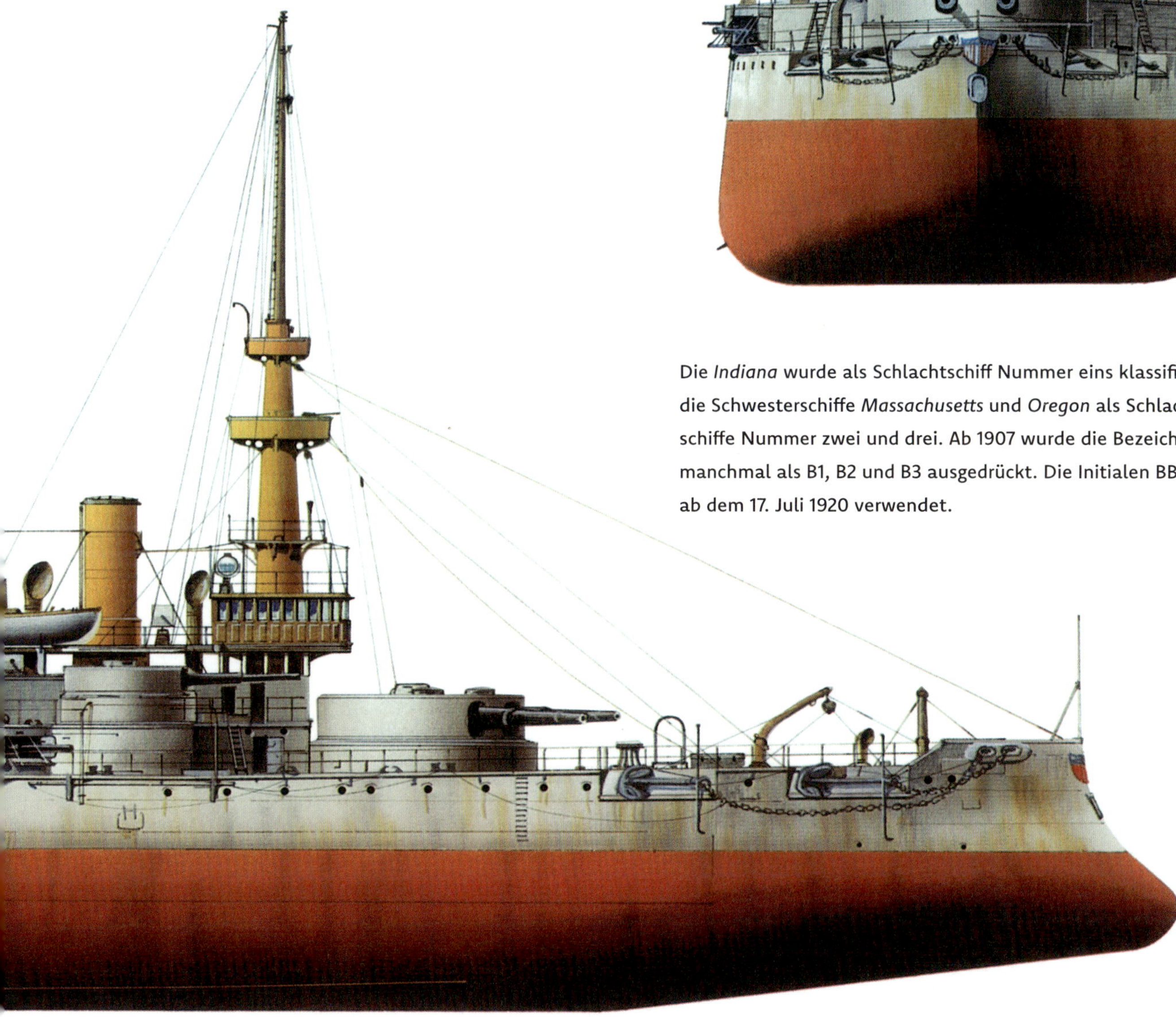

FEUERKRAFT

In den 1890er-Jahren trat das Marinegeschütz in eine rasante Entwicklungsphase ein. Dabei lagen die Schwerpunkte auf einer Verbesserung der Präzision und der Feuergeschwindigkeit. Die Marinen der USA und Großbritanniens waren in dieser Hinsicht führend. Die *Indiana* war für ein Schiff dieser Größe schwer bewaffnet, und die Geschützpositionierung war ein Problem. Kritiker sahen darin eine Folge des Versuchs, zu viele Waffen auf zu wenig Raum unterzubringen. Wenn die 203-Millimeter-Geschütze mehr als 30 Grad von den Hauptwaffen abwichen, hielten die Visierhauben der 330-Millimeter-Geschütztürme durch die Wirkung der Explosion nicht mehr. Das Abfeuern der 203-Millimeter-Kanonen machte auch den Einsatz der 152-Millimeter-Kanonen unmöglich, und einige der 152-Millimeter-Kanonenmündungen mussten geschlossen werden (im Jahr 1911 wurden die 152-Millimeter-Kanonen durch 76-Millimeter-Geschütze ersetzt). Darüber hinaus musste eine große Bandbreite an Munition mitgeführt werden. Obwohl amerikanische Schiffe vielleicht extreme Beispiele waren, war dies ein Merkmal aller Schiffe vor der Dreadnought-Zeit.

SPEZIFIKATION

Die ursprüngliche Spezifikation der *Indiana* erwies sich als unrealistisch, nachdem das Schiff in Dienst gestellt worden war. Die Kohlekapazität war auf 400 Tonnen geschätzt worden, während sie tatsächlich im Normalbetrieb eher 1.600 Tonnen brauchte. Der Entwurf hatte einen Tiefgang von 7,3 Metern vorgesehen, aber nach Fertigstellung führte das erhöhte Gewicht zu 7,8 Metern. Voll beladen mit Kohle, Vorräten und Munition betrug der Tiefgang sogar 8,2 Meter, wodurch der gesamte Panzergürtel unter der Wasserlinie lag und der Freibord abgesenkt wurde, was es zu einem sehr „nassen" Schiff machte. Spätere Schlachtschiffkonstruktionen mussten daher eine normale Beladung von mindestens zwei Dritteln der maximalen Kapazität ermöglichen.

Die *Indiana* wurde zum Nordatlantikgeschwader mit Sitz in Key West entsandt und war im Spanisch-Amerikanischen

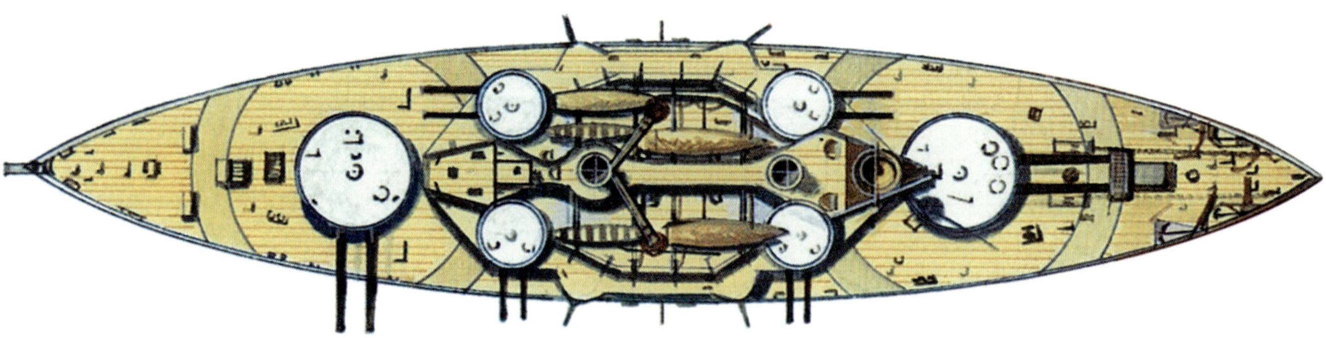

Die schwersten Geschütze befanden sich jetzt auf der Mittellinie. Doch die acht 203-Millimeter-Geschütze, die an den Ecken des zentralen Panzerbereichs platziert waren, führten zur Kritik einer Überbewaffnung des vergleichsweise kleinen Schiffs.

Die *Indiana* in einer Seitenansicht mit ihren vier 330-Millimeter-Geschütztürmen vorn und hinten.

Krieg von 1898 im Einsatz. Dort beschoss sie Küstenziele und war an Abfangmissionen gegen spanische Schiffe beteiligt. Die in San Francisco gebaute und für den Pazifikdienst vorgesehene *Oregon* wurde via Kap Hoorn zur Atlantikflotte geschickt und kehrte dann in den Pazifik zurück.

Am 3. Juli war die *Indiana* Teil der US-Streitkräfte, die die spanischen Zerstörer *Pluton* und *Furor* versenkten, obwohl Motorprobleme sie daran hinderten, zwei entkommende spanische Kreuzer zu verfolgen.

NACHRÜSTUNG

Von Mai 1900 bis März 1901 war das Schiff in Reserve und wurde dann für Schulungsfahrten genutzt. Nach einer Überholung im New York Navy Yard zwischen Dezember 1903 und Januar 1906 ersetzten acht neue Kessel die ursprünglichen vier. Auch die Haupttürme wurden ausbalanciert und mit elektrischem Antrieb ausgestattet. Von 1905 bis 1914 wurde die *Indiana* als Schulschiff genutzt. In dieser Zeit wurden weitere Modernisierungen vorgenommen, darunter der Einbau des für US-Schlachtschiffe typischen Gitterkäfig-Großmasts. Die 152-Millimeter-Geschütze wurden durch 76-Millimeter-Geschütze ersetzt. Auch wurde eine Funkkommunikation installiert.

Die *Indiana* überquerte 1911 den Atlantik nach Queenstown (heute Cobh) in Irland. 1914 wurde sie in Philadelphia erneut zur Reserve gegeben. Als die USA 1917 in den Ersten Weltkrieg eintrat, stellte man sie am 24. Mai wieder in Dienst und setzte sie für die Schussausbildung ein. Im Januar 1919 wurde sie wieder außer Dienst gestellt und der Name entfernt. Als „Küstenkampfschiff Nr. 1“ wurde sie im Folgenden als Ziel zur Beurteilung der Wirkung von Fliegerbomben auf gepanzerte Kriegsschiffe genutzt. 1920 wurde sie im seichten Wasser versenkt, die Überreste 1924 geborgen und zur Verschrottung verkauft.

USS INDIANA (BB1)

Abmessungen	Länge 106,96 m Breite 21,11 m Tiefgang 8,20 m
Verdrängung	10.288 t
Besatzung	473 Mann
Antrieb	4 doppelseitige Kessel, 2 umgekehrte Vertikalkessel, Dreifachexpansionsmotoren, 7.295 kW (9.738 PS), 2 Schrauben
Geschwindigkeit	15,6 Knoten
Reichweite	9.100 km bei 10 Knoten
Panzerung	Panzergürtel 220–460 mm, Deck 76 mm, Haupttürme 380 mm, Kommandoturm 254 mm, Türme 152 mm
Bewaffnung	4x 330-mm-, 8x 203-mm-, 4x 152-mm-, 20x 6-Pfünder-, 6x 1-Pfünder-Geschütze, 4x 457-mm-Torpedorohre

Jauréguiberry (1896)

Schlachtschiffe waren in der französischen Marine umstritten. Einige Strategen und Marinekonstrukteure argumentierten, dass sie als Kriegsschiffe unnötig und sogar veraltet seien. Die Jauréguiberry-Klasse waren die ersten französischen Schlachtschiffe, deren Kanonen in Türmen statt in Barbetten montiert waren.

Das nach dem berühmten Marinekommandanten Bernard Jauréguiberry benannte Schiff wurde offiziell als Cuirassé d'escadres (Geschwader-Schlachtschiff) klassifiziert. Es wurde am 23. April 1891 in La Seyne-sur-Mer auf Kiel gelegt, nach Plänen des Marinearchitekten Amable Lagane gebaut, am 27. Oktober 1893 vom Stapel gelassen und am 30. Januar 1896 in Dienst gestellt. Obwohl die *Jauréguiberry* das erste Schiff einer neuen Klasse mit vier Schwesterschiffen war, hatte sie ein komplett anderes Erscheinungsbild. Das Einzige, was die Schiffe gemeinsam hatten, war die Hauptbewaffnung. Bekannt als „Flotte der Einzelstücke“, waren sie keine besonders erfolgreiche Schiffsgruppe, denn ein weiterer gemeinsamer

Das französische Schlachtschiffdesign hatte einen ganz eigenen Stil, der durch intensive Studien zum Schiffsverhalten gestützt wurde, obwohl diese oft eher theoretischer als praktischer Art waren.

Bewaffnung
Die Geschützlafetten wurden elektrisch betrieben und verfügten über eine Rundumladung.

Gepanzerte Masten
Die gepanzerten Militärmasten verfügten über interne Aufzüge zu den Aussichts-, Kontroll- und Geschützpositionen.

Doppelschrauben
Die *Jauréguiberry* war das letzte Doppelschrauben-Schlachtschiff der französischen Marine, danach wurde auf einen Dreischraubenantrieb umgestellt.

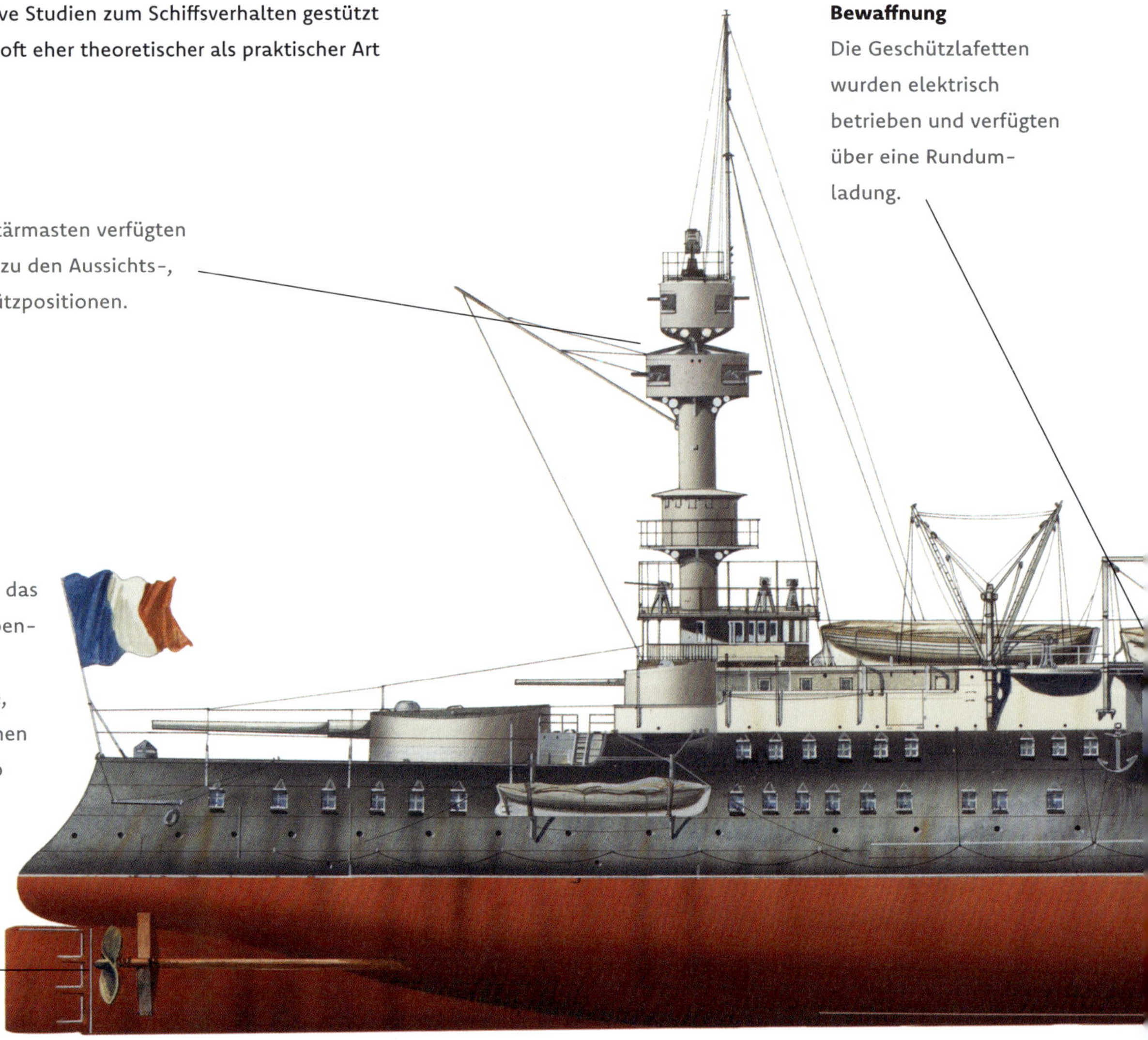

Faktor war ihre Instabilität. Die *Jauréguiberry* wurde dabei noch am intensivsten eingesetzt.

FAKTEN UND DATEN

Die *Jauréguiberry* war sieben Meter kürzer als alle anderen Schiffe dieser Klasse. Die Hauptgeschütze waren an extremen Positionen vorn und hinten platziert. Die Gesamtbreite betrug zwar 23 Meter, aber die gewölbte Tumblehome-Konstruktion des Rumpfs bedeutete, dass das Hauptdeck effektiv relativ schmal war. Zwei massive Schwalbennester direkt hinter dem Achteraufbau trugen zwei 274-Millimeter-Kanonen. Das Schiff war solide mit Nickelstahl von Le Creusot gepanzert, welcher wie ein Gürtel entlang der Wasserlinie und zusätzlich auf einer Fläche darüber rund um das Schiff angebracht

Masten
Die relativ massiven Konstruktionen an den Masten wären bei einem Geschützangriff zu verwundbaren Zielen geworden.

Zuwasserlassen von Booten
Eine der vielen Variationen bei den Schiffen dieser Klasse war die ausgeklügelte, stets modifizierte, aber komplizierte Vorrichtung zum Zuwasserlassen von Booten. Sie war erforderlich, um nicht mit den Tumblehome-Seiten zu kollidieren.

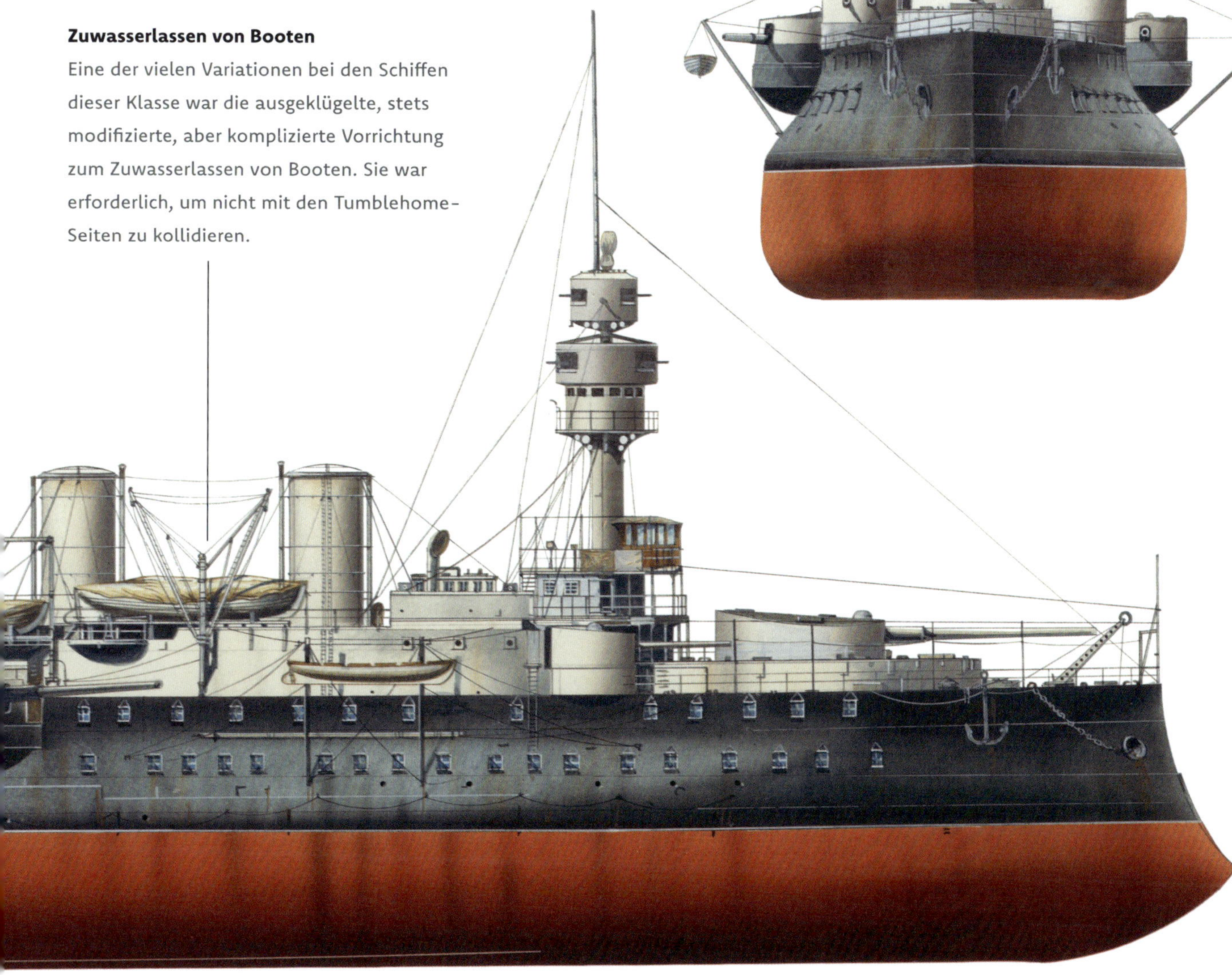

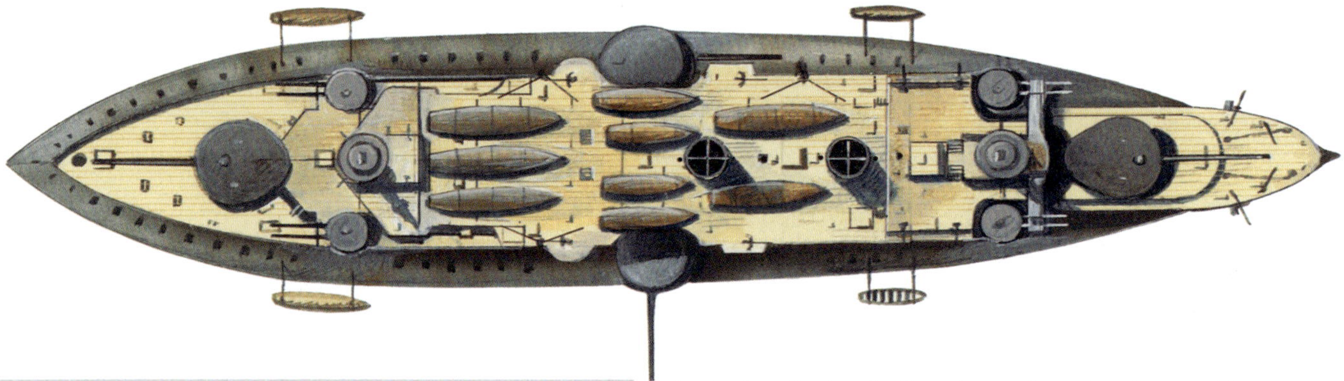

Decksplan: Die *Jauréguiberry* trug auf engstem Raum acht Geschütztürme, die insgesamt mehr als 30 Geschütze unterschiedlicher Größe umfassten.

JAURÉGUIBERRY

Abmessungen	Länge 112,60 m Breite 22,15 m Tiefgang 8,45 m
Verdrängung	max. 12.036 t
Besatzung	597 Mann
Antrieb	24 Lagrafel-d'Allest-Wasserrohrkessel, 2 vertikale invertierte Dreifachexpansionsmotoren, 10.769 kW (14.441 PS), 2 Schrauben
Geschwindigkeit	17,07 Knoten
Reichweite	7.260 km bei 10 Knoten
Panzerung	Wasserliniegürtel 160–400 mm, oberer Rumpf 120–170 mm, Deck 90 mm, Haupttürme 280–370 mm, Verbindungsturm 250 mm
Bewaffnung	2x 305-mm-Geschütze in Einzeltürmen, 2x 274-mm-Geschütze in Einzeltürmen, 8x 138,6-mm-Geschütze in Doppeltürmen, 8x 100-mm- und 16x 3-Pfünder-Geschütze, 4x 457-mm-Torpedorohre

war. Das Panzerdeck wurde im oberen Bereich der Wasserlinie platziert.

Die Positionierung der großen Kanonen gab dem Schiff ein Schussfeld in alle Richtungen, wobei bis zu drei in der Lage waren, eine Breitseite abzufeuern. Der Schusswinkel der 305-Millimeter-Geschütze betrug 250 Grad. Bei einer maximalen Höhe von 15 Grad konnte eine 340 Kilogramm schwere Granate 12.000 Meter weit fliegen, was etwas mehr war als die maximale Reichweite, die für Schiff-zu-Schiff-Geschütze erwartet wurde – Schiffskämpfe in den Jahren vor 1910.

Die Sekundärbewaffnung wurde mit Blick auf die Torpedoabwehr installiert und bestand aus acht 138-Millimeter-Geschützen in Doppeltürmen, die an den vier Ecken des Aufbaus platziert waren. Darüber erhoben sich zwei gewaltige Säulenmasten mit Kampfspitzen und Aussichtsposten. Da beide Schornsteine vor der Mittellinie lagen, wirkte das Schiff wie ein Langheck. Obwohl Lagane ein hochbegabter Schiffskonstrukteur war, geriet die Tumblehome-Form nach dem Untergang russischer Schlachtschiffe der Borodino-Klasse mit ähnlichem Rumpf in Tsushima im Jahr 1905 etwas in Misskredit und wurde nicht fortgeführt.

KATASTROPHENGEFÄHRDET

Die Karriere der *Jauréguiberry* war von einer Reihe kleinerer Katastrophen geprägt. Am 30. Januar 1896 begannen Fahrversuche, wurden jedoch durch ein geplatztes Kesselrohr und Schäden am Zündmechanismus einer der 305-Millimeter-Kanonen gestoppt und erst im Januar 1897 wieder aufgenommen. Dann explodierte im März desselben Jahres die Luftkammer eines Torpedos – glücklicherweise mit nur geringem Schaden. Im Mai wurde das Schiff schließlich zum Flaggschiff der Mittelmeerflotte. Im Februar 1904 wurde es nach Brest und zum Nordgeschwader verlegt und nach einer Havarie an einem Felsen vor Brest beschädigt.

Bei einem Besuch in Portsmouth im Jahr 1905 kollidierte das Schiff mit einem englischen Dampfer und erlitt im selben Jahr durch einen von der *Sagaie* abgefeuerten Torpedo Schaden an seinen Schiffsschrauben. Bei Reparaturen im Jahr 1906 wurden die Torpedorohre entfernt. Im Jahr darauf wurde es in Toulon stationiert und bis April 1908 in der Reservedivision des Mittelmeergeschwaders eingesetzt.

Von da an blieb die *Jauréguiberry* abwechselnd in Brest und Toulon im Einsatz und wurde im Oktober 1913 zum Flaggschiff der Ausbildungsabteilung. Im Ersten Weltkrieg war sie das älteste französische Schlachtschiff, das noch aktiv war. Das Schiff wurde im Mittelmeer eingesetzt, zunächst

Die *Jauréguiberry* und ihre Schwesterschiffe wurden bewusst so gestaltet, dass sie wie schwimmende Stahlfestungen aussahen. Dies hatte zur Folge, dass der Platz an Deck im Vergleich zu anderen Schlachtschiffen stark eingeschränkt war.

als Truppentransporter und Eskorte. Von März bis August 1915 war es französisches Flaggschiff im Gallipoli-Feldzug. Es beschoss Küstenfestungen und erlitt geringfügigen Schaden. Anschließend wurde es in Port Said stationiert, um den Suezkanal zu verteidigen, bis es 1917 außer Dienst gestellt wurde. Zwei der 305-Millimeter-Geschütze wurden ausgeschifft und zur Kanalverteidigung zurückgelassen. Am 6. März 1919 kehrte die *Jauréguiberry* zur Entwaffnung nach Toulon zurück und wurde am 20. Juni 1920 von der Liste aktiver Schiffe gestrichen. Bis 1932 wurde sie als Unterkunftsschiff für Ingenieure in Toulon genutzt, bis sie schließlich im Juli 1934 zur Verschrottung verkauft wurde.

NEUE SCHIFFE

Ab Mitte der 1880er-Jahre wurden etwa zehn Jahre lang keine neuen Schlachtschiffe für die französische Marine gebaut. Das war auf den Einfluss der sogenannten Jeune École (junge Schule) der Designer zurückzuführen. Ihrer Ansicht nach war der Kreuzer das Schiff, auf das man sich konzentrieren sollte, und nicht das Schlachtschiff, das sie für veraltet, zu teuer, zu langsam und zu anfällig für Torpedoangriffe hielten. Da die Briten, die Deutschen, die Russen und die Amerikaner jedoch weiterhin Schlachtschiffe bauten, gaben auch die Franzosen schließlich wieder Schlachtschiffe in Auftrag. Ab 1895 erschien eine Reihe von Schiffen mit unverwechselbarem und individuellem Erscheinungsbild. Bestimmte grundlegende Merkmale waren allen gemeinsam, darunter die rautenförmige Anordnung der großen Kanonen in einzelnen Türmen. Dabei waren die vorderen und hinteren sehr nahe an Bug und Heck platziert, was bis 1903 beibehalten wurde. Alle hatten massive Rammbögen und schwere Masten. Die *Jauréguiberry* verfügte bei ihrer Fertigstellung über viele moderne Ausstattungsmerkmale, darunter Wasserrohrkessel, befand sich aber bei Kriegsausbruch 1914 in einem schlechten Zustand.

Kearsarge (1900) 

Mit einem bereits berühmten Namen wurde die *Kearsarge* als Mitglied der „Großen Weißen Flotte“ von Präsident Theodore Roosevelt zu einem der bekanntesten amerikanischen Kriegsschiffe. Aber sie hatte auch eine wertvolle spätere Aufgabe.

Die erste *Kearsarge*, eine Schraubenschaluppe, versenkte im amerikanischen Bürgerkrieg am 19. Juni 1864 das Handelsschiff *Alabama* der Konföderierten. Das nächste Schiff gleichen Namens, auf der Liste der Navy als BB5 geführt, wurde am 30. Juni 1896 bei Newport News Shipbuilding Co. auf Kiel gelegt, am 24. März 1898 vom Stapel gelassen und am 20. Februar 1900 fertiggestellt. Sie kostete 1.849.380 US-Dollar.

Der Freibord war 0,9 Meter höher als bei der *Indiana* – was zeigt, dass einige Lehren gezogen worden waren, aber die nominale Kohlekapazität betrug immer noch nur 500 Tonnen. Die Seitenpanzerung wurde auf 381 Millimeter verstärkt, und das gepanzerte Deck fiel von der Oberseite des Hauptgürtels zu den Enden hin ab. Eine lange, zentrale Kasematte trug auf jeder Seite sieben 127-Millimeter-Kanonen amerikanischer Bauart: Die harveyisierte 152-Millimeter-Stahlpanzerung sollte feindlichen 152-Millimeter-Granaten widerstehen, die aus einer Entfernung von 914 Metern abgefeuert wurden. Splitterschotte aus 50 Millimeter dickem Stahl trennten die einzelnen Geschützkammern innerhalb der Kasematte.

INNOVATIONEN

Zu den Innovationen des Schiffs gehörte eine 102 Millimeter starke Bugpanzerung. Ein weiterer Punkt war der Einbau

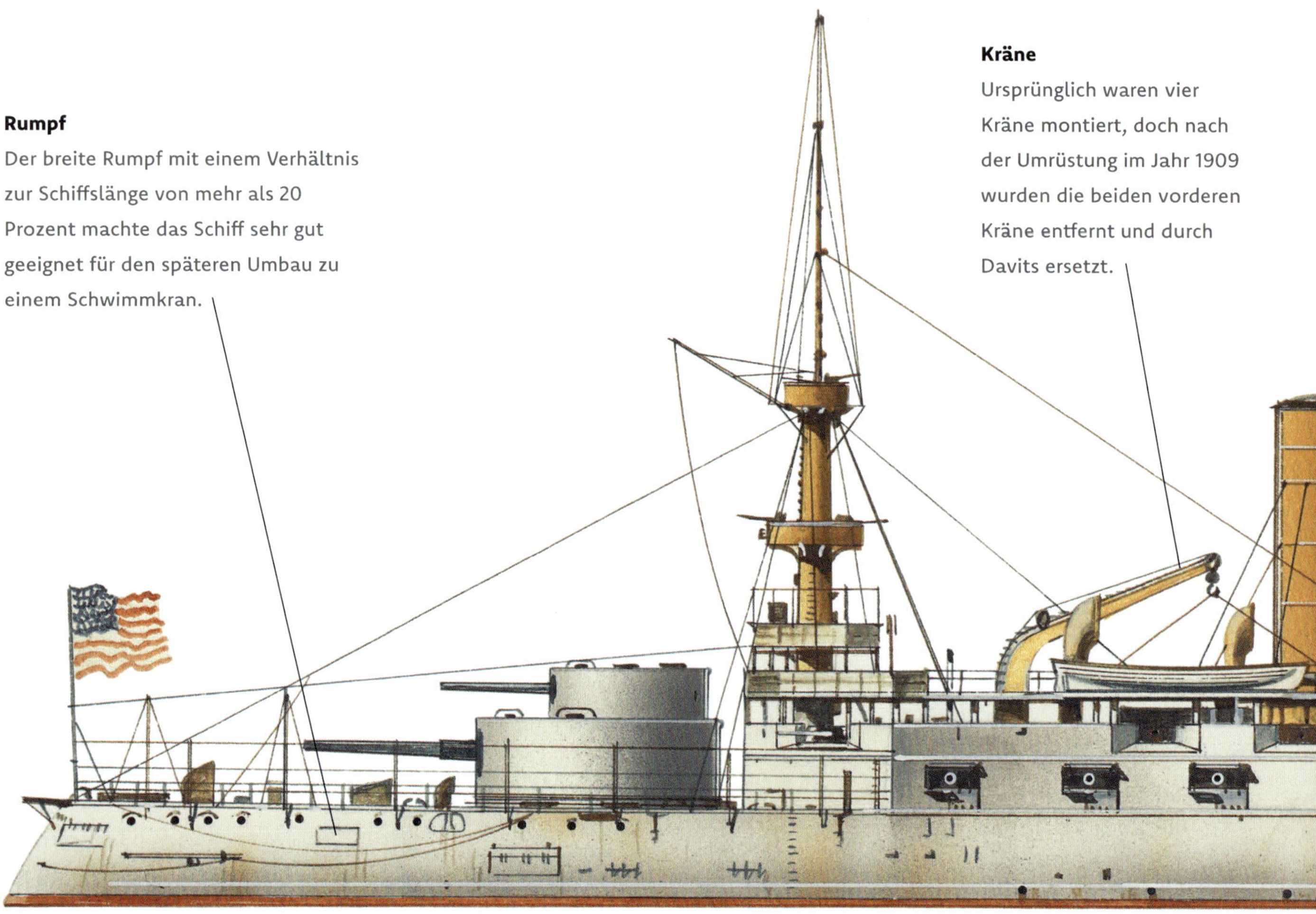

Rumpf
Der breite Rumpf mit einem Verhältnis zur Schiffslänge von mehr als 20 Prozent machte das Schiff sehr gut geeignet für den späteren Umbau zu einem Schwimmkran.

Kräne
Ursprünglich waren vier Kräne montiert, doch nach der Umrüstung im Jahr 1909 wurden die beiden vorderen Kräne entfernt und durch Davits ersetzt.

Die *Kearsarge* in ihrer ursprünglichen Form. Die beiden Doppeltürme vorn und hinten drehten sich als Einheit. Die Sekundärbatterie mittschiffs ist hervorstechend.

Kasematte
Ein besonderes Merkmal war die Kasematte mit sieben Kanonen auf jeder Seite. Zwischen den Waffenabteilen war ein Splitterschutz vorhanden.

Masten
Bei der Sanierung im Jahr 1909 wurden die hohen Mastbäume durch Korbmasten ersetzt.

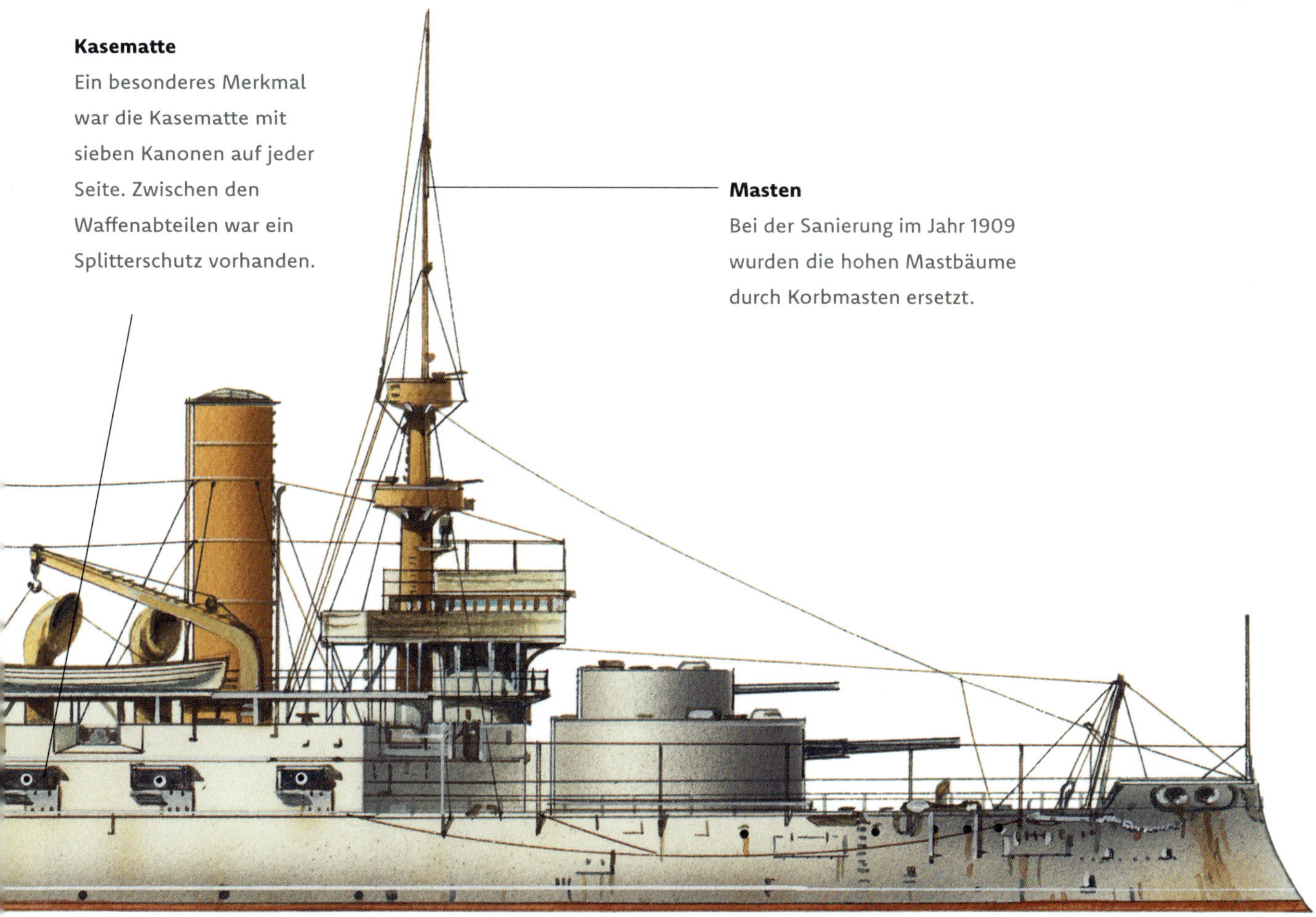

USS KEARSARGE (BB5)

Abmessungen	Länge 114,40 m Breite 22,02 m Tiefgang (geplant) 7,16 m
Verdrängung	11.540 t
Besatzung	553 Mann
Antrieb	2 vertikale Dreifachexpansions-motoren, 7.457 kW (10.000 PS), 2 Schrauben
Geschwindigkeit	16 Knoten
Reichweite	5.556 km bei 10 Knoten
Panzerung	Panzergürtel 127–419 mm, Haupttürme 381–432 mm, Aufbauten 15–279 mm, Verbindungsturm 254 mm, Barbetten 318–381 mm
Bewaffnung	4x 330-mm-, 4x 203-mm-, 4x 152-mm-, 20x 6-Pfünder- und 8x 1-Pfünder-Geschütze, 4x 457-mm-Torpedorohre

einer leistungsstarken Sekundärbewaffnung, bestehend aus vier 203-Millimeter-Geschützen. Deren Türme waren direkt auf den 330 Millimeter großen Haupttürmen platziert. Das löste zwar das Problem, wo sie platziert werden konnten, bedeutete jedoch, dass nicht beide Geschütztürme gleichzeitig feuern konnten.

Vorteilhaft waren die gemeinsame Nutzung von Barbette und Hebekran sowie die Kontrolle beider Türme durch einen einzigen Offizier. Zu den Nachteilen gehörte jedoch das hohe Gewicht der Hauptturmlager und die Gefahr, dass alle vorderen Geschütze durch einen Treffer außer Gefecht gesetzt wurden. Obwohl später leichte Geschütze häufiger auf schweren Türmen platziert wurden, sollte das Experiment mit den doppelstöckigen schweren und halbschweren Geschützen nicht wiederholt werden. In Marinekreisen hatte es laut einer zeitgenössischen Zeitung „eine lange, wissenschaftliche und manchmal erbitterte Diskussion" über die Platzierung sowie die jeweiligen Vorzüge und Nachteile von 305-Millimeter- und 330-Millimeter-Geschützen gegeben. Aber das größere Geschütz hatte eine Durchschlagskraft, die nach Schätzungen des Bureau of Ordinance um 30 Prozent stärker war (die Schlagkraft einer Granate steigt um mindestens die dritte Potenz der Vergrößerung des Kalibers). In Tests durchschlug das 330-Millimeter-Geschütz eine 356-Millimeter-Panzerung aus über 1.370 Meter Entfernung, während die 305-Millimeter-Granaten keinen Durchschlag schafften.

Eine Heckansicht der *Kearsarge* mit dem ursprünglichen Achtermast mit seinen offenen Kampfspitzen und wehenden Flaggen. Unter der unteren Plattform sind zwei Suchscheinwerfer angebracht.

Für viele ausländische Beobachter waren amerikanische Schlachtschiffe für ihre Größe weiterhin überbefeuert. Die *Kearsarge* bot ein eher strenges Erscheinungsbild mit den langen, leeren Seiten der Kasematte und zwei hohen, dünnen Schornsteinen zwischen den Masten.

JAHRELANGE AKTIVITÄT

Die *Kearsarge* (übrigens das einzige US-Schlachtschiff, das nicht nach einem Staat benannt war) wurde als Flaggschiff des Nordatlantikgeschwaders eingesetzt. Im Sommer 1903 diente sie als Flaggschiff eines Spezialgeschwaders bei einem Flottenbesuch in europäischen Ländern, darunter in Großbritannien und Deutschland. Am 1. Dezember verließ sie New York in Richtung Guantanamo auf Kuba, um dort den US-Stützpunkt offiziell zu übergeben. Weitere freundliche Besuche fanden im Juni und Juli 1904 in Spanien und Griechenland statt. Die *Maine* übernahm am 31. März 1905 die Rolle des Flaggschiffs im Atlantik, aber die *Kearsarge* blieb bei der Flotte, bis sie sich der „Großen Weißen Flotte" anschloss, die zwischen dem 16. Dezember 1907 und dem 22. Februar 1909 der Welt die amerikanische Flagge (und Amerikas neue Seestärke) präsentierte.

Im September 1909 begann ein langer Modernisierungsprozess auf der Philadelphia Navy Yard, und die *Kearsarge* wurde erst am 23. Juni 1915 wieder in Dienst gestellt, erneut bei der Atlantikflotte. Während einer Operation zwischen dem 28. September 1915 und dem 5. Januar 1916 brachte sie Marinesoldaten nach Veracruz, Mexiko. Vom 4. Februar bis April 1917 war sie Reserveschiff, diente dann als Schulschiff und patrouillierte gleichzeitig an der Ostküste zwischen Massachusetts und Florida.

NEUE ROLLE

Am 10. Mai 1920 wurde die *Kearsarge* außer Dienst gestellt und mit dem Umbau in ein Kranschiff begonnen. Der Aufbau wurde durch einen riesigen 250-Tonnen-Drehkran für Werftarbeiten und Bergung ersetzt. Am Rumpf wurden „Blasen" angebracht, um die Stabilität beim Anheben zu verbessern. In dieser Funktion hob die *Kearsarge* das gesunkene U-Boot *Squalus*, das am 23. Mai 1939 vor der Küste von New Hampshire gesunken war.

Der Schiffsname wurde zwar am 6. November 1941 auf einen neuen Flugzeugträger übertragen, aber neu benannt als *Crane Ship No. 1* diente sie auch nach 1945 weiter: Zunächst in San Francisco, dann in Boston, wo sie schließlich am 22. Juni 1955 ausgemustert und am 9. August als Schrott verkauft wurde.

TIEFGANG

In der amerikanischen Marinetradition erinnerte man sich gern an die schwer bewaffnete Fregatte, die mit einem relativ kleinen Rumpf einen großen Durchschlag schaffte. Doch bei den Marineplanern spielten bei der *Kearsarge* aktuellere Überlegungen eine Rolle. Die Beziehungen zu Mexiko und anderen amerikanischen Staaten waren im Jahr 1900 von größerer Bedeutung als eine globale Strategie. Daher wurde der Tiefgang der *Kearsarge* auf 7,16 Meter begrenzt, um Operationen in flachen Gewässern vor Mexiko zu ermöglichen. Wenn das Schiff, einschließlich Kohle, bis zu seiner maximalen Kapazität von 1.590 Tonnen beladen war, hätte es diese Grenze zweifellos überschritten. Die Tiefgangsbeschränkung wurde daher letztendlich aufgehoben, trug jedoch zur Konstruktion mit zwei Türmen bei, um beim Gesamtgewicht zu sparen, auch wenn der Rumpf an diesen Stellen stark beansprucht wurde. Erst mit der 20.000 Tonnen schweren Delaware-Klasse, die 1907 auf Kiel gelegt und 1910 fertiggestellt wurde, überschritt der Tiefgang eines Schlachtschiffs der US-Marine 7,47 Meter.

Mikasa (1902)

Sie war das Flaggschiff von Admiral Heihachiro Togo und Japans größtes Schlachtschiff im Russisch-Japanischen Krieg von 1905. Die in Großbritannien gebaute *Mikasa* war an zwei erbitterten Schlachten im Gelben Meer sowie bei Tsushima beteiligt. Später versenkt und wieder gehoben, ist sie das einzige überlebende Schlachtschiff aus der Zeit vor der *Dreadnought*.

Im Jahr 1898 startete Japan ein umfassendes Programm zur Flottenvergrößerung, obwohl es nur begrenzte Möglichkeiten für den Bau von Großkampfschiffen gab. Diplomatische Spannungen mit Russland nach dem Krieg zwischen Japan und China in den Jahren 1894 bis 1895 waren ein Hauptgrund für den Aufbau, zu dessen Bedarf sechs Schlachtschiffe gehörten. Die *Mikasa* wurde bei der Vickers-Werft in Barrow in Furness, England, bestellt, am 24. Januar 1899 auf Kiel gelegt, am 8. November 1900 vom Stapel gelassen und am 1. März 1902 als größtes und leistungsstärkstes Schlachtschiff der kaiserlichen Marine in Dienst gestellt. Die Gesamtkosten beliefen sich auf 880.000 Pfund.

DESIGN UND SPEZIFIKATION

Der Entwurf war eine erweiterte Version der Majestic-Klasse der Royal Navy, deren Pläne aus den Jahren 1897 und 1898 stammten. Ein leicht erhöhtes Vorschiff thronte über einem

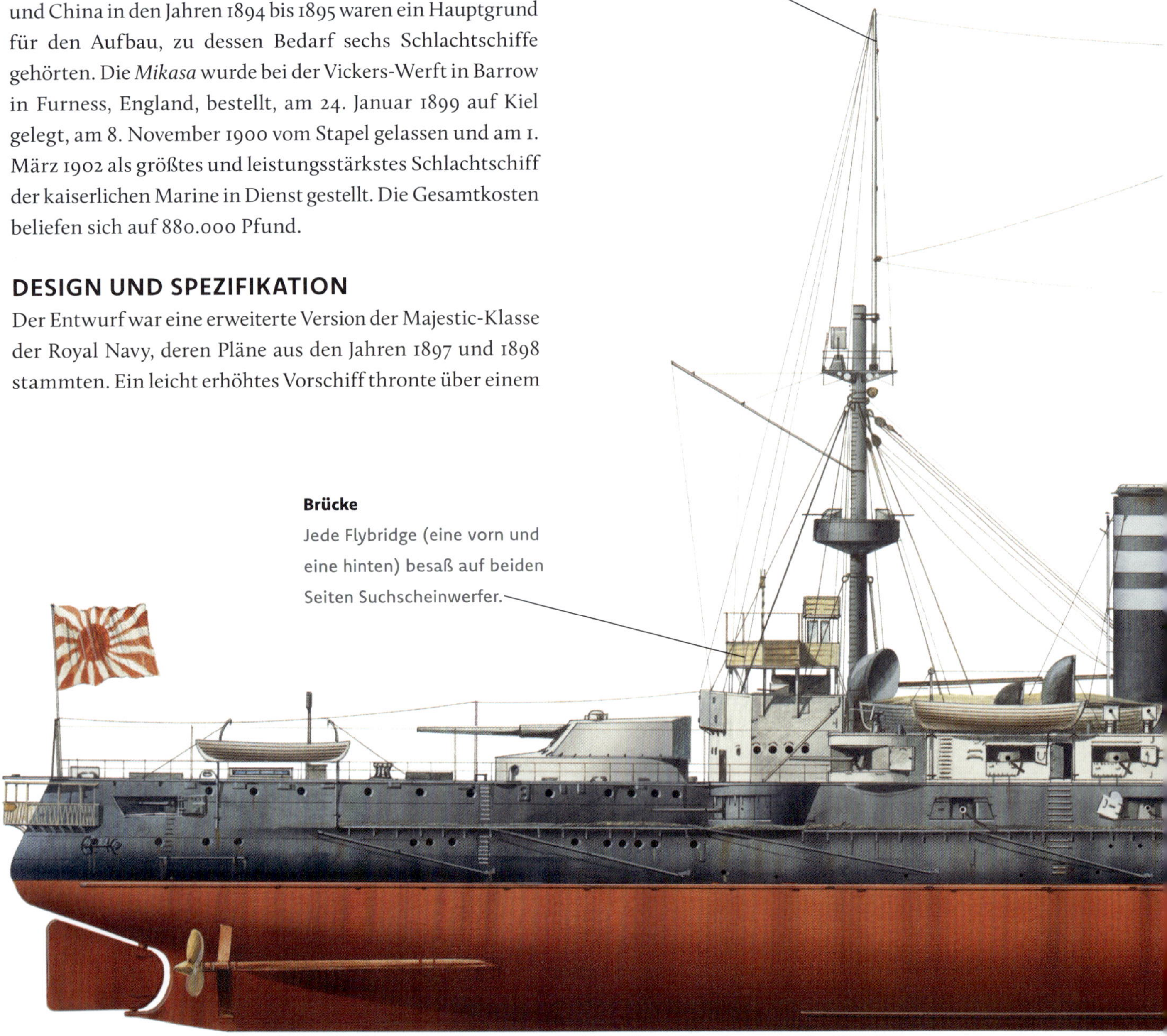

Die *Mikasa* war das zweite von drei Schiffen der Asahi-Klasse, die alle zwischen 1900 und 1902 auf britischen Werften gebaut wurden. Im Allgemeinen waren sie den „Pre-Dreadnoughts“ der britischen Majestic-Klasse sehr ähnlich im Design.

Lackierung
Die *Mikasa* ist im erhaltenen Zustand in Schlachtschiffgrau lackiert. Die hier gezeigte Lackierung mit den dreifach gestreiften Schornsteinen wurde für die ursprüngliche Fertigstellung bestellt.

Emblem
Das Emblem auf dem Bug ist das japanische Kaisersymbol der Chrysantheme.

FUNKKOMMUNIKATION IN TSUSHIMA

Der Funk wurde sehr schnell zu einem lebenswichtigen Bestandteil des Betriebssystems eines Großkampfschiffs. Frühe Schiff-zu-Schiff-Funkgeräte konnten Nachrichten per Morsecode über eine Entfernung von 80 Kilometern übertragen, zunächst jedoch nur auf Basis der Eins-zu-eins-Kommunikation. So wurde die Nachricht „Feindliches Schiff in Sicht" vom Hilfskreuzer *Shinano Maru* an den Kreuzer *Itsukushima* und dann an den drahtlosen Telegrafierraum im hinteren Aufbau der *Mikasa* weitergeleitet. Admiral Togo konnte die Position und Richtung der russischen Schiffe mit einer Präzision ermitteln, die bisher nur aus nächster Nähe möglich war. Tsushima war die erste Seeschlacht, in der drahtlose Kommunikation eine bedeutende Rolle spielte. Beide Seiten setzten diese Kommunikation ein: Die Japaner nutzten ihr eigenes System, die Russen deutsche Telefunken-Geräte. Die britische Royal Navy führte ab 1900 die drahtlose Kommunikation ein. 1907 war die amerikanische „Große Weiße Flotte" mit Funktelefonen ausgestattet. Diese waren jedoch wirkungslos und wurden aufgegeben, bis 1916 ein neues System eingeführt wurde.

Rammbug, und seine vier 305-Millimeter-Geschütztürme waren in Barbetten an jedem Ende einer Kasematte montiert, die zehn 152-Millimeter-Geschütze beherbergte. Eine obere Ebene war mit weiteren vier 152-Millimeter- und 20 Zwölf-Pfünder-Geschützen bewaffnet, von denen vier auf den 152-Millimeter-Türmen montiert waren. Acht Drei-Pfünder-, vier 2,5-Pfünder- und acht mehrläufige Maxim-Maschinengewehre vervollständigten die Batterien. Zudem waren vier 457-Millimeter-Torpedorohre vorhanden. Die 305-Millimeter-Geschütze waren von Vickers selbst entworfen und hatten typisch britische Türme mit schrägen Flächen und Dächern, durch die gepanzerte Visierhauben ragten.

Zusätzlich wurden vier in Schottland hergestellte FA3-Koinzidenzentfernungsmesser von Barr & Stroud mit einer Reichweite von bis zu 7.315 Metern eingebaut, und die Geschütztürme hatten Visiere mit 24-facher Vergrößerung. Die Stahlplatten waren mit einer Krupp-Zementpanzerung versehen, die Harveyised-Nickelstahl als widerstandsfähigsten Schutz abgelöst hatte. Das innere Panzerdeck neigte sich vorn und hinten nach unten, um die Ruderanlage abzudecken. Die *Mikasa* verfügte über zwei Masten, die mit Ladegeschirr und Funkantennen ausgestattet waren.

RUSSISCH-JAPANISCHER KRIEG

Das Angriffs- und Verteidigungsvermögen der *Mikasa* wurde im Russisch-Japanischen Krieg (1904 bis 1905) auf eine harte Probe gestellt – ein Feldzug, der von den anderen Seemächten mit großem Interesse verfolgt wurde, da es seit Jahrzehnten keine größere Seeschlacht mehr gegeben hatte.

Am 10. August 1904 verwickelte die japanische Flotte unter der Führung von Admiral Heihachiro Togo mit der *Mikasa* als Flaggschiff die russische Pazifikflotte in die schnelle Schlacht im Gelben Meer. Es wurden keine Schiffe versenkt, aber die Russen wurden in den Schutzhafen von Port Arthur getrieben. Die *Mikasa* erlitt etwa 20 Granateneinschläge, der hintere Hauptturm war außer Gefecht gesetzt und die

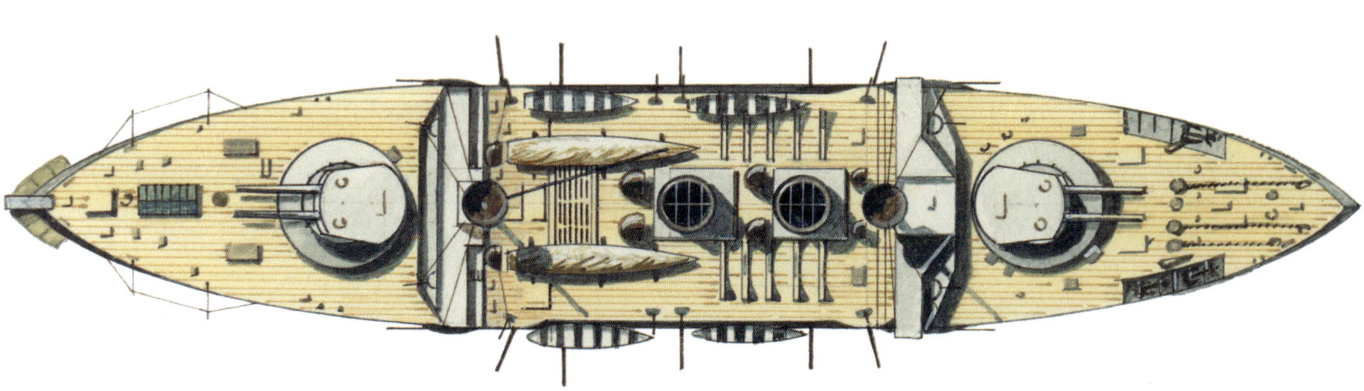

Deckplan der *Mikasa*: Die Ankerketten kamen auf dem offenen Vorderdeck heraus. Am Fockmast (Steuerbordseite) war außerdem ein Ladebaum montiert.

Funkanlage ging verloren, aber ihre Maschinen blieben unbeschädigt.

Neun Monate später, als die Russen ihre Ostseeflotte über 33.000 Kilometer in den Pazifik geschickt hatten, fand am 27. und 28. Mai 1905 in den Gewässern zwischen Japan und Korea die große Schlacht von Tsushima statt. Die *Mikasa* war erneut Togos Flaggschiff. Während die Japaner nur vier Schlachtschiffe gegen die acht der Russen hatten, verfügten sie über eine viel größere Anzahl an Kreuzern, Zerstörern und Torpedobooten – insgesamt 89 Schiffe gegen 28. Das Ergebnis war ein Sieg im Nelson-Maßstab für Togo. Sieben russische Schlachtschiffe und 14 weitere feindliche Schiffe wurden versenkt, wobei drei eigene Torpedoboote verloren gingen. Obwohl die *Mikasa* rund 40 Treffer einstecken musste, darunter zehn aus 305-Millimeter-Geschossen, entstand kein größerer Schaden.

Tsushima war die erste Schlacht, in der die Funkkommunikation zwischen Schiffen wichtig war. Sie zeigte auch den Wert schwerer Geschütze und den Beschuss auf große Entfernung (mit Entfernungsmessern zur Führung der Geschütze) sowie die Rolle der Geschwindigkeit. Die Sekundärbewaffnung eines Schlachtschiffs mit 203-Millimeter- oder 152-Millimeter-Kanonen erwies sich als unwirksam, möglicherweise sogar als schädlich für einen erfolgreichen Kampf. Es waren die 305-Millimeter-Geschütze, die auf relativ große Entfernungen feuerten und die den Ausschlag gaben.

EXPLOSION UND UNTERGANG

Nur wenige Wochen später brach an Bord der *Mikasa*, als sie am Stützpunkt Sasebo vor Anker lag, ein Feuer aus. Infolge einer Explosion sank sie am 11. September in relativ flachem Gewässer, wobei 339 Besatzungsmitglieder ums Leben kamen. Am 8. August 1906 konnte das Schiff wieder flott gemacht werden und wurde im Maizuru Naval Arsenal repariert, bis es 1908 wieder in den aktiven Dienst gestellt wurde. Es erhielt neue 305-Millimeter-Kanonen mit Kaliber 45, die ihre Granaten schneller und weiter abfeuerten. Das Schiff blieb im aktiven Dienst, obwohl sein Status zunehmend reduziert wurde, bis es am 1. September 1921 als Küstenverteidigungsschiff erster Klasse eingestuft wurde. Kurz darauf strandete es vor der russischen Küste und unterstützte gleichzeitig aber noch die japanischen Streitkräfte, die in Russlands postrevolutionärem Bürgerkrieg intervenierten. Obwohl das Schiff repariert wurde, bedeutete dies das Ende des aktiven Diensts der *Mikasa*. Sie wurde Ende 1921 außer Dienst gestellt. Seit 1925 dient sie als Museumsausstellungsschiff in Yokosuka (restauriert 1958 bis 1961).

MIKASA

Abmessungen	Länge 131,70 m Breite 23,20 m Tiefgang 8,28 m
Verdrängung	15.200 t
Besatzung	830 Mann
Antrieb	25 Belleville-Wasserrohrkessel, 2 vertikale Dreifachexpansionsmotoren, 11.185 kW (15.000 PS), 2 Schrauben
Geschwindigkeit	18 Knoten
Reichweite	13.000 km bei 10 Knoten
Panzerung	Panzergürtel 102–229 mm, Schotten 305 mm, Deck 76 mm, Barbetten 254–356 mm, Haupttürme 203–254 mm, Kasematten und Magazin 152 mm
Bewaffnung	4x 305-mm-, 14x 152-mm-, 20x 12-Pfünder-, 8x 3-Pfünder-, 4x 2,5-Pfünder-Geschütze, 4x 457-mm-Torpedorohre

Die *Mikasa* im Trockendock auf der Werft der Royal Navy in Portsmouth, Anfang 1902, bevor sie sich auf die Reise zur kaiserlichen japanischen Marine machte.

Zessarewitsch (1903)

Die *Zessarewitsch* (Kronprinz) wurde in Frankreich gebaut und ähnelte mit nach außen gewölbten Seiten und großen gepanzerten Kampfspitzen in den Masten stark den französischen Schlachtschiffen dieser Zeit. Sie überlebte das Ende der Zarenzeit und erhielt unter dem Sowjetregime den Namen *Graschdanin*.

Da Russland drei weit voneinander entfernte Küsten schützen musste, benötigte es eine große Seestreitmacht. Die meisten seiner Schlachtschiffe wurden in russischen Werften gebaut, aber zwei der Schiffe, die gegen die Japaner kämpften, wurden im Ausland gebaut: die *Retvisan* in Philadelphia und die *Zessarewitsch* (englische Schreibweise: Tsessarevich) in La Seyne-sur-Mer, Frankreich.

Das Schiff wurde am 7. August 1899 auf Kiel gelegt, am 23. Februar 1901 vom Stapel gelassen und am 3. September 1903 in Dienst gestellt. Obwohl das russische Marinetechnik-Komitee eine eigene Spezifikation erstellt hatte, war der

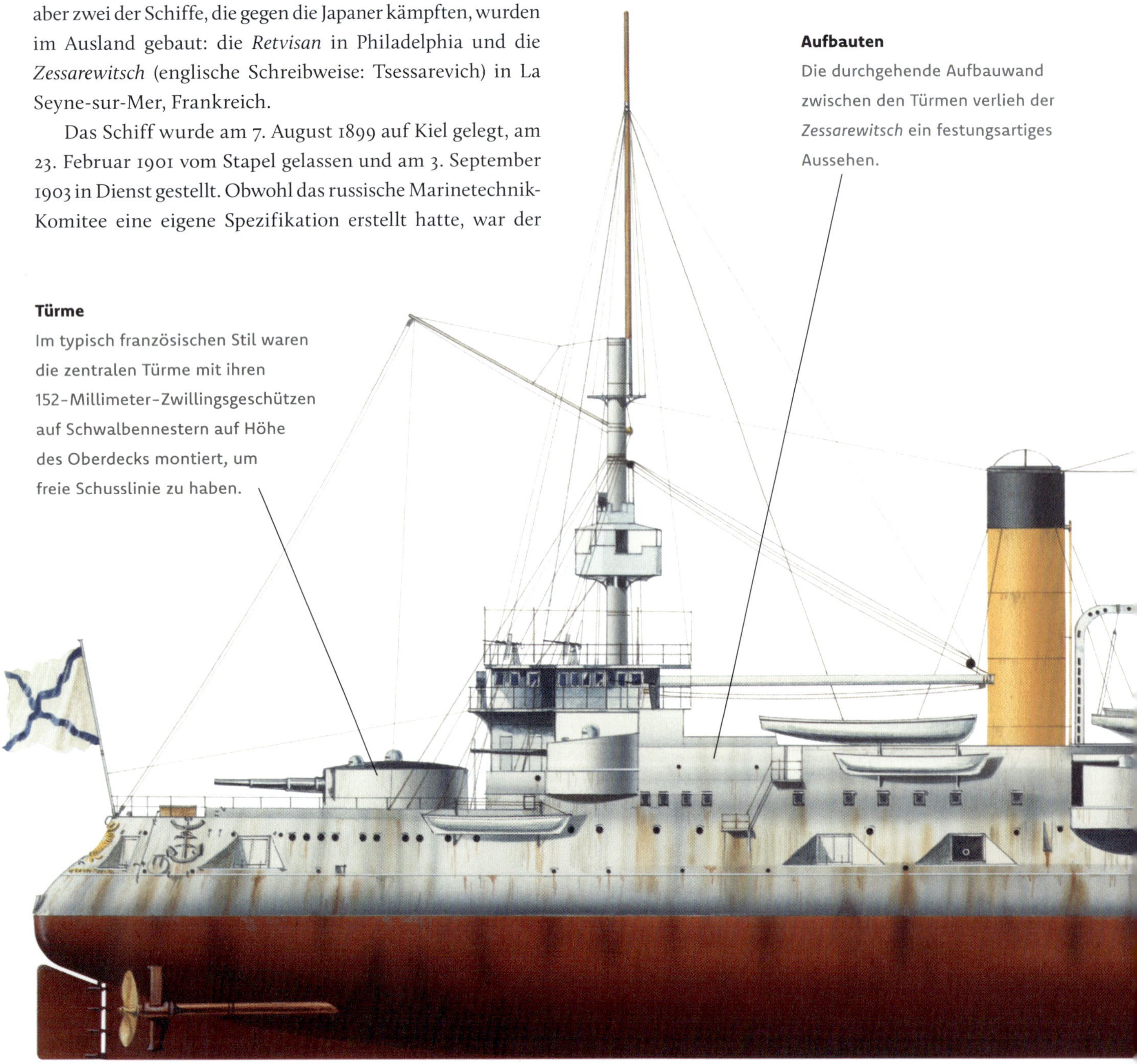

Aufbauten
Die durchgehende Aufbauwand zwischen den Türmen verlieh der *Zessarewitsch* ein festungsartiges Aussehen.

Türme
Im typisch französischen Stil waren die zentralen Türme mit ihren 152-Millimeter-Zwillingsgeschützen auf Schwalbennestern auf Höhe des Oberdecks montiert, um freie Schusslinie zu haben.

Die *Zessarewitsch* nahm nicht an der Schlacht von Tsushima (1905) teil und erfuhr nach der verheerenden russischen Niederlage zahlreiche Veränderungen.

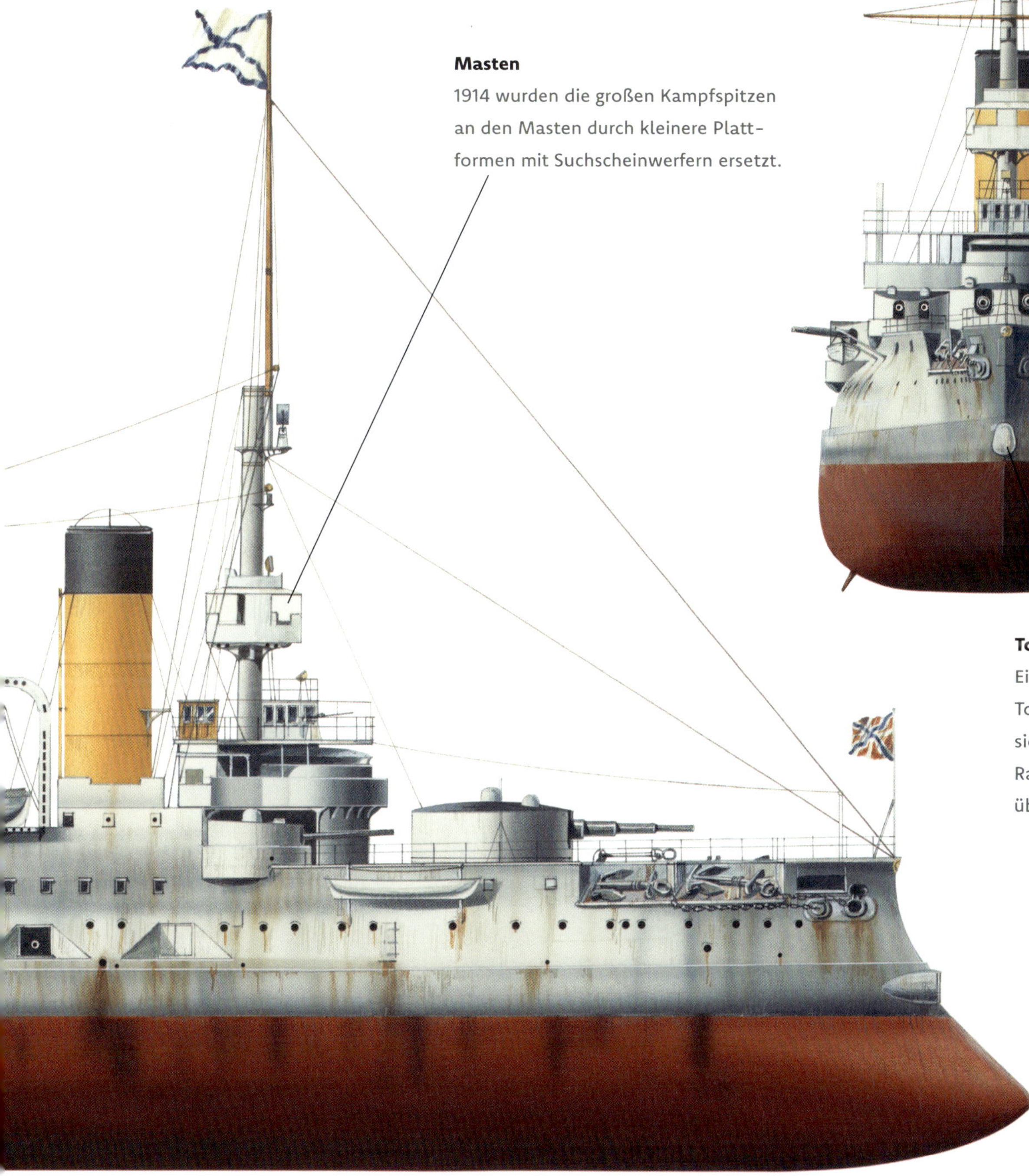

Masten
1914 wurden die großen Kampfspitzen an den Masten durch kleinere Plattformen mit Suchscheinwerfern ersetzt.

Torpedorohr
Eines der vier Torpedorohre befand sich oberhalb des Rammbugs, knapp über der Wasserlinie.

Die außergewöhnlich hohen Schornsteine, die breiten Rahen und die gewölbten Seitenwände der *Zessarewitsch* hinterließen bei ihrem Besuch in Portsmouth (1913) einen starken Eindruck.

ZESSAREWITSCH

Abmessungen	Länge 118,50 m Breite 23,20 m Tiefgang 8,50 m
Verdrängung	12.915 t
Besatzung	779 Mann
Antrieb	20 Belleville-Kessel, 2 vertikale Dreifachkessel, Expansionsmotoren, 12.155 kW (16.300 PS), 2 Schrauben
Geschwindigkeit	18 Knoten
Reichweite	10.186 km bei 10 Knoten
Panzerung	Panzergürtel 150–230 mm, Deck 57 mm, Haupttürme 254 mm, Sekundärtürme 150 mm, Kommandoturm 254 mm
Bewaffnung	4x 305-mm-, 12x 152-mm-, 16x 75-mm-, 4x 47-mm-Geschütze, 6x 457-mm-Torpedorohre

Entwurf stark von der französischen Bauweise beeinflusst. Auf der gleichen Werft war auch die *Jauréguiberry* entstanden. Der dortige Chefkonstrukteur Lagane baute folglich ein Schiff nach sehr ähnlichen Grundsätzen, wenn auch größer, mit einem gewölbten Tumblehome-Rumpf und einem schmalen Aufbau. Dieser ermöglichte es, mit auf Schwalbennestern montierten Seitengeschützen nach vorn und hinten zu schießen. Die größeren Abmessungen erlaubten zudem die Platzierung der Haupt- und Sekundärgeschütze in Doppeltürmen.

Der Rumpf besaß ein von Lagane erdachtes Längsschott, das das gepanzerte Deck teilte und als Torpedoschutz gedacht war. Es trennte auch die beiden Motorräume und ermöglichte es, dass einer weiterhin funktionierte, wenn der andere nach Beschuss beschädigt sein sollte. Es bedeutete aber auch, dass eventuell einströmendes Wasser dazu führen konnte, dass das Schiff Schlagseite bekam oder sogar kenterte. Dennoch wurde dieses Schott, das in der *Zessarewitsch* überhaupt zum ersten Mal eingesetzt wurde, auch in viele spätere Schlachtschiffe eingebaut. Die Panzerung stammte von Krupp. Ihre Stärke war im Vergleich zu früheren Schiffen dünner, bewies aber Widerstandsfähigkeit. Die Waffen fertigte Schneiders aus Le Creusot nach dem Entwurf von Canet, dem führenden Waffenkonstrukteur jener Zeit. Es gab zwei Masten, wobei am Achtermast ein Ladegeschirr befestigt war. Portaldavits zwischen den Schornsteinen setzten die Boote zu Wasser.

EINSATZ

Die *Zessarewitsch* war für die Pazifikflotte bestimmt und wurde sofort als Flaggschiff nach Port Arthur entsandt. Bei dem unangekündigten Angriff auf Port Arthur (8. Februar 1904), der Japans Kriegserklärung an Russland vorausging, wurde das Schiff von einem Torpedo getroffen und blieb mehrere Wochen lang außer Gefecht. Am 10. August führte die *Zessarewitsch* die Flotte zum Kampf gegen die Japaner, die versuchten, den Hafen zu blockieren. So begann die tagelange Schlacht im Gelben Meer, bei der beide Flotten aus der extremen Entfernung von etwa neun Kilometern feuerten. Um 18:00 Uhr tötete ein Granatensplitter Admiral Vitgeft auf der Brücke der *Zessarewitsch*, und wenige Minuten später zerstörten weitere Treffer die Brücke nahezu vollständig. Dabei wurde das Steuerrad blockiert, was das Schiff in eine scharfe Kurve zwang.

Andere Schiffe hielten dies für eine geplante Bewegung und folgten dem beschädigten Flaggschiff, durchbrachen die Linie und sorgten für Verwirrung unter den Kapitänen. Der Einbruch der Dunkelheit und die erschöpften Munitionsvorräte zwangen den japanischen Admiral Togo, das Gefecht abzubrechen. Die russische Flotte kehrte nach Port Arthur zurück – mit Ausnahme der *Zessarewitsch*, die, begleitet von drei Zerstörern, den chinesischen Hafen von Tsingtao (Qingdao) erreichen konnte. Dieser war damals eine Enklave unter deutscher Kontrolle (von 1898 bis 1914). Hier war das Schiff bis Kriegsende interniert. So nahm die *Zessarewitsch* nicht

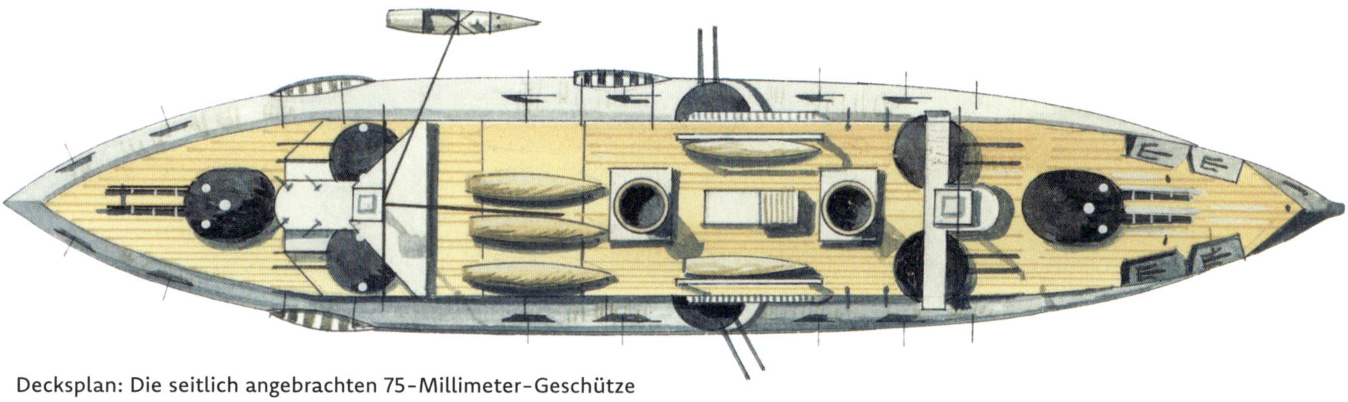

Decksplan: Die seitlich angebrachten 75-Millimeter-Geschütze befanden sich so nahe an der Wasserlinie, dass sie kaum Angriffskraft besaßen.

an der Schlacht von Tsushima teil. Eine der Konsequenzen dieser Kämpfe war, dass der Tumblehome-Baustil aufgegeben wurde. Er wurde bis dahin auch bei den fünf in Russland gebauten Schlachtschiffen der Borodino-Klasse verwendet, die teilweise der *Zessarewitsch* nachempfunden waren. Drei der vier teilnehmenden Schiffe der Borodino-Klasse wurden in Tsushima versenkt. Dabei wurde die Konstruktion für die Instabilität im Einsatz verantwortlich gemacht – vor allem, wenn Wasser in den Rumpf eindrang. Die Tumblehome-Bauweise wurde nach und nach von der Ressourcenliste der Marinekonstrukteure gestrichen, kommt aber zum Beispiel noch heute beim US-Zerstörer *Zumwalt* (2016) zum Einsatz.

1905 UND DARÜBER HINAUS

1905 wurde die *Zessarewitsch* zur Baltischen Flotte versetzt, die bei den Kämpfen in Tsushima ihre Schlachtschiffe verloren hatte und weiterhin in Kronstadt stationiert war. Im Jahr 1913 erfolgte ein Höflichkeitsbesuch in Portsmouth, England. Im Ersten Weltkrieg war das Schiff auf Ostseepatrouillen im Einsatz.

Mit dem Ende des Zarenregimes im April 1917 wurde das Schiff in *Graschdanin* (Bürger) umbenannt, und ein Matrosenkomitee ersetzte die frühere Kommandostruktur. Im gleichen Jahr gehörte es dem Rigaer Meerbusengeschwader an, zusammen mit dem Borodino-Klasse-Schlachtschiff *Slava* (in Dienst gestellt 1905) und einer Streitmacht aus Kreuzern und Zerstörern.

Am 17. Oktober 1917 wurde das Rigaer Geschwader im Moonsund zwischen der Insel Muhu und der estnischen Küste von einer deutschen Streitmacht angegriffen. Zu dieser gehörten auch die Schlachtschiffe *König* und *Kronprinz Wilhelm* vom Dreadnought-Typ. Die schwer beschädigte *Slava* wurde von ihrer Besatzung versenkt, aber die *Graschdanin* überlebte. 1918 war sie veraltet und wahrscheinlich auch nicht mehr einsatzfähig. So wurde das Schiff aufgelegt und 1924 zum Verschrotten nach Deutschland verkauft.

WAFFENKALIBER

Das 305-Millimeter-Geschütz war von 1886 bis 1906 das Standard-Großgeschütz der kaiserlich-russischen Marine. Ursprünglich nach dem Vorbild eines deutschen Krupp-Geschützes mit Kaliber 35 gefertigt, wurde ab 1892 eine verbesserte Version verwendet. Sie basierte auf französischen Canet-Entwürfen, die von Schneiders an die russischen Obukhov-Werke in St. Petersburg geliefert wurden. Diese besaßen Kaliber 40. Der Begriff Kaliber wird in zweierlei Hinsicht verwendet: Zum einen ist er Ausdruck für den Durchmesser des Laufs (Bohrung der Waffe) und des Projektils. So ist der Begriff beispielsweise auch bei Handfeuerwaffen bekannt. Entsprechend feuerten diese 305-Millimeter-Geschütze Granaten mit demselben Durchmesser ab. Zum anderen ist der Begriff in der Artillerie (und folglich auch bei der Marine) Ausdruck der Lauflänge als Vielfaches der Bohrung. Ein 305-Millimeter-Geschütz (Kaliber 40) hat eine Lauflänge von der Verschlussfläche bis zur Mündung, die der 40-fachen der Bohrung entspricht: 12,2 Meter. Die Kaliber-40-Geschütze der *Zessarewitsch* hatten eine größere Geschwindigkeit, Reichweite und Präzision als die älteren Kaliber-35-Geschütze. Diese waren 10,67 Meter lang, hatten aber das gleiche Gewicht.

WAHRE SCHLACHTSCHIFFE

Vier Jahrzehnte des 20. Jahrhunderts erlebten, wie das Großkampfschiff seinen Höhepunkt bei Größe, Bewaffnung, Schutzpanzerung, Geschwindigkeit und Kosten erreichte. Seine immense Zerstörungskraft war sehr real und trug dazu bei, es zu einem starken Symbol für nationales Ansehen und Stolz zu machen. Trotzdem wurde in den 1940er-Jahren klar, dass Schlachtschiffe das Meer nicht mehr länger beherrschten.

Linke Seite:
„Gobs and Guns.“ Eine Szene an Bord der gerade aus fremden Gewässern zurückkehrenden *Texas* (um 1918). Sie zeigt, wie die „blauen Jungs“ ein wenig Spaß an den 356-Millimeter-Hauptgeschützen hatten.

Dreadnought (1906)

Mit dem Erscheinen der *Dreadnought* wurde eine neue Ära schneller, stark bewaffneter Schlachtschiffe eingeleitet. Ähnliche Schiffe waren bereits von anderen Marinen geplant oder in Erwägung gezogen worden. Anstatt damit die britische Vorherrschaft zu sichern, führte dies zu einem Wettrüsten.

Als die Schlacht von Tsushima am 27. Mai 1905 stattfand, dachte die britische Marine bereits über ein Schlachtschiff nach, bei dem viele Lehren aus diesem Kampf schon vorweggenommen zu sein schienen. Die *Dreadnought* wurde am 2. Oktober 1905 in Portsmouth auf Kiel gelegt, am 10. Februar 1906 vom Stapel gelassen und im Dezember 1906 fertiggestellt. Die Kosten betrugen 1.783.883 Pfund. Bemerkenswert war die Baugeschwindigkeit, ermöglicht durch die Vormontage von Komponenten. Dafür gingen dem Bau aber mehrere Jahre des Debattierens voraus.

ENTSTEHUNG DER DREADNOUGHT

Im Jahr 1903 hatte der italienische Ingenieur Vittorio Cuniberti vorgeschlagen, dass das ideale Schlachtschiff für die Royal Navy 17.000 Tonnen schwer, mit zwölf 305-Millimeter-Kanonen und einer 305-mm-Panzerung ausgestattet und 24 Knoten schnell sei. Admiral Lord Fisher hatte bereits ein Projekt initiiert, das er „HMS Untakeable“ (Uneinnehmbar) nannte. Dessen Hauptmerkmal war die leistungsstärkste Bewaffnung mit dem Ziel, Feuer auf große Distanz statt auf die übliche Reichweite geben zu können.

Ruder
Zwei parallele Ruder wurden mittig hinter den Schiffsschrauben angebracht und trugen zu den hervorragenden Fahreigenschaften des Schiffs bei.

Hinterer Stativmast
Die sekundäre Kontrollstation auf dem Achtermast wurde 1917 durch eine leichtere Suchscheinwerferplattform ersetzt.

Dampfturbinen, Vierfachschrauben und ein guter Panzerschutz, kombiniert mit zehn 305-Millimeter-Geschützen, machten die *Dreadnought* zu einer Bezwingerin der Welt.

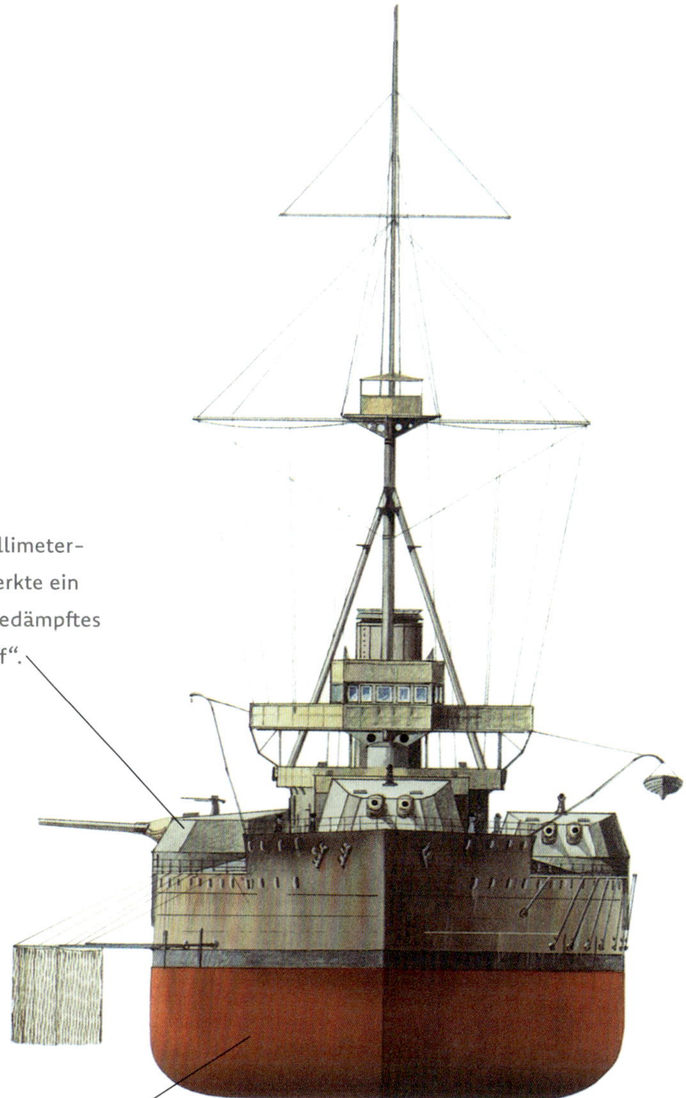

Breitseite
Als die aus acht Kanonen bestehende 305-Millimeter-Salve zum ersten Mal abgefeuert wurde, bemerkte ein erfahrener Beobachter nichts weiter als „ein gedämpftes Brüllen und einen leichten Ruck auf dem Schiff".

Vorderer Schornstein
Die Positionierung des vorderen Schornsteins war einer der wenigen Minuspunkte des Entwurfs.

Rumpf
Die Rumpfform wurde sorgfältig ausgearbeitet, um sicherzustellen, dass die erforderliche Geschwindigkeit von 21 Knoten mit der geringsten Leistung erzielt werden konnte.

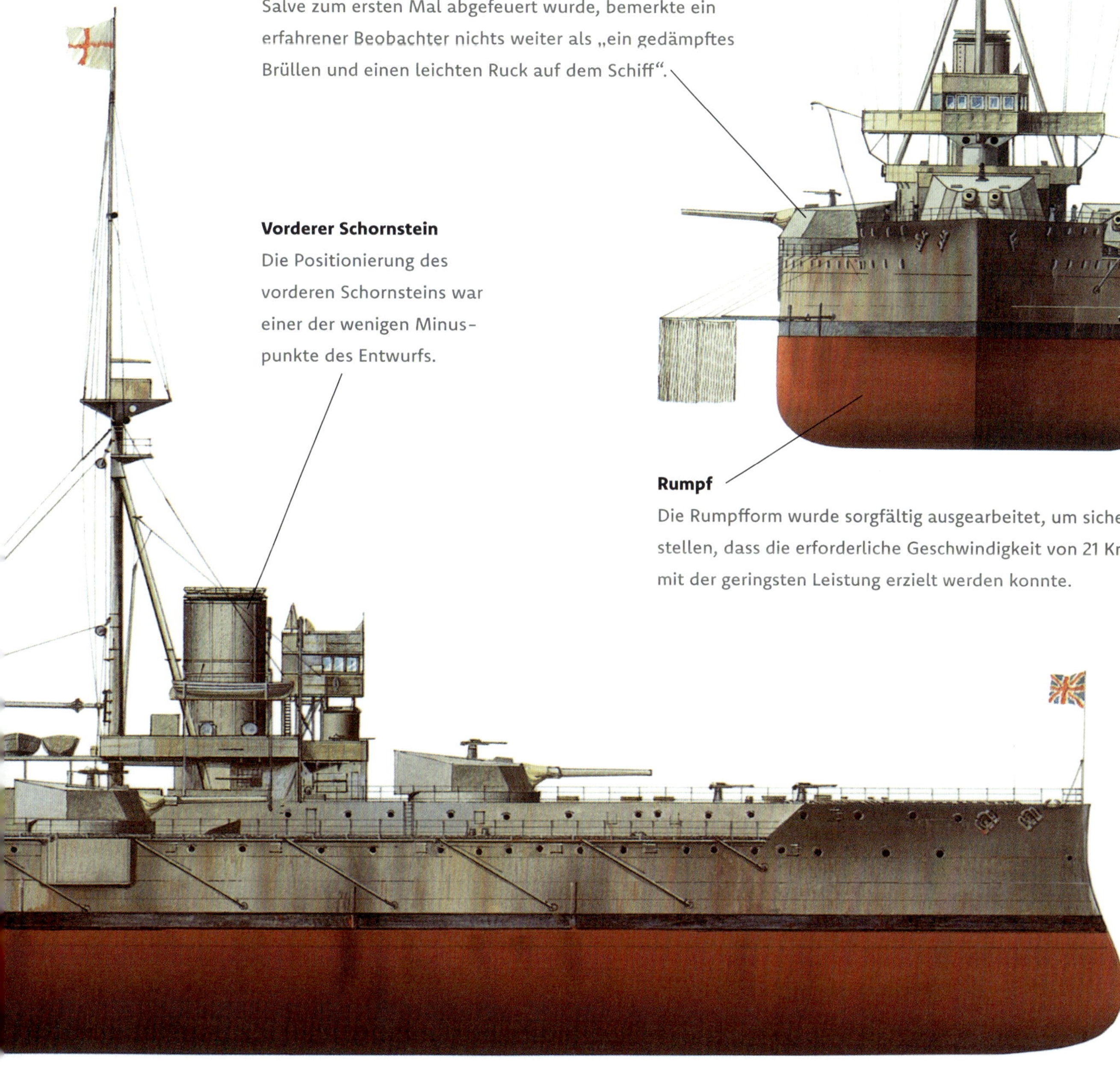

BEWAFFNUNG

Unter der Führung einiger hochrangiger Offiziere machte die Royal Navy ab Ende der 1890er-Jahre große Fortschritte bei der Verbesserung ihrer Artillerie. Die Fähigkeit der *Dreadnought*, schwere Salven abzufeuern, erforderte ein hohes Maß an Feuerkontrolle, um wirklich effektiv zu sein. Hierfür war die korrekte Bestimmung der Entfernung des Ziels unerlässlich. Zu entscheidenden Elementen wurden daher optische Entfernungsmesser, die in den 1890er-Jahren von der Firma Barr & Stroud entwickelt wurden. Daneben entstanden weitere neue Instrumente, darunter Reichweitenprojektoren von Dumaresq, die die Bewegung des feuernden Schiffs und des Zielobjekts in Beziehung setzten. Des Weiteren kamen Entfernungsmesser auf, die auf bis zu 11.000 Meter kalibriert waren. Das deutsche Optikunternehmen Zeiss produzierte ebenfalls eine Reihe ähnlicher Instrumente. Ein zentraler Sollwertgeber konnte auf ein Ziel ausgerichtet werden und die erforderliche Höhe und den Feuerwinkel automatisch berechnen. Überdies kamen auch Plottertische mit Skalen und Winkelmessern zum Einsatz. Dennoch war eine Trefferquote von zehn Prozent in einer Seeschlacht über große Entfernungen gut: 90 Prozent der Munition verschwand im Meer.

Fisher wurde im Oktober 1904 zum Ersten Seelord des Marinestabs ernannt und berief ein Expertenkomitee ein, das sechs alternative, vorläufige Entwürfe ausarbeitete. Im Baukörper, der im Wesentlichen auf Designvariante H basierte, gab es ein langes, bündiges Hauptdeck mit 5,8 Metern Freibord und einem auf 8,5 Meter angehobenen Vorderdeck. Zehn 305-Millimeter-Geschütze in Doppeltürmen waren in symmetrischer Anordnung platziert. Davon befanden sich drei Doppelgeschütze auf der Mittellinie und jeweils ein Doppelgeschütz an Backbord und Steuerbord, direkt hinter dem Hauptdeckshaus und dem vorderen Schornstein. Dieser Schornstein war ungewöhnlich und unpraktisch vor dem Fockmast angebracht, wodurch das Kampfdeck mit Rauch und Ruß verdreckt wurde. Eine weitere Neuheit, die allerdings nicht besonders beliebt war, war die Unterbringung der Offiziere im vorderen Teil (in der Nähe ihrer Posten), während die Mannschaft im hinteren Teil schlief.

Exakt 5.000 Tonnen Panzerung wurden angebracht, wobei sich die Stärke die Rumpfpanzerung nach unten verjüngte. Innerhalb des Rumpfes wurde konsequent ein System vollständig wasserdichter Abteilungen ohne Türen oder anderer Öffnungen eingesetzt. Jedes dieser Abteile verfügte über eine unabhängige Belüftung, elektrisch angetriebene Pumpen und eine Entwässerung. Um einen schnellen Zugang zwischen den Maschinenräumen zu ermöglichen, wurden Aufzüge eingebaut. Ziel war es dabei, dass dieses Schiff zwei Torpedoangriffe sicher überstehen konnte. Die Magazine befanden sich zentral, vergleichsweise weit entfernt von den Seiten.

Um die Bauzeit zu beschleunigen, wurden die 305-Millimeter-Kanonen von zwei anderen Schiffen verwendet, die sich im Bau befanden: *Lord Nelson* und *Agamemnon*. Sie liefen erst nach der *Dreadnought* vom Stapel und hatten praktisch sofort einen veralteten Standard – im Gesamtwert von 3.000.000 Pfund.

SCHNELLSTES SCHLACHTSCHIFF

Der revolutionärste Aspekt des neuen Schiffs war seine Antriebskraft. Nie zuvor waren Turbinen auf einem Schlachtschiff eingesetzt worden, obwohl sie auf großen Passagierschiffen und schnellen Paketbooten längst etabliert waren. Die Entscheidung war ein triumphaler Erfolg. Die *Dreadnought* war schneller als jedes andere Schlachtschiff, mechanisch zuverlässiger, sparsamer im Treibstoffverbrauch und sorgte für wesentlich bessere Arbeitsbedingungen im Maschinenraum. Darüber hinaus war dieser kompakter und lag tiefer im Rumpf. Ihre Maschinen lieferten wesentlich mehr Leistung pro Tonne Gewicht.

Treibstoff: 1.120 Tonnen Schweröl wurden unter den Maschinenräumen transportiert. In den Bunkern konnten maximal 2.900 Tonnen Kohle mitgenommen werden.

Das Gesamtgewicht der Maschinen allein betrug 1.190 Tonnen. Die Turbinen konnten nicht umgekehrt werden, aber auf jeder der vier Wellen war eine Achterturbine angebracht, eine Hoch- und eine Niederdruckturbine auf jeder Seite. Damit war die *Dreadnought* mindestens so einfach zu steuern wie jedes andere Schlachtschiff und hatte sehr gute Manövriereigenschaften, unterstützt durch Doppelruder direkt hinter den Schiffsschrauben.

Die *Dreadnought* wurde der Heimatflotte zugeteilt und unternahm von Januar bis März 1907 eine Probefahrt ins Mittelmeer und dann weiter nach Trinidad. Die 11.265 Kilometer lange Rückfahrt verlief ohne mechanische Störungen bei einer Durchschnittsgeschwindigkeit von 17,5 Knoten. Kein Kriegsschiff zuvor war dazu in der Lage. Von April 1907 bis Mai 1912 war sie das Flaggschiff des Oberbefehlshabers der Home Fleet, dann bis Mai 1916 Flaggschiff des 4. Schlachtschiffgeschwaders. Im Ersten Weltkrieg versenkte die *Dreadnought* am 18. Februar 1915 die deutsche *U-29* durch einen Rammstoß in der Nordsee – eine ironische Tat, wenn man bedenkt, dass bei ihrem Entwurf bewusst auf einen Rammbug verzichtet worden war, weil man ihn im modernen Schlachtschiffbau für nicht mehr erforderlich hielt.

Ab Juli 1916 war sie das Flaggschiff des 3. Schlachtschiffgeschwaders in Sheerness, wurde aber zwischen März und August 1918 kurzzeitig wieder zur Grand Fleet (vormals Home Fleet) zurück versetzt. Im Februar 1919 wurde ihr ein Platz als Reserve in Rosyth zugewiesen, am 31. März 1920 erfolgte die Auflegung, und im Mai 1921 wurde sie zur Verschrottung nach Inverkeithing verkauft.

HMS DREADNOUGHT

Abmessungen	Länge 160,40 m Breite 25,00 m Tiefgang 8,10 m
Verdrängung	max. 21.845 t
Besatzung	773 Mann
Antrieb	18 Babcock & Wilcox-Kessel, 4 Parsons-Turbinen, 19.649 kW (26.350 PS), 4 Schrauben
Geschwindigkeit	21,6 Knoten
Reichweite	12.260 km bei 10 Knoten
Panzerung	Panzergürtel 102–279 mm, Schotten 203 mm, Türme 279 mm, Kommandoturm 203–279 mm, Barbetten 102–279 mm
Bewaffnung	10x 305-mm-, 27x 12-Pfünder-Geschütze, 5x 457-mm-Torpedorohre (unter Wasser)

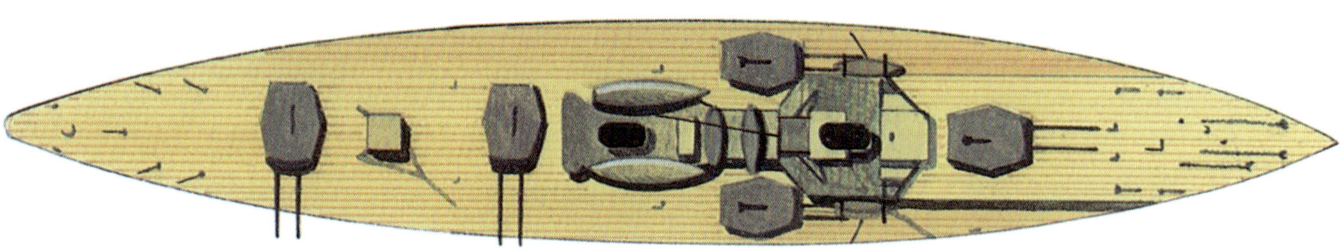

Decksplan: Eine Breitseitensalve mit acht Kanonen konnte auf beiden Seiten abgefeuert werden. Die *Dreadnought* war überdies auch das erste Schlachtschiff, das mit Stativmasten ausgestattet war.

Nassau (1909) 

Die *Nassau* war eines der ersten deutschen Großkampfschiffe, die nach der *Dreadnought* gebaut wurden. Sie verfügte über eine umfangreiche Sekundärbewaffnung und zwölf Hauptgeschütze. Angetrieben von Dreifach-Expansionsmotoren und nicht von Turbinen, war sie bei der Hochseeflotte in Jütland im Einsatz.

An den Plänen für die Schiffe dieser Klasse wurde seit März 1904 gearbeitet, der endgültige Entwurf 1906 fertiggestellt. Vier Schlachtschiffe bildeten diese Klasse, wobei die *Rheinland* als erstes auf Kiel gelegt wurde. Die *Nassau* wurde jedoch erst am 1. Oktober 1909 fertiggestellt, nachdem sie am 22. Juli 1907 in Wilhelmshaven auf Kiel gelegt worden war und am 7. März 1908 vom Stapel lief. Die beiden anderen Schiffe hießen *Posen* und *Westfalen*. Sie kosteten jeweils rund 37,5 Millionen Goldmark und waren alle bis Mai 1910 in Dienst gestellt.

DESIGN UND SEKUNDÄRBEWAFFNUNG

Es handelte sich um große Schlachtschiffe mit zwölf schweren Geschützen. Im Gegensatz zur *Dreadnought* war auch eine umfangreiche Sekundärbewaffnung vorhanden: zwölf 150-Millimeter-Geschütze, die in Kasematten unterhalb der

Die *Nassau* war ein vergleichsweise breites Schiff (die Breite betrug 18 Prozent der Länge im Vergleich zu 15 Prozent der Länge bei der *Dreadnought*), was für zusätzliche Schutzmaßnahmen verwendet wurde.

Zentrale Geschütztürme
Die Platzierung der zentralen 280-Millimeter-Geschütze schränkte die Magazinkapazität sowie die Reichweite ein.

Panzerung
Insgesamt waren 6.537 Tonnen Panzerung an Bord, was 35,2 Prozent des Verdrängungsgewichts entsprach.

Haupttürme an Backbord und Steuerbord platziert waren, sowie 16 86-Millimeter-Geschütze in seitlich am Rumpf und an den Aufbauten angebrachten Pylonen.

Fockmast und Vorschornstein lagen sehr nahe beieinander, ebenso wie das Deckshaus mit Navigationsbrücke und das Kartenhaus. Die Masten der *Nassau* waren mit hohen Funkantennen ausgestattet, die schräg vom Besanmast aus angebracht waren. Diese wurden 1911 entfernt, und während

Torpedonetze

Torpedonetze aus Stahlgeflecht gehörten von den 1890er-Jahren bis 1916 zur Ausstattung aller großen Schiffe. Richtig angebracht, hingen die Netze in Höhe der Wasserlinie. Im Laufe der Zeit wurden die Torpedos mit „Netzschneidern“ ausgestattet, und die Netze wurden wiederum aus schwereren Maschen hergestellt.

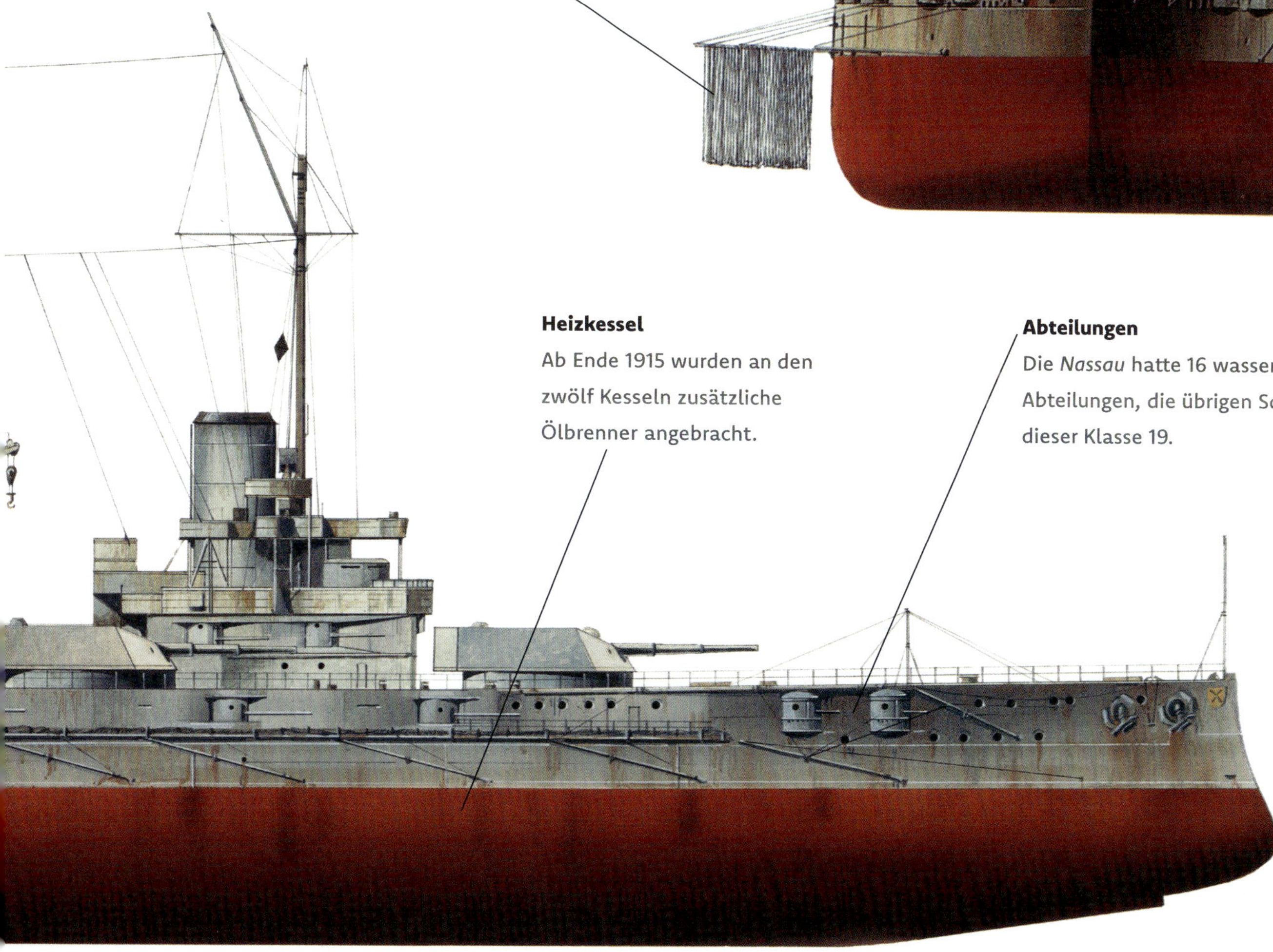

Heizkessel

Ab Ende 1915 wurden an den zwölf Kesseln zusätzliche Ölbrenner angebracht.

Abteilungen

Die *Nassau* hatte 16 wasserdichte Abteilungen, die übrigen Schiffe dieser Klasse 19.

SMS NASSAU

Abmessungen	Länge 146,10 m Breite 26,90 m Tiefgang 8,50 m
Verdrängung	18.900 t
Besatzung	963 Mann
Antrieb	3 vertikale Dreifach-Expansions-motoren, 16.405 kW (22.000 PS), 3 Schrauben
Geschwindigkeit	19,5 Knoten
Reichweite	17.408 km bei 10 Knoten
Panzerung	Panzergürtel 300 mm, Schotten 200 mm, Turm (vorne) 400 mm, Turm (achtern) 200 mm, Barbetten und Geschütztürme 280 mm
Bewaffnung	12x 280-mm-, 12x 150-mm-, 16x 88-mm-Geschütze, 6x 450-mm-Torpedorohre

des Ersten Weltkriegs wurde auf dem Fockmast ein Beobachtungsposten angebracht. Schwanenhals-Kräne an beiden Seiten des Achterschornsteins schwenkten die mittschiffs untergebrachten Boote aus.

Die Hauptgeschütze, 280 Millimeter stark, hatten ein kleineres Kaliber als die 305-Millimeter-Geschütze, die sich bereits als britischer Standard durchgesetzt hatten. Doch umfangreiche Tests hatten die deutsche Marine davon überzeugt, dass sie nicht wesentlich weniger effektiv waren. Sie hatten Laufkaliber 45, ein Gewicht von 52,6 Tonnen und feuerten eine 305-Kilogramm-Granate bei einem Schusswinkel von 20 Grad auf 18.900 Meter. Ihre beste Feuerrate betrug drei Schuss in zwei Minuten. Die Vergleichszahlen für die Geschütze der *Dreadnought* lauteten: identische Rohrlänge, Rohrgewicht 51,7 Tonnen, Geschossgewicht 385 Kilogramm, Reichweite 19.000 Meter bei 13 Grad und eine Feuerrate von zwei Schuss pro Minute. Der Vorteil schien bei den Briten zu liegen, aber die deutschen Admiräle glaubten an die panzerbrechenden Eigenschaften ihrer Geschosse.

DIE SKAGERRAKSCHLACHT (SCHLACHT VON JÜTLAND)

Die *Nassau* kam unter anderem bei einem erfolglosen Vorstoß in den Hoofden (südliche niederländische Nordseeküste) am 15. und 16. März 1916 zum Einsatz. Am 24. April 1916 begleitete sie ein Geschwader von Schlachtkreuzern zur Bombardierung der englischen Küstenstädte Lowestoft und Yarmouth. In der Skagerrakschlacht am 31. Mai wurde sie zweimal durch Granatenbeschuss getroffen und lief gegen den britischen Zerstörer *Spitfire*, den sie durch Rammen zu versenken versuchte. In der Folge unternahm die *Nassau* drei weitere Angriffe in der Nordsee ohne Erfolg.
Bei ihrem letzten Einsatz erreichte sie mit anderen Schiffen des Geschwaders, darunter die *Westfalen* (Bild unten) und die *Posen*, den Breitengrad von Stavanger (23. April 1918). Da sie nicht zu den in Scapa Flow versenkten Schiffen gehörte, wurde sie am 5. November 1919 aufgelegt. Sie sollte als Reparationsleistung nach Japan gehen, wurde aber von der japanischen Regierung an ein britisches Unternehmen verkauft, das sie im Juni 1920 in Dordrecht in den Niederlanden abwracken ließ.

Diese zeitgenössische Zigarettenkartenansicht zeigt den schweren Heckschutz unter den beiden ursprünglichen 86-Millimeter-Heckgeschützen.

Die *Nassau* und ihre Schwesterschiffe hatten Dreifach-Expansionsmotoren mit Wasserrohrkesseln, denn das erste deutsche Kriegsschiff mit Parsons-Turbinen war der Schlachtkreuzer *Von der Tann* im Jahr 1907. Folglich nahmen die drei Kesselräume und der Maschinenraum den größten Teil des Rumpfs zwischen den Masten ein. Im Jahr 1915 wurden die Kessel für die Verbrennung eines Öl-Kohle-Gemischs umgerüstet, wobei das Öl über die brennende Kohle gesprüht wurde. Entsprechend wurden Öltanks mit einem Fassungsvermögen von 157 Tonnen eingebaut. Die deutschen Konstrukteure legten großen Wert auf einen guten Unterwasserschutz, und so besaß der Rumpf der Nassau 16 wasserdichte Abteilungen, wobei die Panzerung auf exakter wissenschaftlicher Grundlage erfolgte. Die Unterwasserlinien mussten jedoch nach den Erfahrungen auf See geändert werden. Man war davon ausgegangen, dass die große Breite und die seitliche Anbringung schwerer Geschütze ein stabiles Schiff ergeben würden, doch bei hohem Wellengang in der Nordsee rollte das Schiff heftig, so dass Kimmkiele eingebaut werden mussten.

Im August 1914 war die *Nassau* eines von acht Schiffen des Kampfgeschwaders I der Hochseeflotte (es gab drei Geschwader mit insgesamt 26 Schlachtschiffen). Zu den Änderungen, die während des Kriegs vorgenommen wurden, gehörten neben den bereits erwähnten auch die Entfernung der 86-Millimeter-Heckgeschütze (1915) und aller anderen Geschütze im Jahr 1916, um sie durch vier Flakgeschütze desselben Kalibers zu ersetzen.

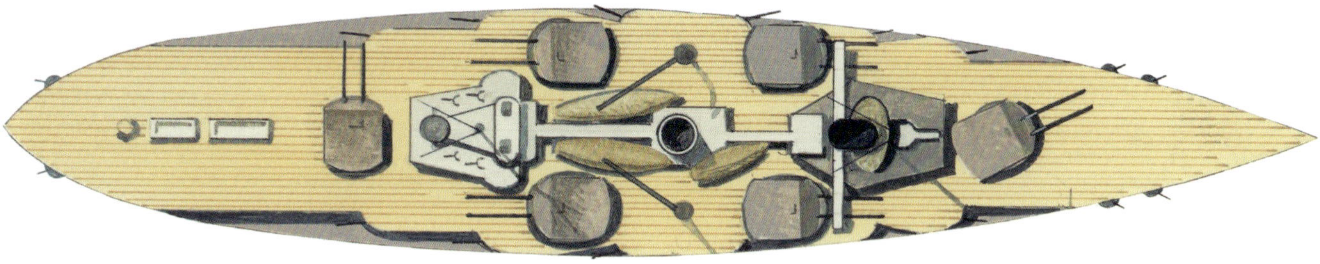

Zwölf 280-Millimeter-Geschütze wurden mitgeführt, verglichen mit den zehn 305-Millimeter-Geschützen der *Dreadnought*. Die Magazinanordnung unter den seitlichen Türmen war beengt.

South Carolina (1910)

Schlagkraft und Durchhaltevermögen wurden von der US-Marine als wichtiger angesehen als Geschwindigkeit. Diese aus zwei Schiffen bestehende Klasse verfügte über eine beeindruckende Breitseite mit 305-Millimeter-Geschützen. Ihre Superfeuertürme sollten künftig zur Standardanordnung für Großkampfschiffe werden.

Obwohl die *Michigan* zwei Monate früher in Dienst gestellt wurde, hatte die *South Carolina* bereits die Nummer BB26 erhalten, ihr Schwesterschiff trug die Nummer BB27. Da sie als Schlachtschiffe erster Klasse bestellt wurden, war ihre Normverdrängung durch ein Mandat des Kongresses auf 16.000 Tonnen beschränkt, obwohl sie voll beladen eher 18.000 Tonnen aufwiesen.

EINFALLSREICHTUM BEI DER KONSTRUKTION

Die Gewichtsbeschränkung brachte den maximalen Einfallsreichtum der amerikanischen Konstrukteure zum Vorschein. So fanden sie heraus, wie man mit einer Breitseite von acht großen Geschützen eine maximale Feuerkraft erreichen konnte. Die Details waren bereits vor der Entstehung der

Die Anordnung der Geschütze machte die Flügeltürme überflüssig, wodurch der Raum für die Magazine besser genutzt und deren Schutz verbessert wurde. Es ermöglichte dennoch das gleichzeitige Abfeuern einer Breitseite mit acht Geschützen.

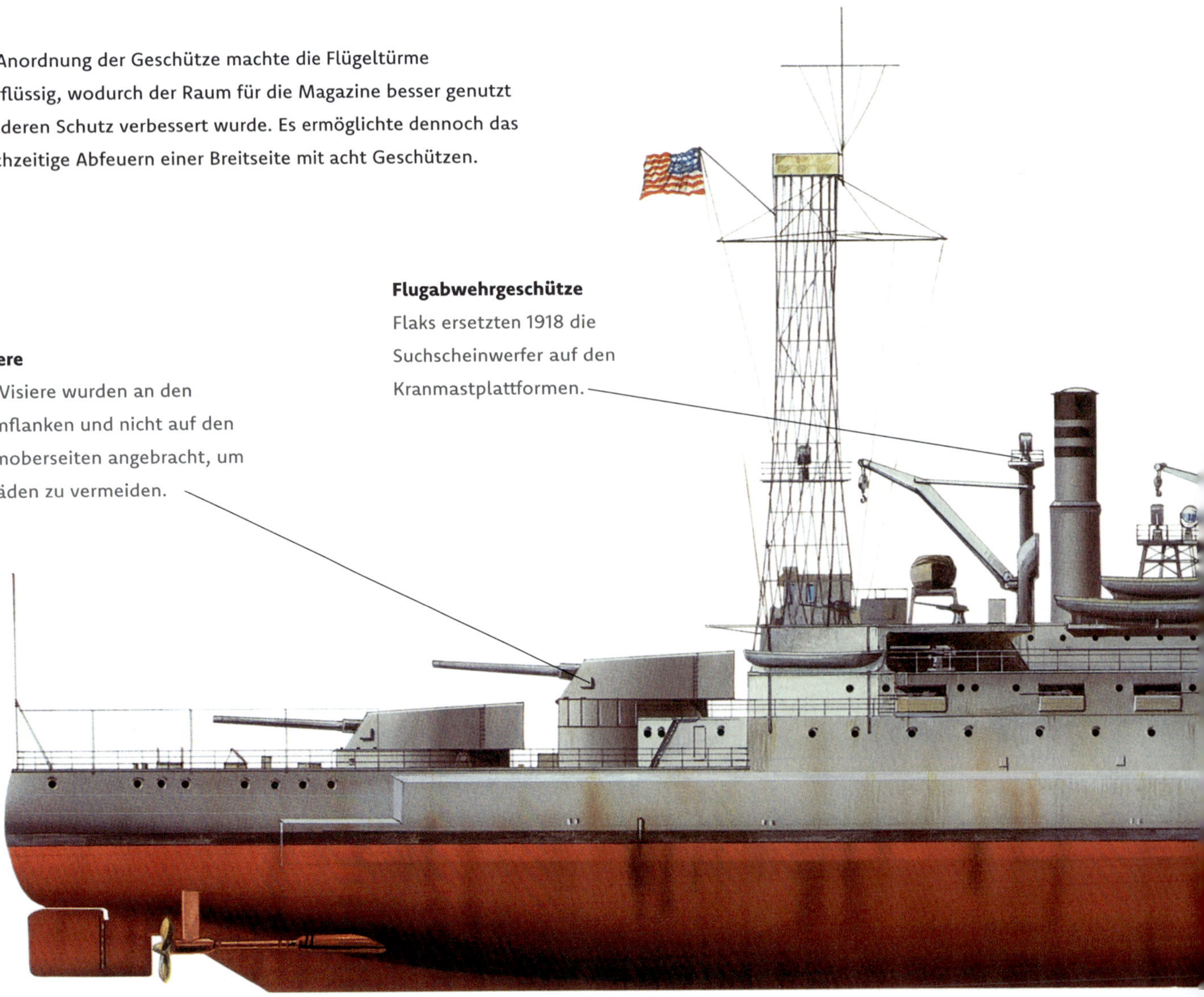

Flugabwehrgeschütze
Flaks ersetzten 1918 die Suchscheinwerfer auf den Kranmastplattformen.

Visiere
Die Visiere wurden an den Turmflanken und nicht auf den Turmoberseiten angebracht, um Schäden zu vermeiden.

Dreadnought festgelegt worden, wurden aber erst nach dem britischen Schiff umgesetzt. Die *South Carolina* wurde am 18. Dezember 1906 in der Cramps-Werft in Philadelphia auf Kiel gelegt, am 11. Juli 1908 vom Stapel gelassen und am 1. März 1910 in Dienst gestellt. Mit den beiden Schwesterschiffen wurde die klassische Geschützanordnung der Schlachtschiffe und Schlachtkreuzer eingeführt, mit je zwei Geschütztürmen vorn und achtern, wobei die inneren Geschütztürme über die äußeren hinausragten.

Es wurden umfassende Tests mit einem alten Panzerturm durchgeführt, um sicherzustellen, dass der niedrigere Turm nicht durch die Explosionswirkung des darüber schießenden Turms beeinträchtigt wurde. Da sich alle großen Geschütze auf der Mittellinie befanden, wurde das Ausbalancieren des Schiffes vereinfacht, und die Magazine konnten in Bereichen mit maximaler Sicherheit untergebracht werden. Aus der

Seitenpanzerung

Die Seitenpanzerung erreichte neben den Hauptmagazinen eine maximale Stärke von 305 Millimetern.

Konstruktion des Turms

Das vor der *Dreadnought* entworfene Schiff war das erste Schlachtschiff, bei dem alle großen Geschütze in mittig angeordneten Türmen untergebracht waren. Der erste Entwurf sah noch zwei Einzeltürme an Backbord und Steuerbord vor.

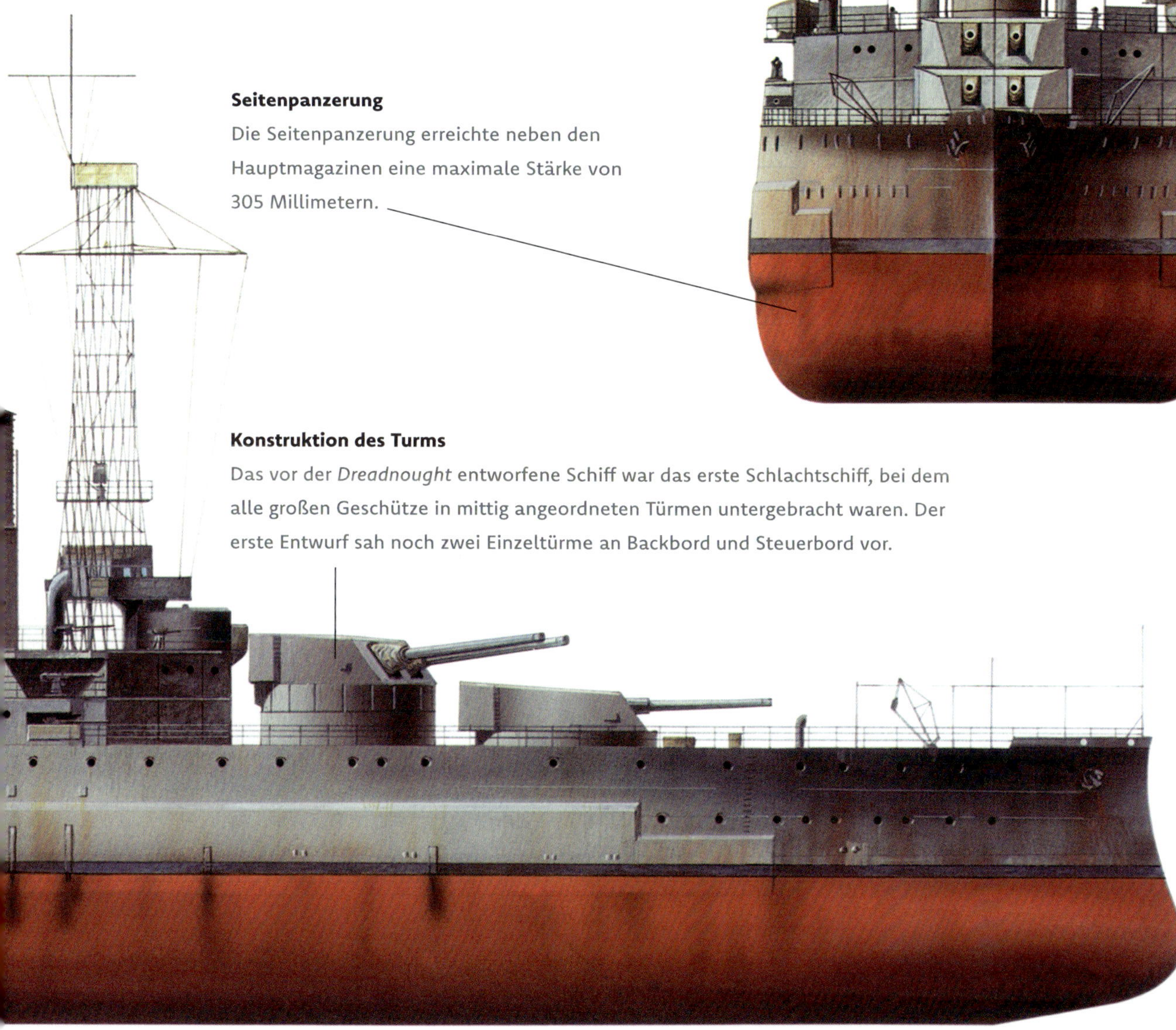

USS SOUTH CAROLINA (BB26)

Abmessungen	Länge 137,90 m Breite 24,50 m Tiefgang 7,49 m
Verdrängung	max. 17.900 t
Besatzung	869 Mann
Antrieb	12 Babcock-&-Wilcox-Kessel, 2 vertikale 4-Zylinder-Motoren, dreifachwirkend, 12.304 kW (16.500 PS), 2 Schrauben
Geschwindigkeit	18,5 Knoten
Reichweite	9.260 km bei 10 Knoten
Panzerung	Panzergürtel 228–305 mm, Deck 38 mm, Kommandoturm 305 mm, Kasematten und Barbetten 203–254 mm, Geschütztürme 304 mm
Bewaffnung	8x 305-mm-, 22x 88-mm-QF-Geschütze, 2x 533-mm-Torpedorohre (unter Wasser)

Sicht der Geschützsteuerung – inzwischen ein wesentlicher Aspekt der Gefechtsführung – konnte überdies die gesamte Hauptbewaffnung beim Abfeuern von Salven gleichzeitige Anweisungen erhalten.

Der Feuerradius betrug etwa 270 Grad. Die 305-Millimeter-Geschütze hatten 13,72 Meter lange Rohre mit einem Gewicht von 47,85 Tonnen. Sie verschossen 390 Kilogramm schwere Granaten mit einer Reichweite von 18.000 Metern bei einer maximalen Auslenkung von 15 Grad. Die Feuerrate betrug bis zu drei Schuss pro Minute. Die Sekundärbewaffnung mit 22 76-Millimeter-Geschützen war für die Verteidigung gegen Torpedoboote gedacht, wurde aber 1917 durch 14 76-Millimeter-Geschütze, zwei 76-Millimeter-Fliegerabwehrkanonen und vier Ein-Pfünder-Geschütze ersetzt. Die Flaks ersetzten die Torpedoscheinwerfer auf dem Ladegeschirr, um der Tatsache Rechnung zu tragen, dass Flugzeuge die neue Bedrohung für große Kriegsschiffe darstellten.

OFFIZIERSQUARTIERE

Eine weitere Folge der Gewichtsbeschränkung war die Verkürzung der Hecksektion gegenüber dem bevorzugten Entwurf und der Verzicht auf eine Decksebene im Vergleich zur vorherigen Connecticut-Klasse. Die amerikanischen Offiziere waren normalerweise am Heck untergebracht (wie bei der Royal Navy). Aber bei diesen Schiffen wurden ihre Quartiere in den mittschiffs gelegenen Aufbau verlegt. Trotz der Gewichtsbeschränkung war die *South Carolina* gut gepanzert.

Die Gürtelpanzerung war mit 305 Millimetern dort am stärksten, wo sie die Magazine der Hauptkanonen schützte. Ansonsten betrug die Panzerung 279 Millimeter entlang der Kessel- und Maschinenräume und verjüngte sich auf 203 Millimeter. An beiden Enden wurde sie durch Querschotte von ebenfalls 203 Millimetern Stärke abgeschlossen. Unterhalb der Wasserlinie betrug die Panzerung 254 Millimeter. Im Gegensatz zur französischen und britischen Praxis gab es kein Längsschott, mit dem das Schiff unterteilt wurde.

Die *South Carolina* und die *Michigan* gaben mit ihrer Geschützanordnung, den Korbmasten und den hohen, mit einer Kappe versehenen Schornsteinen das Muster für die Silhouette der US-Schlachtschiffe vor 1914 vor.

DER GITTERMAST

BB26 und BB27 waren die ersten US-Schiffe, die sogenannte Gittermasten trugen. Sie wurden oft als Korbmasten bezeichnet und mit Strommasten verglichen. Bis in die 1930er-Jahre hinein waren sie typisch für US-Schlachtschiffe. In Wirklichkeit handelte es sich um mehrröhrige Stahltürme, bei denen der oberste und der unterste Haltering in entgegengesetzte Richtungen gedreht wurden, was zu einer rotierenden Hyperboloidform führte. Man war der Ansicht, dass diese Struktur die Feuerleitstände vor den Stößen und Vibrationen schützen würde, die durch die herkömmliche Form des Mastes übertragen wurden.

In Schießübungen erprobt, erwies sich die Konstruktion als stabil gegen Granattreffer, obwohl der vordere Mast der *Michigan* 1918 in einem Sturm zu Fall gebracht wurde. Die oberste Plattform war freiliegend und als Kontrollposten oder Geschützplattform ungeeignet. Die Konstruktion konnte keine gepanzerte Feuerleitstelle bieten, sodass die Korbmasten schließlich im Zuge der Modernisierung der Schiffe ersetzt wurden.

Ein Turbinenantrieb war in Erwägung gezogen worden, aber Bedenken bei den Kosten überwogen. Die *South Carolina* hatte Kolbenmotoren, die sie 18,5 Knoten schnell machten, was 2,5 Knoten langsamer war als die *Dreadnought*. Die Führung der US-Marine hielt Geschwindigkeit jedoch für weniger wichtig als Feuerkraft und Panzerschutz, zumindest bis deutsche U-Boote mit großer Reichweite die amerikanischen Küstengewässer zu erreichen begannen. Der niedrige Freibord von drei Metern, vor allem auf dem Achterdeck, machte sie zu einem „nassen" Schiff. Sie hatte eine bemerkenswerte Tendenz, bei rauer See zu rollen, wenn auch nicht in einem so gefährlichen Ausmaß wie die zeitgenössische deutsche Nassau-Klasse. Auch wurden keine Bilgekiele verwendet.

Die *South Carolina* wurde bei der Atlantikflotte eingesetzt und war in Key West und Guantanamo stationiert. Nach einer Überholung in Philadelphia im Januar 1917 kehrte sie nach Guantanamo zurück. Ab Kriegseintritt im April 1917 diente sie als Kanonenschulschiff in der Chesapeake Bay. Im September 1918 musste sie wegen mechanischer Reparaturen vom Konvoi-Escort-Dienst zurückkehren. Nach dem Waffenstillstand unternahm sie von Februar bis Juli 1919 vier Atlantiküberquerungen, um amerikanische Truppen aus Frankreich zu holen. Mit der *Michigan* machte sie 1920 eine Ausbildungsfahrt nach Honolulu und unternahm weitere Ausbildungs- und Goodwill-Fahrten, bis sie am 15. Dezember 1921 in Philadelphia ausgemustert wurde. Am 13. Januar 1924 wurde sie aus dem Register gestrichen und abgewrackt.

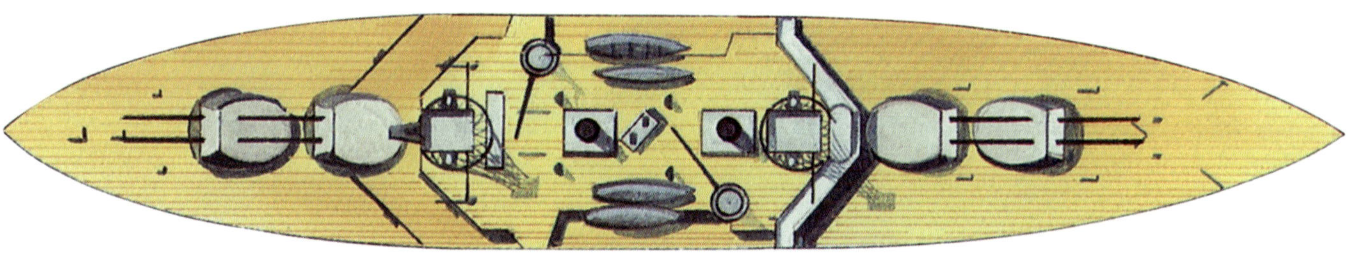

Der Decksplan zeigt deutlich die Einfachheit und Ausgewogenheit der Geschützanordnung. Der Feuerbogen für alle Geschütze betrug etwa 270 Grad.

Lion (1912) 

Die drei Schiffe der Lion-Klasse waren die ersten Schlachtkreuzer mit 342-Millimeter-Geschützen und die größten und schnellsten Großkampfschiffe, die bis dahin gebaut wurden. Aber sie hatten schwerwiegende Mängel.

Die britische Marine übernahm mit der *Neptune* (sie wurde im November 1911 in Dienst gestellt) die Anordnung der Superfeuertürme und führte mit den Schlachtschiffen der Orion-Klasse (im Januar 1912 in Dienst gestellt) den „Super-Dreadnought" mit 343-Millimeter-Geschützen ein. Beide Merkmale zusammen wurden in den Schlachtkreuzern der Lion-Klasse realisiert. Großbritannien hatte mit der 1908 in Dienst gestellten *Invincible* den Schlachtkreuzer als vergrößerte Version des Panzerkreuzers eingeführt. Wie die *Dreadnought* war auch sie ein Projekt, das von Admiral Lord Fisher initiiert und vorangetrieben wurde, der es dem klassischen Schlachtschiff für taktisch überlegen hielt.

Die *Lion* war die nächste Klasse von Schlachtkreuzern. Sie wurde am 29. November 1909 in der Devonport Naval Dockyard auf Kiel gelegt, am 6. August 1910 vom Stapel gelassen und am 4. Juni 1912 in Dienst gestellt. Zwei weitere Schiffe, die *Princess Royal* und die *Queen Mary*, vervollständigten diese Klasse. Jedes Schiff kostete mehr als

Q-Turm
Es wurde erwogen, den zentralen Q-Turm in einer Überfeuerungsposition hinter dem dritten Schornstein zu platzieren, um zusätzliche Maschinenleistung zu ermöglichen. Dies wurde jedoch als zu kostspielig verworfen.

Hauptmast
Der Hauptmast der *Lion* befand sich oberhalb des Fußes des Schornsteins, während der der *Princess Royal* darunter lag und die *Queen Mary* gar keinen hatte.

Suchscheinwerfertürme
1918 verfügte die *Lion* über Suchscheinwerfertürme auf dem Achterschornstein und Abschussrampen auf den Q- und X-Türmen.

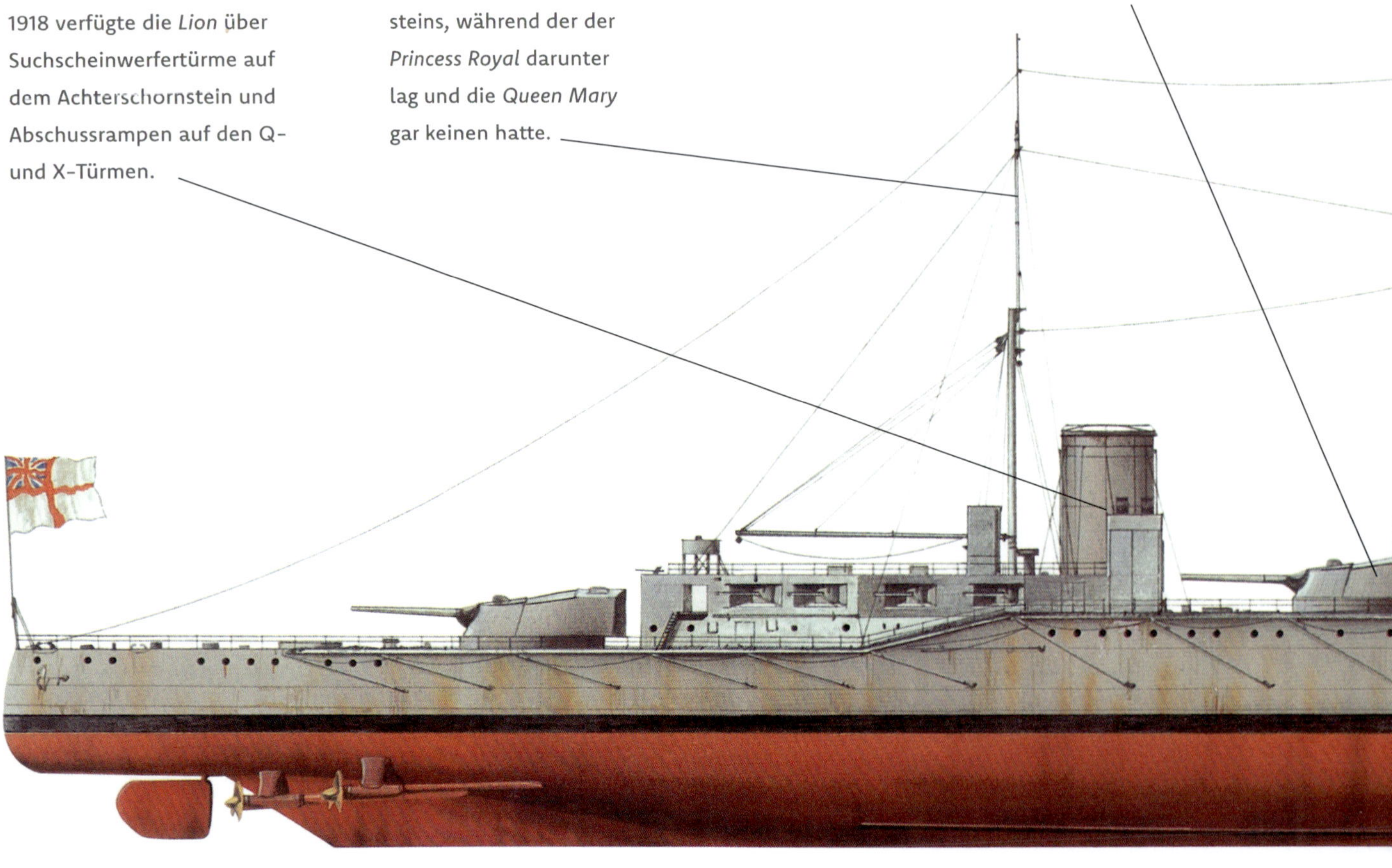

2.000.000 Pfund. Die deutsche Marine reagierte rasch auf diese Herausforderung: Die *Moltke* wurde im September 1911 in Dienst gestellt, während die *Lion* noch in der Ausrüstungsphase war, und die *Derfflinger* wurde im Januar 1912 auf Kiel gelegt. Die *Moltke* besaß zehn 208-Millimeter-Geschütze.

KONSTRUKTIONSFEHLER

Das Design der *Lion* folgte dem der *Dreadnought* und der *Orion*, indem der vordere Schornstein vor dem Mast platziert wurde. Dies führte dazu, dass Funken, Rauch und Hitze die Installationen am Mastkopf oft nicht nutzbar machten. Auch die Brücke über dem Kommandoturm litt darunter. Im Jahr 1912 wurde der ursprüngliche Dreibeinmast durch einen einmastigen Mast mit einem Scheinwerfer ersetzt und der Schornstein hinter diesen verlegt – immer noch vergleichsweise nahe. Der zweite und dritte Schornstein wurden erhöht und an die Größe des vorderen angeglichen.

Ladegeschirr

Als der Dreibeinmast entfernt wurde, brachte man auf beiden Seiten des mittleren Schornsteins je ein Ladegeschirr an.

Größer als der zeitgenössische deutsche Schlachtkreuzer *Seydlitz* und nur einen halben Knoten schneller, machte die Panzerung der *Lion* 23 Prozent der Verdrängung aus, während sie bei der *Seydlitz* 31 Prozent betrug.

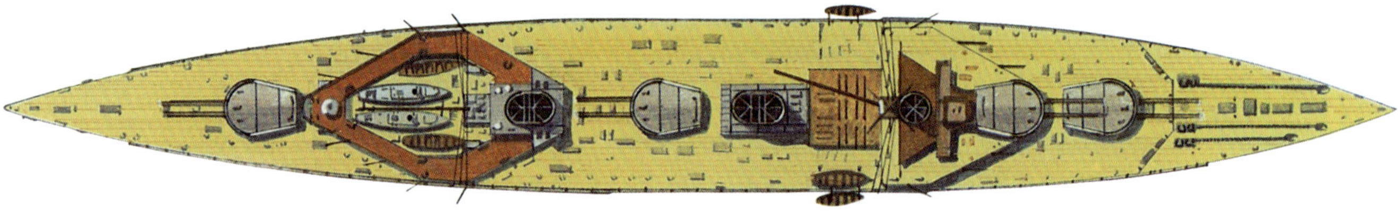

Der Decksplan zeigt, wie viel von der 213,4 Meter langen *Lion* aufgrund des Abstands der 342-Millimeter-Geschütztürme geschützt werden musste.

Obwohl die A- und B-Türme übereinander angeordnet waren, gab es achtern nur einen einzigen Y-Turm sowie einen zentralen Q-Turm zwischen dem zweiten und dritten Schornstein, der die darunter liegenden Kesselräume trennte. Die Entfernungsmesser befanden sich in den B- und Y-Türmen sowie im Kommandoturm mit dem Feuerleitstand (dieser wurde später auf den Mast verlegt, der durch Streben verstärkt wurde).

Die Schiffe verfügten über 16 102-Millimeter-Geschütze zur Abwehr von Torpedobooten. Deren Batterien waren so ausgerichtet, dass sechs nach vorn, acht quer und vier nach hinten feuerten. Zwei 533-Millimeter-Torpedorohre befanden sich unterhalb der Wasserlinie auf beiden Seiten des A-Turms. 1917 wurden zusätzliche Scheinwerferhalterungen am Mast und am Achterschornstein angebracht.

EINSCHRÄNKUNGEN BEI DER PANZERUNG

Der umstrittenste Aspekt des Schlachtkreuzers, zumindest nach der Skagerrakschlacht, war sein relativ geringer Panzerschutz. Geschwindigkeit war die wichtigste Anforderung, und mehr Geschwindigkeit bedeutete mehr Länge und mehr zu schützende Oberfläche. Tatsächlich war die Verwundbarkeit der Lion-Klasse eher auf ein unzureichendes Verständnis der Blitzwirkung einer Granatenexplosion und der erforderlichen Gegenmaßnahmen zurückzuführen als auf eine fehlende Panzerung als solche.

Zum ersten Mal wurde eine Gürtelpanzerung bis zum Hauptdeck angebracht, aber das gepanzerte Deck war nur 25,4 Millimeter dick. Die in den Rumpf hineinragenden Barbetten hatten eine Panzerung von 76,2 Millimetern. Insgesamt belief sich das Gewicht der Panzerung auf 6.200 Tonnen oder

Mit einer Breite von nur 0,12 Prozent ihrer Länge hatten die drei Schiffe der Lion-Klasse ein schlankes, elegantes Aussehen. Dies ist eine Ansicht von vor 1914.

23 Prozent der Normverdrängung. Im Vergleich dazu hatte die deutsche *Moltke* eine Gürtelpanzerung von maximal 270 Millimeter Stärke und ein gepanzertes Deck von 50 Millimetern.

Die *Lion* gehörte bei ihrer Indienststellung dem 1. Kreuzergeschwader an und war ab Januar 1913 Flaggschiff des 1. Schlachtkreuzergeschwaders. Im Ersten Weltkrieg wurde sie Flaggschiff der Schlachtkreuzerflotte und leistete in der Schlacht um die Helgoländer Bucht am 28. August 1914 weitreichende Unterstützung. In der Schlacht an der Doggerbank, dem einzigen Gefecht, an dem ausschließlich Schlachtkreuzer beteiligt waren, wurde durch einen Schuss der *Lion* am 24. Januar 1915 der hintere Turm von Admiral Hippers Flaggschiff *Seydlitz* zerstört. Die *Lion* erlitt jedoch 17 Treffer, darunter zwei an der Wasserlinie, entging nur knapp einer Überflutung des Maschinenraums und fiel in dem Gefecht aus. Sie wurde von der *Indomitable* zurückgeschleppt und befand sich vier Monate lang in Reparatur.

In der Schlacht im Skagerrak am 31. Mai 1916 erhielt die *Lion* einen Volltreffer auf den Q-Turm. Dessen Offizier, Major Harvey, starb, als er noch die Magazine flutete und das Schiff damit rettete. Das Schwesterschiff *Queen Mary* wurde jedoch zusammen mit der *Indefatigable* und der *Invincible* in die Luft gesprengt. Die *Lion* wurde bis zum 19. Juli repariert und war anschließend bis zum Kriegsende in der Nordsee im Einsatz. Im Jahr 1921 wurde sie im Rahmen des Washingtoner Abkommens außer Dienst gestellt und im Januar 1924 zum Abwracken verkauft.

HMS LION

Abmessungen	Länge 213,40 m Breite 27,00 m Tiefgang 9,90 m
Verdrängung	max. 29.680 t
Besatzung	997 Mann
Antrieb	42 Yarrow-Wasserrohrkessel, Parsons Dampfturbinen mit Direktantrieb, 52.199 kW (70.000 PS), 4 Schrauben
Geschwindigkeit	28 Knoten
Reichweite	10.390 km bei 10 Knoten
Panzerung	Panzergürtel 102–229 mm, Schotten 102 mm, Türme 229 mm, Deck 25–64 mm, Kommandoturm 254 mm, Barbetten 203–229 mm
Bewaffnung	8x 343-mm-, 16x 102-mm-Geschütze, 2x 533-mm-Torpedorohre

DIE SCHLACHT AN DER DOGGERBANK

Die Schlacht an der Doggerbank fand statt, als die Briten aufgrund abgefangener Funksprüche einem deutschen Bombardement der Küstenstädte zuvorkommen wollten: Admiral Beattys Streitmacht mit fünf Schlachtkreuzern (*Lion*, *Tiger*, *Princess Royal*, *New Zealand* und *Indomitable*), sieben leichten Kreuzern und 35 Zerstörern gegen Admiral Hippers drei Schlachtkreuzer (*Seydlitz*, *Moltke* und *Derfflinger*), den Panzerkreuzer *Blücher*, vier leichte Kreuzer und 18 Torpedoboote.

In Unterzahl versuchte Hipper, ein Gefecht zu vermeiden, doch die schnelleren Briten verfolgten seine Schiffe und eröffneten am 24. Januar 1915 um 09:30 Uhr das Feuer aus großer Entfernung. Da die *Lion* durch den Verlust der Stromversorgung außer Gefecht gesetzt war, konnte Beatty keine wirksamen Signale mehr geben, und die deutschen Schiffe entkamen mit Ausnahme der *Blücher*. Obwohl die Schlacht nicht entscheidend war, wurde sie als taktischer Sieg für die Briten gewertet und steigerte den Ruf der Schlachtkreuzer, obwohl die Schäden an der *Lion* die mangelnde Durchhaltefähigkeit der britischen Schiffe unter schwerem Beschuss deutlich gemacht hatte.

Wyoming (1912)

Als eines der dienstältesten Schlachtschiffe der US-Marine diente die *Wyoming* in beiden Weltkriegen sowohl im Atlantik als auch im Pazifik und erfuhr eine Reihe von Veränderungen in Aussehen und Funktion.

Bei der Konstruktion amerikanischer Kriegsschiffe wurden ständig Fortschritte erzielt, wobei Größe und Feuerkraft schrittweise erhöht wurden. Ab der Florida-Klasse (Fertigstellung 1911) wurden sie von Dampfturbinen angetrieben. Die *Wyoming* wurde am 9. Februar 1910 in der Cramps-Werft in Philadelphia auf Kiel gelegt, am 25. Mai 1911 vom Stapel gelassen und im September 1912 in der New York Navy Yard in Dienst gestellt. Ihr Schwesterschiff, die *Arkansas*, wurde im selben Monat in Dienst gestellt.

WAFFENKONFIGURATION

Die *Wyoming* und die *Arkansas* besaßen je zwölf 305-Millimeter-Geschütze in sechs Türmen. Die Rohre hatten eine Länge von Kaliber 50 und wogen 56,3 Tonnen. Sie feuerten 394 Kilogramm und hatten eine Reichweite von 24.900 Metern, wenn sie maximal ausgelenkt waren. Durch den Platzbedarf der langen Geschütze wirkte der Mittschiffsbereich mit den beiden Schornsteinen und den Gittermasten eng zusammengedrängt. Zwischen den Schornsteinen war Ladegeschirr installiert. Die ursprüngliche Sekundärbewaffnung bestand aus 21 127-Millimeter-Schnellfeuergeschützen. Über den Geschützmagazinen und dem Maschinenraum befanden sich zwei gepanzerte Decks. Vier Parsons-Turbinen zogen Dampf aus zwölf Babcock-Kesseln, die mit einem Gemisch aus Kohle und Öl befeuert wurden.

Die *Wyoming* wurde der Atlantikflotte zugeteilt und operierte ab dem 30. Dezember 1912 von Hampton Roads (Virginia) aus als Flaggschiff auf Routinepatrouillen und Übungen. Im Jahr 1913 unternahm sie eine Langstreckenfahrt nach Malta und kehrte am 15. Dezember zurück. Bis

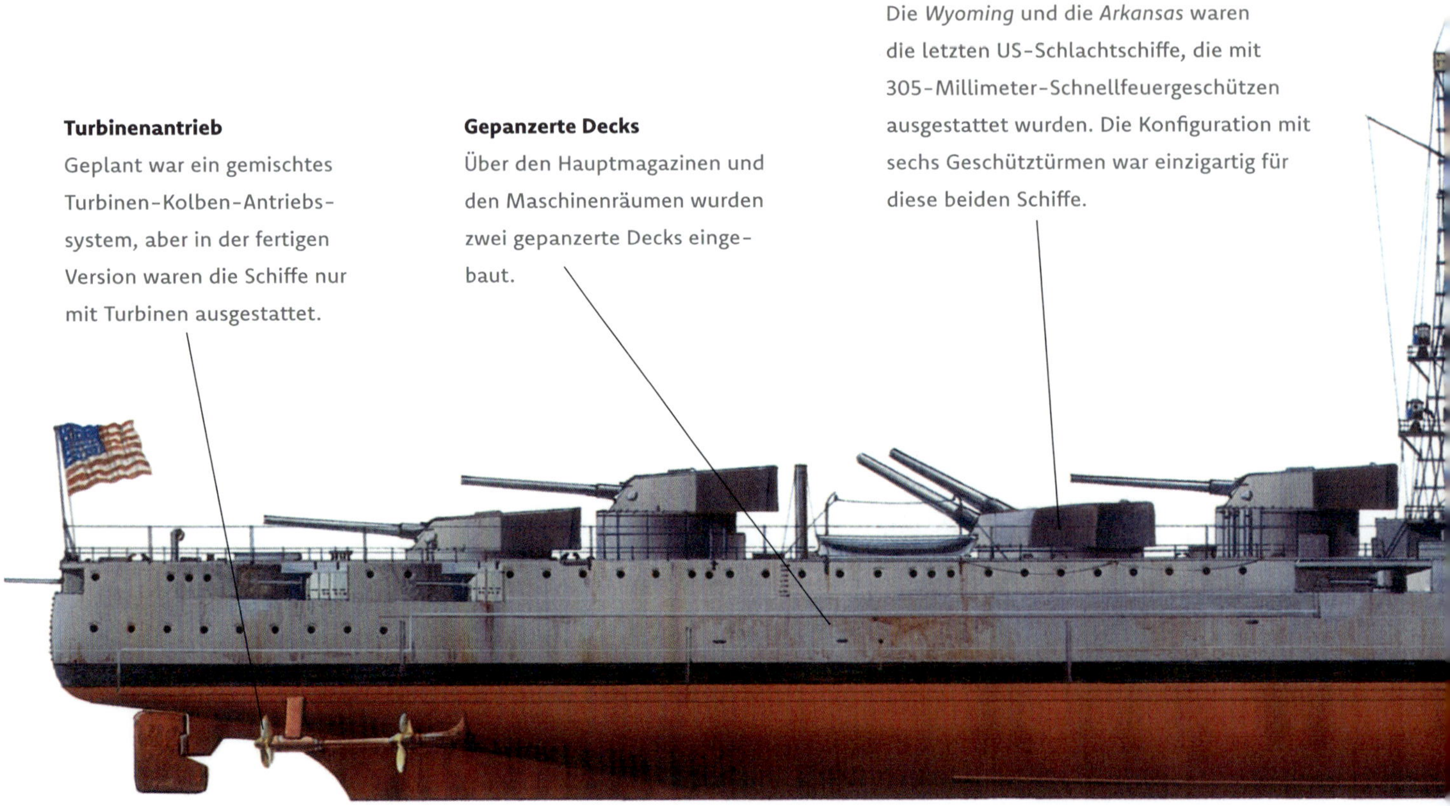

April 1917 blieb sie bei der Atlantikflotte. Von April bis November desselben Jahres wurde sie zur Ausbildung von Ingenieuren eingesetzt. Sie überquerte zusammen mit den Schiffen *New York*, *Delaware* und *Florida* als 9. Kampfdivision den Atlantik, um sich der britischen Großflotte in Scapa Flow anzuschließen, und diente dem 6. Kampfgeschwader. Von Juni bis Juli 1918 war sie als Wachschiff bei der Verlegung der Nordseesperre im Einsatz und begleitete anschließend die kapitulierende Hochseeflotte auf ihrem Weg nach Scapa Flow.

Im Dezember 1918 kehrte die *Wyoming* in die USA zurück und war vom 19. Juli 1919 bis August 1921 in einer Mischung aus taktischen und diplomatischen Missionen im Pazifik im Einsatz – von Puget Sound bis Hawaii und Valparaiso (Chile). Vom 15. September 1919 bis zum 20. April 1920 wurde das

Die vorangegangene Florida-Klasse hatte fünf Geschütztürme. Die *Wyoming* und die *Arkansas* waren einzigartig unter den US-Schlachtschiffen, da sie sechs Haupttürme hatten, mit einer Feuerpotenz von 4.728 Kilogramm an hochexplosiven Granaten.

Frontalgeschütze
Die 130-Millimeter-Geschütze vor dem A-Turm waren oft überflutet und wurden 1919 entfernt, ebenso das 130-Millimeter-Geschütz achtern.

Die *Wyoming* nähert sich im Dezember 1912 der Brooklyn Bridge, als sie von ihrer ausgedehnten Reise nach Europa und in das Mittelmeer zurückkehrt.

Schiff in der Puget Sound Navy Yard überholt. Die Mastspitzen wurden geschlossen und zusätzliche Plattformen für Suchscheinwerfer installiert. Die Scheinwerfer auf dem Ladegeschirr wurden durch 76-Millimeter-AA-Geschütze ersetzt und verbesserte Entfernungsmessgeräte auf der Brücke und an den Superfeuertürmen installiert.

UMFASSENDE ÜBERHOLUNG

Im Herbst 1926 wurde in der Marinewerft von Philadelphia eine umfassende Modernisierung durchgeführt. Man baute neue Turbinen ein, und vier White-Forster-Ölkessel ersetzten die ursprünglichen. Dies erhöhte die Leistung auf 20.879 kW (28.000 PS) und steigerte die Geschwindigkeit auf 20,5 Knoten. Diese Änderungen ermöglichten es, auf den Achterschornstein zu verzichten. Der hintere Gittermast wurde durch eine Dreibein-Konstruktion ersetzt und ein Katapult installiert, um ein Wasserflugzeug vom C-Turm aus zu starten. Dadurch erhielt das Schiff ein ganz anderes Aussehen.

Die drei vordersten Kasematten wurden auf beiden Seiten entfernt und die QF-Geschütze auf dem Oberdeck an einer Stelle platziert, wo sie über die Breite des Schiffes hinausragten und auf die Torpedowülste passten. Die Torpedorohre wurden entfernt. Weitere wichtige Änderungen erfolgten ab 1930 in der Marinewerft von Philadelphia, als die *Wyoming* im Einklang mit den im Londoner Flottenvertrag von 1930 vorgeschriebenen Reduzierungen der Kriegsschiffe „ent-

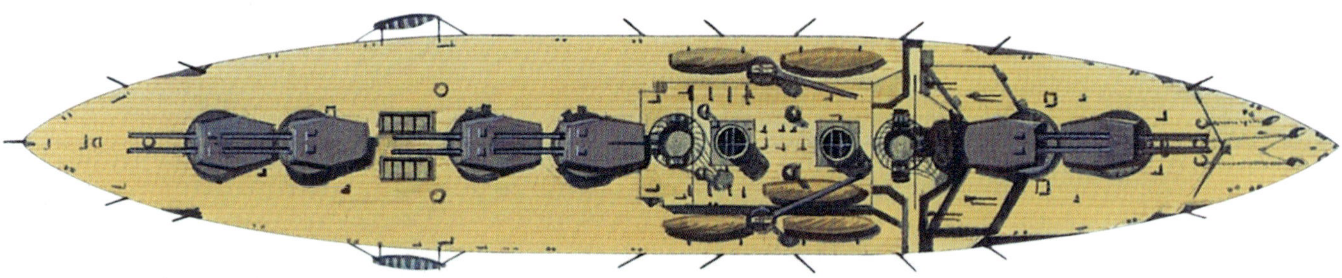

Der ursprüngliche Decksplan: Wie auf dem Bild des Schiffs im Kasten auf der rechten Seite zu sehen ist, waren die endgültige Bewaffnung und die Anordnung sehr unterschiedlich. Das Bild zeigt die *Wyoming* am 25. April 1945 im Atlantik.

militarisiert" und zu einem Ausbildungsschiff umgebaut wurde. Die Geschütztürme C, D und E wurden entfernt, ebenso die Seitenpanzerung. In dieser Form unternahm das Schiff, das nun die Bezeichnung *AG17* trug, Ausbildungsfahrten und Landungsübungen sowohl im Atlantik als auch im Pazifik. Auch ein Besuch in Kiel im Juni 1937 gehörte zu den Aktivitäten. Eine weitere Überholung in der Marinewerft in Norfolk vom 16. Oktober 1937 bis zum 14. Januar 1938 brachte keine wesentlichen Änderungen mit sich.

SCHIESSÜBUNGSSCHIFF

Nach dem Angriff auf Pearl Harbor am 7. Dezember 1941 und dem Eintritt der USA in den Zweiten Weltkrieg wurde die Ausbildungsfunktion des Schiffs erheblich intensiviert. Die Ausbildung der Flakabwehr spielte dabei eine besonders wichtige Rolle. Zwischen dem 12. Januar und dem 3. April 1944 wurde der vordere Gittermast entfernt und durch einen herkömmlichen Mast ersetzt. Auch die verbliebenen schweren Geschütze und Türme wurden entfernt, um mehr Platz für Flugabwehrgeschütze und Feuerleiteinrichtungen zu schaffen. Von Juni bis Juli 1945 erfolgten in der New Yorker Marinewerft weitere Umbauten zur Vorbereitung auf einen Einsatz mit der Composite Task Force 69, bei dem es um die Bekämpfung von Drohnenflugzeugen und Kamikaze-Taktiken ging. Die *Wyoming* wurde am 1. August 1947 außer Dienst gestellt und am 16. September aus dem Register gestrichen. 1947/48 wurde sie in Newark, New Jersey, abgewrackt.

USS WYOMING (BB32)

Abmessungen	Länge 117,00 m Breite 28,40 m Tiefgang 8,70 m
Verdrängung	26.000 t
Besatzung	1.063 Mann
Antrieb	4 Parsons-Turbinen, 12 Babcock-Kohle/Öl-Kessel, 20.880 kW (28.000 PS), 4 Schrauben
Geschwindigkeit	20,5 Knoten
Reichweite	14.800 km bei 10 Knoten
Panzerung	Panzergürtel 127–279 mm, Schotten 229–279 mm, Decks 25–76 mm, Ruderhaus 305 mm, Schornstein 165 mm, Geschütztürme 305 mm, Barbetten 279 mm
Bewaffnung	12x 305-mm-, 21x 130-mm-Geschütze (5 Zoll), 2x 533-mm-Torpedorohre

CHESAPEAKE-RAIDER

Der vielleicht nützlichste Abschnitt der langen Dienstzeit der *Wyoming* war ihr Einsatz im Zweiten Weltkrieg als Geschütztrainingsschiff, hauptsächlich für die Flugabwehr. Nachdem schließlich die ursprünglichen großen Geschütze alle entfernt worden waren, verfügte das relativ alte Schiff über zehn Geschütze des Kalibers 38 (130 Millimeter) in zwei Einzel- und vier Zwillingstürmen. Sie waren in der Lage, im hohen Winkel zu feuern. Daneben gab es eine Reihe kleinerer Flaks und Feuerleiteinrichtungen. Es wurde behauptet, dass die *Wyoming* in diesen Jahren mehr Geschosse als jedes andere Schiff der US-Marine abfeuerte, und zwar nicht in einem Kriegsgebiet, sondern ausschließlich im Übungsgebiet Chesapeake Bay. Das brachte ihr den Spitznamen „Chesapeake Raider" ein. Insgesamt wurden rund 35.000 Männer an sieben oder acht verschiedenen Geschütztypen ausgebildet. Die meisten von ihnen wurden nach Erwerb ihrer Abzeichen auf Zerstörer und Flugzeugträger versetzt.

Derfflinger (1913)

Die deutschen Schlachtkreuzer, die als Antwort auf die britischen gebaut wurden, waren besser gepanzert als ihre Gegenstücke, aber nicht so schnell. Mit den drei Schiffen der Derfflinger-Klasse setzte die kaiserliche Kriegsmarine auch erstmals das 305-Millimeter-Geschütz ein.

Die Pläne für diese Klasse wurden Mitte 1911 fertiggestellt. Ihr Aussehen unterschied sich von dem aller bisherigen deutschen Großkampfschiffe durch ein bündiges Deck, das sanft zu einem geraden Bug anstieg. So wurden sie mit als die schönsten Kriegsschiffe ihrer Zeit angesehen. Die *Derfflinger* wurde im Januar 1912 auf der Werft Blohm & Voss in Hamburg auf Kiel gelegt, am 12. Juli 1913 vom Stapel gelassen (nachdem sie einen Monat auf der Helling gelegen hatte) und kurz nach Kriegsausbruch am 1. September 1914 in Dienst gestellt. Die Gesamtkosten betrugen 56 Millionen Goldmark. Ihre Schwesterschiffe waren die *Lützow* (in Betrieb genommen im August 1915) und die *Hindenburg* (Mai 1917).

Vorderer Schornstein
Die *Derfflinger* war das einzige der drei Schiffe, bei dem der vordere Schornstein etwas höher war als der hintere.

Schottwand
Ein Schwachpunkt der Konstruktion war das Fehlen eines Torpedoschutzschotts hinter dem Breitseiten-Torpedoraum. Dies trug wesentlich zum Schicksal der *Lützow* bei.

Flakgeschütze
Die *Derfflinger* war das erste deutsche Großkampfschiff, das mit 88-Millimeter-Geschützen ausgestattet war.

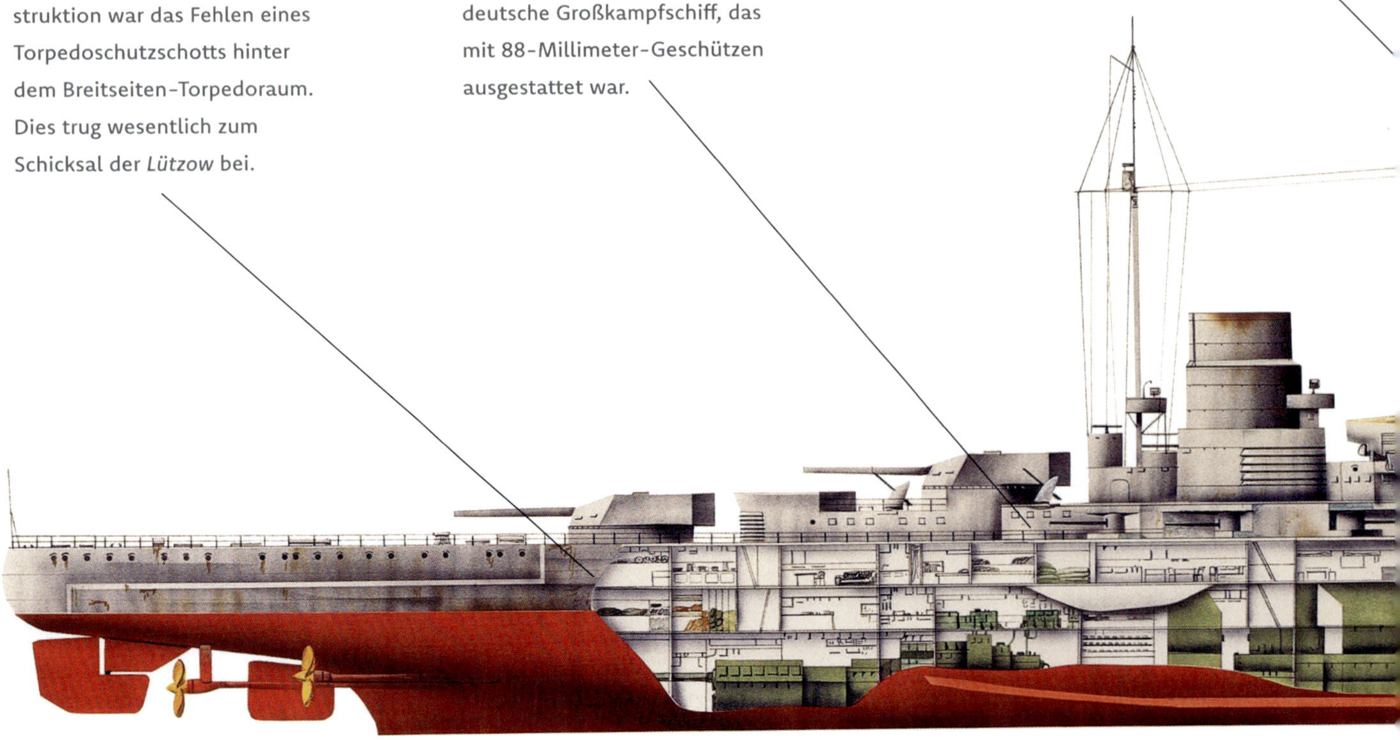

WAFFENSYSTEM

Die schweren Geschütze waren vorn und achtern angeordnet und verfügten über Überfeuerungsdrehtürme. Mit einer Rohrlänge von 15,2 Metern und einem Gewicht von 67 Tonnen feuerten sie Granaten von 405 Kilogramm auf eine Entfernung von 16.200 Metern bei einer Auslenkung von 13,5 Grad. Dies wurde später auf 20.400 Meter bei 16 Grad erweitert. Die Feuerrate betrug einen Schuss pro Minute. Die Sekundärbewaffnung bestand aus zwölf 150-Millimeter-Schnellfeuergeschützen in Kasematten auf Decksebene entlang des Aufbaus und acht 88-Millimeter-QF-Geschützen in den oberen Etagen. Vier von ihnen wurden 1916 entfernt und vier Flaks desselben Kalibers montiert. Vier Unterwasserrohre für 500-Millimeter-Torpedos wurden eingebaut, je eines an Trägern an jeder Rumpfseite, je eines an Bug und Heck. Die Panzerung reichte bis auf Deckshöhe zwischen den Haupttürmen und über die gesamte Länge auf Höhe der Wasserlinie, obwohl es so einen verwundbaren Bereich ohne Torpedoschutzschott zwischen den auf den Trägern montierten Torpedorohren gab. Insgesamt erwiesen sich die deutschen Schlachtkreuzer als wesentlich ausdauernder als ihre britischen Pendants.

Als Brennstoff wurde eine Mischung aus Kohle und Öl verwendet, wobei 14 Zwillingsschiffskessel mit Kohle und vier doppelendige Ölkessel zwei Turbinen mit Dampf versorgten, die vier Schiffsschrauben antrieben. Auf der *Derfflinger* war der vordere Schornstein etwas höher als der hintere. Bei beiden ragten die Kappen über die Außenhaut hinaus.

Fockmasten
Die drei Schiffe der Derfflinger-Klasse waren die einzigen deutschen Schlachtkreuzer, die (nach Mai 1916) mit dreibeinigen Fockmasten ausgestattet waren. Diese waren breit angelegt, und ihre Seitenmasten überspannten die Brückenstruktur.

Mit ihrem sehr leicht geneigten Bug und dem langen, flachen Deck sah die *Derfflinger* für ein 1911 entworfenes Kriegsschiff sehr modern aus. Ihre Kessel wurden teilweise mit Öl befeuert.

Haupttürme
Dies war die einzige deutsche Schlachtkreuzer-Klasse mit superfeuernden Haupttürmen.

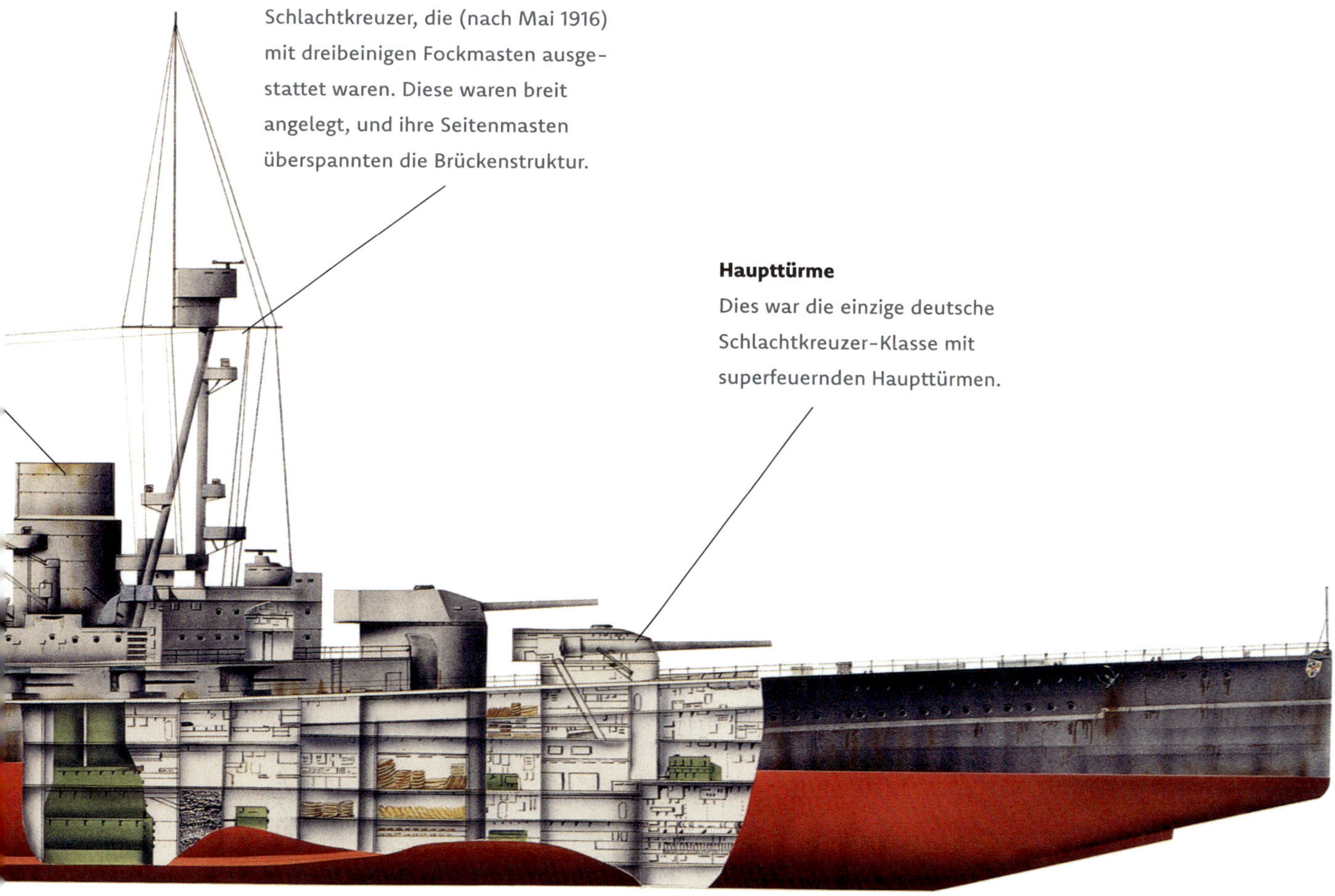

Diese Luftaufnahme von 1917 zeigt die feinen Linien der Rumpfkonstruktion der *Derfflinger*.

Das Schiff erfüllte die Anforderungen an die Geschwindigkeit von Schlachtkreuzern und erreichte bei der Erprobung im Krieg 25,8 Knoten. Die bei dieser Gelegenheit entwickelte Leistung betrug 57.121 kW (76.600 PS). Die *Derfflinger* wurde versuchsweise mit Schlingertanks ausgestattet, die zwischen den Schornsteinen im mittleren Aufbau angebracht wurden. Ursprünglich mit zwei Stabmasten ausgestattet, ersetzte nach der Skagerrakschlacht ein breiter Dreibeinmast mit großen Sicht- und Peilstationen sowie einer Brückenplattform zwischen den hinteren Streben den vorderen Stabmast.

DERFFLINGER

Abmessungen	Länge 210,40 m Breite 29,00 m Tiefgang 9,20 m
Verdrängung	max. 30.707 t
Besatzung	1.112–1.182 Mann
Antrieb	18 Kessel, Parsons-Turbinen, 4 Schrauben
Geschwindigkeit	26,5 Knoten
Reichweite	9.816 km bei 14 Knoten
Panzerung	Panzergürtel 150–300 mm, Schotten 100–250 mm, Deck 30 mm, Kommandoturm (vorne) 300 mm, Kommandoturm (hinten) 200 mm, Schornstein 165 mm, Barbetten 260 mm
Bewaffnung (1916)	8x 305-mm-, 12x 150-mm-, 4x 88-mm-Geschütze, 4x 88-mm-Flak, 4x 500-mm-Torpedorohre

AKTIVER DIENST

Die *Derfflinger* wurde dem Ersten Aufklärungsgeschwader von Konteradmiral Franz von Hipper zugeteilt. Sie nahm am 16. Dezember 1914 an der Bombardierung der englischen Küstenstadt Scarborough teil – eine Operation, mit der man hoffte, Einheiten der britischen Grand Fleet in die Schlacht zu zwingen. Sie war außerdem in der Schlacht bei der Dogger Bank (24. Januar 1915) beteiligt, wo sie einen Granattreffer erlitt, der eine lokale Überflutung der schützenden Kohlebunker verursachte. Im August 1915 war sie im Golf von Riga gegen russische Schiffe im Einsatz.

Zurück in der Nordsee, unternahm sie am 5. und 6. März 1916 einen Einsatz in Hoofden, der südlichen Nordsee vor der niederländischen Küste. Am 24. April beteiligte sie sich an der Bombardierung von Yarmouth und Lowestoft, und am 31. Mai war sie mit der Hochseeflotte im Skagerrak. Die Schlachtkreuzer von Hipper eröffneten als Erste das Feuer in der Schlacht und waren bis Ende schwer beschäftigt. Mit dem Schlachtkreuzer *Seydlitz* zusammen versenkte die *Derfflinger* das britische Schlachtschiff *Queen Mary* und mit der *Lützow* die *Invincible*.

Die *Derfflinger* wurde mit 17 schweren und vier leichteren Treffern schwer beschädigt und hatte am Ende der Schlacht nur noch zwei einsatzbereite Kanonen. Dennoch kehrte das Schiff aus eigener Kraft zum Marinestützpunkt Wilhelmshaven zurück, wobei sich rund 3.000 Tonnen Wasser im Rumpf befanden. Mitte Oktober waren die Reparaturen in Kiel abgeschlossen. Das Schiff blieb jedoch im Hafen, bis auf einen Einsatz am 23. April 1918 in der nördlichen Nordsee mit der *Hindenburg* und anderen Schiffen – in der Hoffnung, auf ein Geschwader der Grand Fleet im Geleitschutz zu treffen.

Nach der deutschen Kapitulation fuhr die *Derfflinger* am 24. November 1918 nach Scapa Flow und wurde dort auf Befehl von Admiral Reuter zusammen mit den anderen deutschen Schiffen am 21. Juni 1919 versenkt. 1939 wurde sie wieder gehoben und blieb an Ort und Stelle kieloben liegen, bis sie 1948 zum Abwracken nach Faslane geschleppt wurde.

DIE SKAGERRAKSCHLACHT

Die Schlacht von Jütland im Skagerrak, die vom 31. Mai bis 1. Juni 1916 stattfand, war die einzige große Seeschlacht des Ersten Weltkriegs. Sie begann mit einem Gefecht zwischen Schlachtkreuzern, wobei die deutschen Schlachtkreuzer des 1. Aufklärungsgeschwaders von Hipper zuerst auf die britischen Schiffe des 1. und 2. Geschwaders trafen. Die *Derfflinger* war von 15:38 Uhr am 31. Mai bis zu den letzten Momenten der Schlacht in den frühen Morgenstunden des 1. Juni im Einsatz und feuerte 385 Granaten aus den Hauptgeschützen, 235 Schuss aus der Sekundärbewaffnung sowie einen einzigen Torpedo ab. Insgesamt wurden 157 Besatzungsmitglieder getötet und 26 verwundet. Um 03:00 Uhr am 1. Juni musste Hipper melden, dass sein Geschwader nicht mehr kampffähig war, und Admiral Scheer, der Oberbefehlshaber, befahl ihm, mit seinen überlebenden Schiffen in den Hafen zurückzukehren. Die *Derfflinger* wurde 17 Mal von schweren Granaten und neun Mal von Sekundärgeschützen getroffen (siehe Bild unten).

Royal Oak (1914) 

Die *Royal Oak* gehörte zu einer Klasse von fünf Schlachtschiffen, die an der Seite der Hauptflotte kämpfen sollten, und wurde im Skagerrak eingesetzt. Sie war das erste große Schiff, das im Zweiten Weltkrieg versenkt wurde, als es vor Anker liegend in Scapa Flow torpediert wurde.

Ursprünglich sollten acht Schiffe die Revenge-Klasse bilden, aber nur fünf wurden gebaut. Die *Royal Oak* wurde am 15. Januar 1914 in der Devonport Naval Dockyard auf Kiel gelegt, lief am 29. April 1915 vom Stapel und war im Mai 1916 fertiggestellt. Die Kosten betrugen 2.468.269 Pfund.

Die 381-Millimeter-Geschütze waren die gleichen wie bei der Queen-Elizabeth-Klasse. Die Sekundärbewaffnung bestand aus 14 152-Millimeter-Kanonen. Es war das letzte Mal, dass ein Schlachtschiff der Royal Navy eine Batterie auf der Hauptdecksebene besaß, auch wenn sie weiter vom Bug

Zwei Schiffe der Revenge-Klasse waren die Schlachtkreuzer *Renown* und *Repulse* (1916). Sie hatten ähnliche Abmessungen und verfügten über sechs 381-Millimeter-Geschütze und Turbinen mit einer Höchstleistung von 93.958 kW (126.000 PS).

Schornstein
Die *Royal Oak* war das einzige Schiff der Revenge-Klasse, das nicht mit einer Schornsteinverkleidung ausgestattet war.

Feuerkontrolle
1938 wurde auf dem Hauptmast eine Flakfeuerleitanlage installiert.

Frontale Panzerung
Die Blasenform des Torpedowulstes ist deutlich zu erkennen. Das Gesamtgewicht der Panzerung betrug 8.250 Tonnen.

Scheinwerfertürme
Die Scheinwerfertürme wurden 1917/18 um den Schornstein herum gebaut.

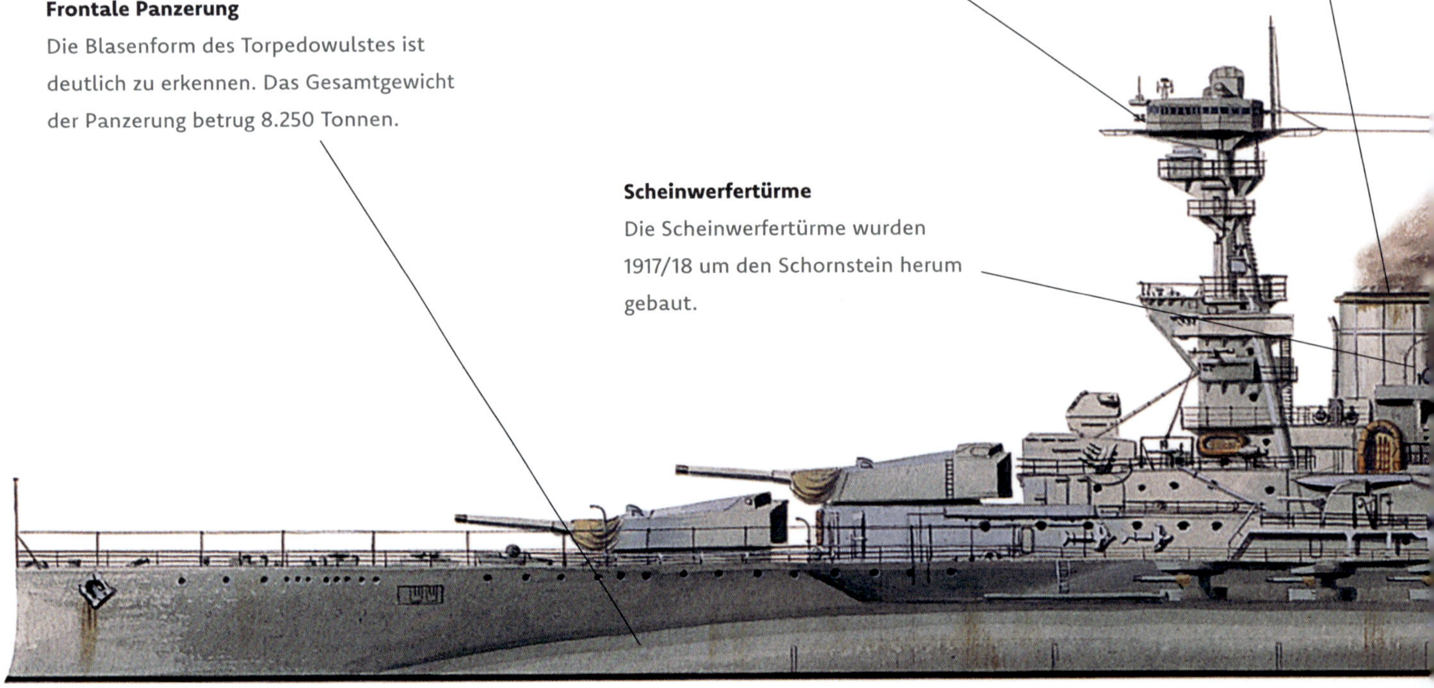

entfernt war als auf den vorherigen Schiffen, um eine Überflutung durch Wellen und Gischt zu minimieren. Das Schiff verfügte über zwei 76-Millimeter-Geschütze und vier Drei-Pfünder-Geschütze. Vier Unterwasser-Torpedorohre mit 533 Millimeter Durchmesser und 20 Torpedos waren eingebaut. Die Rohre wurden 1930 entfernt, doch 1934/35 wurden vier Torpedorohre am Bug oberhalb der Wasserlinie installiert, die auf jeder Seite nach achtern zeigten.

VERBESSERUNG DER GESCHWINDIGKEIT

Der ursprüngliche Plan sah eine gemischte Befeuerung der Kessel mit Kohle und Öl vor, da eine hohe Geschwindigkeit nicht erforderlich war. Als Admiral Fisher 1914 erneut zum Ersten Seelord ernannt wurde, verlangte er jedoch eine Umstellung auf reine Ölbefeuerung, was eine zusätzliche Geschwindigkeit von zwei Knoten bedeutete. Die drei nebeneinander liegenden Kesselräume wurden zu einem einzigen massiven Schornstein zusammengefasst, und um die hintere Hülle herum wurden Suchscheinwerfer aufgestellt. Bis 1939 war die *Royal Oak* das einzige Schiff der Klasse, das keine schwarz gestrichene Schornsteinhaube besaß.

Beginnend mit der *Ramillies* war dies die erste Schlachtschiff-Klasse, die mit Torpedoschutzwülsten, auch Blisters genannt, ausgestattet wurde. Sie erhöhten die Breite um vier Meter. Bei der *Royal Oak* wurden die Wülste 1927 erhöht und reichten fast bis zum Batteriedeck. Wie bei anderen Schlacht-

Sekundärbatterie
Dies war die letzte Schlachtschiffklasse der Royal Navy mit einer Hauptdeck-Sekundärbatterie auf jeder Seite.

Flugzeugabschussvorrichtung
Diese Ansicht zeigt die *Royal Oak*, wie sie 1939 aussah – mit Flugzeugkatapult auf dem X-Turm und Wippkran.

HMS ROYAL OAK

Abmessungen	Länge 189,00 m Breite 31,20 m Tiefgang 8,70 m
Verdrängung	28.650 t (33.500 t mit Ausbuchtungen)
Besatzung	997 Mann
Antrieb	18 Yarrow-Kessel, Parsons-Turbinen, 30.000 kW (40.000 PS), 4 Schrauben
Geschwindigkeit	23 Knoten
Reichweite	7.400 km bei 10 Knoten
Panzerung	Panzergürtel 330 mm, Schotten 152 mm, Deck 25–51 mm, Turmfronten 330 mm, Barbetten 254 mm
Bewaffnung	8x 381-mm-Mk1-, 12x 152-mm-, 8x 102-mm-Geschütze, 4x 533-mm-Torpedorohre

schiffen der Royal Navy auch, wurden die ursprüngliche Sekundärbewaffnung schrittweise verringert und zusätzliche Flaks montiert. Zwischen 1917 und 1923 wurden auf allen Schiffen der Klasse Flugzeugstartkatapulte an den Überfeuertürmen angebracht. 1934/1935 erhielt die *Royal Oak* auch ein Katapult auf dem X-Turm und einen Flugzeugkran an der Backbordseite des Hauptmasts. Weitere Modernisierungen, die zu dieser Zeit in Devonport vorgenommen wurden, waren eine neu gestaltete Brückenstruktur, eine verbesserte drahtlose Kommunikation und Verbesserungen der Flak-Ausstattung, einschließlich der Anbringung eines achtläufigen Zwei-Pfünder-Geschützes auf jeder Seite des Schornsteins sowie zweier vierfach montierter 18-Millimeter-Maschinengewehre auf jeder Seite des Kommandoturms.

Bis 1938 war der Hauptmast ein Pfahlmast, der ein Ladegeschirr trug. Aber als die Geschützkontrollinstrumente an den Kreuzbäumen installiert wurden, wurde der Pfahlmast mit zusätzlichen Stützen zum Dreibein. Zu diesem Zeitpunkt

TORPEDOWÜLSTE

Torpedowülste wurden erstmals 1917 an Küstenwachschiffen mit geringem Tiefgang angebracht, die in den von U-Booten frequentierten Gewässern vor der Küste Flanderns im Einsatz waren. Die Wülste flachen vorne und hinten ab und wölben sich an den Seiten nach außen, um das Zentrum einer Detonation so weit wie möglich von der Rumpfbeplankung entfernt zu halten und die zerstörerische Energie nach oben und unten abzuleiten. Der äußere Teil des Wulsts war leer und in wasserdichte Zellen unterteilt, während der innere Teil mit Wasser gefüllt war, das durch Öffnungen im Boden eingelassen wurde. Bei normaler Beladung befand sich die Oberkante des Wulsts knapp über der Wasserlinie. Die Geschwindigkeit verringerte sich dadurch geringfügig (0,3 Knoten), aber das Durchhaltevermögen und die Überlebenschancen eines Schiffs im Einsatz wurden deutlich erhöht. Das Konzept wurde bald von anderen Marinen kopiert. Die *Royal Oak* wurde letztlich von Torpedos getroffen, die von vorne abgefeuert wurden und an den ungeschützten Rumpfplatten am Boden des Schiffs explodierten.

wurden auch Brücke und Fockmast durch die Erweiterung der Turmplattformen und deren Zusammenlegung zu einem einzigen Aufbau mit integraler Struktur. Dennoch war das Ausmaß der Modernisierung an Bord der *Royal Oak* im Jahr 1939 recht begrenzt. Sie verfügte noch über die ursprünglichen Motoren, und ihre Geschwindigkeit reichte nicht mehr aus, um mit der Grand Fleet Schritt zu halten.

Nach ihrer Indienststellung wurde die *Royal Oak* dem 1. Kampfgeschwader der Grand Fleet zugeteilt und nahm umgehend an der Skagerrakschlacht am 31. Mai 1916 teil. Sie blieb bis 1919 bei der Grand Fleet, bevor sie zum 2. Kampfgeschwader und bis 1922 zur Atlantikflotte wechselte. Bis 1924 wurde sie umgerüstet und schloss sich dann erneut dem 2. Geschwader an. Von 1926 bis 1934 war sie das Flaggschiff der Mittelmeerflotte mit Sitz auf Malta. Eine öffentlich gemachte Meinungsverschiedenheit zwischen dem Flaggenoffizier an Bord und dem Kapitän und seinem Ersten Offizier führte dazu, dass diese von ihren Posten entfernt wurden.

TORPEDO-ANGRIFF

Eine weitere Überholung fand von Mai 1934 bis August 1936 statt. Danach kehrte die *Royal Oak* zum 2. Schlachtgeschwader als Flaggschiff der Home Fleet zurück. Ab dem 24. Januar 1937 war sie wieder bei der Mittelmeerflotte in Gibraltar und nahm während des Spanischen Bürgerkriegs an Neutralitätspatrouillen vor der spanischen Küste teil. Dabei erlitt sie zwei kleinere Treffer durch zufälligen Beschuss. Am 4. Juni 1937 kehrte sie nach Plymouth zurück und wurde wieder bei der Home Fleet eingesetzt.

Bei Kriegsausbruch wurde die *Royal Oak* an einen Ankerplatz nach Scapa Flow verlegt, wo sie in der Nacht des 14. Oktober 1939 in einer meisterhaften Aktion von *U-47* (unter dem Kapitän Günther Prien) torpediert wurde. Ein erster Torpedo traf den Bug, gefolgt von einer zweiten Salve mit drei Treffern, so dass sie explodierte. Sie kenterte und sank innerhalb von zehn Minuten. 833 Menschen kamen ums Leben.

Die *Revenge*, die 1916 an der Skagerrakschlacht teilnahm, übernahm zu Beginn des Zweiten Weltkriegs Geleitschutzaufgaben und wurde 1943 in den Reservestatus versetzt.

Texas (1914)

Die *Texas* wurde in beiden Weltkriegen im Atlantik, im Mittelmeer und im Pazifik eingesetzt. Sie war das erste US-Kriegsschiff, das ein Flugzeugkatapult besaß und ist heute noch als Museumsschiff in La Porte – natürlich in Texas – zu besichtigen.

Die *Texas* trug die Wimpelnummer BB35, ihre einzige Klassenschwester, die *New York*, die BB34 – obwohl die *Texas* als erste am 17. April 1911 in Newport News auf Kiel gelegt wurde. Sie lief am 18. Mai 1912 vom Stapel und wurde einen Monat vor der *New York* im März 1914 fertiggestellt. Sie war etwas größer als die Vorgängerin *Wyoming*, trug schwerere Geschütze und kostete 4.962.000 US-Dollar gegenüber den 3.856.000 US-Dollar der *Wyoming*. Die Kosten waren in beiden Fällen ohne die Geschütze. Als erstes US-Schlachtschiff mit 356-Millimeter-Geschützen hatte die *Texas* fünf Zwillingstürme, drei davon hinter dem Achtermast. Die Platzierung des mittleren Turms verkürzte die Aufbauten wie bei anderen US-Schlachtschiffen jener Zeit, und die Gittermasten und Zwillingsschornsteine bildeten eine kompakte Einheit.

Die amerikanischen Schlachtschiffe waren im Vergleich zu den britischen ziemlich dick: Sowohl bei der *Wyoming* als auch bei der *Texas* betrug das Verhältnis von Länge zu Breite 6:1, während es bei der *Lion* 7,9:1 war. Aber die *Texas* brauchte

Bewaffnung
Ursprünglich sollten dreifach montierte 305-Millimeter-Geschütze eingebaut werden. Im Jahr 1941 wurde die Höhe der 356-Millimeter-Geschütze von 150 auf 300 erhöht, was ihre Reichweite vergrößerte.

Torpedoschutz
Der Blister-Torpedoschutz vergrößerte die Breite auf 32,33 Meter und verschlechterte die ohnehin schon schwachen Fahreigenschaften des Schiffs.

reichlich Breite, um ihre massiven Salven aus zehn Kanonen abfeuern zu können.

Die Rohrlänge betrug 13,7 Meter, das Gewicht 63 Tonnen und das Gewicht der Geschosse 635 Kilogramm. Jeder Turm wog 864 Tonnen. Die Geschütze waren um 30 Grad neigbar und hatten eine maximale Reichweite von 30.000 Metern. Aufgrund von Meinungsverschiedenheiten zwischen den Marinebehörden und den Motorenherstellern über die Spezifikation der Turbinen wurden keine Turbinen, sondern Dreifach-Expansionsmotoren eingebaut. Sie wurden von 14 Babcock-Kohle/Öl-Kesseln befeuert.

STRANDUNG VOR BLOCK ISLAND

1914 kam es zu einer militärisch-diplomatischen Krise zwischen den USA und Mexiko. Die *Texas* wurde zunächst zur Unterstützung einer US-Truppenlandung in Vera Cruz eingesetzt und war dann vor Tampico stationiert. Ab 1915

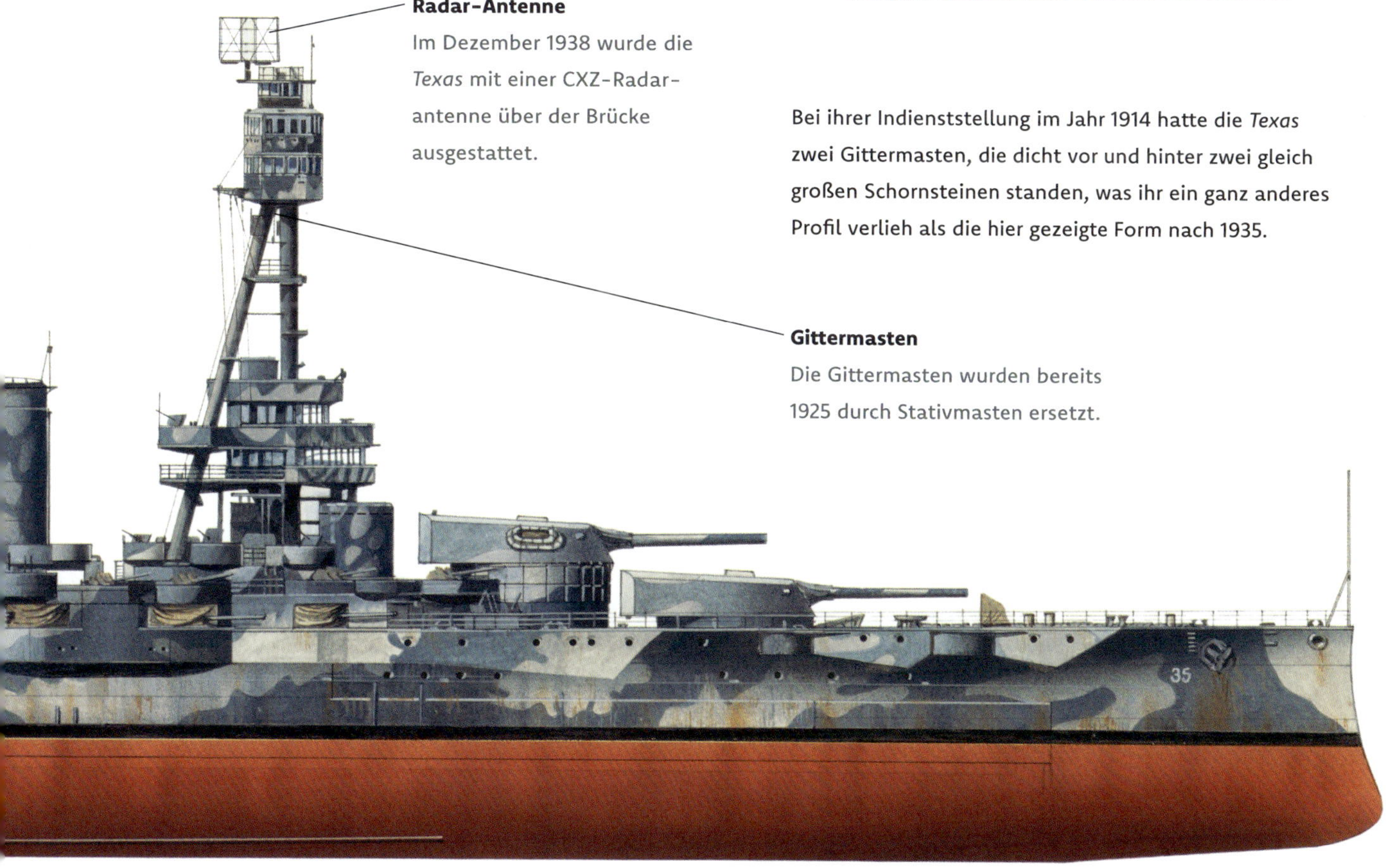

Radar-Antenne
Im Dezember 1938 wurde die *Texas* mit einer CXZ-Radarantenne über der Brücke ausgestattet.

Bei ihrer Indienststellung im Jahr 1914 hatte die *Texas* zwei Gittermasten, die dicht vor und hinter zwei gleich großen Schornsteinen standen, was ihr ein ganz anderes Profil verlieh als die hier gezeigte Form nach 1935.

Gittermasten
Die Gittermasten wurden bereits 1925 durch Stativmasten ersetzt.

USS TEXAS (BB35)

Abmessungen	Länge 174,50 m Breite 29,00 m Tiefgang 8,70 m
Verdrängung	27.000 t
Besatzung	1.530 Mann
Antrieb	14 Kessel, 2 vertikale Dreifach-Expansionsmotoren, 20.954 kW (28.100 PS), 2 Schrauben
Geschwindigkeit	21 Knoten
Reichweite	14.816 km bei 10 Knoten
Panzerung	Panzergürtel 254–304 mm, Deck 76 mm, Kommandoturm 305 mm, Türme 356 mm, Barbetten 305 mm
Bewaffnung	10x 356-mm-, 21x 127-mm-Geschütze, 4x533-mm-Torpedorohre

Ein Foto der *Texas* um 1914, als sie gerade aus fremden Gewässern zurückkehrt. Gut zu sehen: ihre Hauptgeschütze und die Gittermasten.

gehörte sie zur Atlantikflotte. Als Teil der 9. Schlachtschiffdivision sollte sie den Atlantik überqueren, um sich der britischen Grand Fleet anzuschließen, lief jedoch am 16. September 1917 bei Block Island auf Grund und musste in der New York Navy Yard repariert werden. Am 11. Februar 1918 erreichte sie schließlich Scapa Flow auf den Orkney-Inseln, von wo aus sie an Konvoi-Eskorten und Nordsee-Patrouillen teilnahm.

Nach ihrer Rückkehr in die USA wurde die *Texas* am 19. März 1919 das erste US-Schlachtschiff, von dem aus ein Flugzeug starten konnte. Von diesem Jahr bis 1924 war sie bei der Pazifikflotte und kehrte dann nach Norfolk zurück, wo sie zwischen 1925 und 1927 umfassend modernisiert wurde. Die Korbmasten wurden durch Dreibeinmasten ersetzt, wobei der hintere Mast nun zwischen den C- und D-Türmen platziert war. Sechs ölbefeuerte Bureau-Express-Kessel ersetzten die vorherige Anordnung, und die beiden Schornsteine wurden durch einen einzigen ersetzt. Auf dem mittleren C-Turm wurde ein Katapult angebracht. Kräne ersetzten das frühere Ladegeschirr auf beiden Seiten des Schornsteins.

KOMPROMISSLOSE HANDHABUNG

Im Rumpf wurden die Torpedorohre entfernt (nur von einem Schlachtschiff ist bekannt, dass es im Ersten Weltkrieg einen Torpedo abfeuerte), ein neues Torpedoschott sowie ein Dreifachboden im Mittschiffsbereich eingebaut und die horizontale Panzerung verstärkt. Durch diese Änderungen erhöhte sich die Verdrängung des Schiffs um etwa 3.000 Tonnen, was

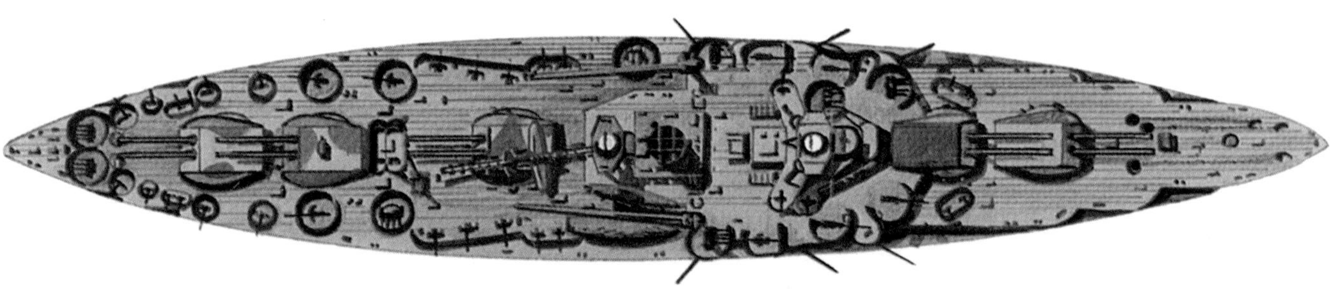

Der Decksplan zeigt die Gestaltung nach dem Umbau mit einem Schornstein und dem Dreifach-Hauptmast achtern des Mittelturms.

sich vor allem unter rauen Bedingungen nachteilig auf das Fahrverhalten auswirkte.

In den 1930er-Jahren diente das Schiff zunächst bei der Atlantik- und dann bei der Pazifikflotte sowie als Ausbildungsschiff. Zu den weiteren Änderungen in dieser Zeit gehörten die Entfernung der Toppmasten (1934/35) und der Einbau von Flaks auf den Dreibeinplattformen. Im Jahr 1938 wurde eine kompakte CXZ-Radarantenne über der Brücke angebracht.

In den Jahren 1940/41 fuhr die *Texas* Patrouillen im Westatlantik zum Schutz der US-Schifffahrt vor den kriegführenden Parteien. Nach dem Kriegseintritt der USA wurde sie als Konvoi-Eskorte eingesetzt – eine Aufgabe, bei der ihre vergleichsweise geringe Geschwindigkeit kein Problem darstellte. Im November 1942 leistete sie Artillerieunterstützung bei der Landung der Alliierten in Marokko und Algerien und wiederholte diese Rolle bei der Landung in der Normandie 1944 sowie in Südfrankreich im selben Jahr.

1942 wurde eine SG-Radarantenne auf einer Plattform am Fockmast angebracht, 1943 wurde ein SK-Radar am Achtermast hinzugefügt. Ebenfalls ab 1943 wurden sechs 20-Millimeter-Flaks auf der Oberseite des B-Turms montiert.

Ab Ende 1944 wurde die *Texas* in den Pazifik verlegt und kam bei Iwo Jima und Okinawa zum Einsatz. Zwischen 1941 und 1945 kämpfte das Schiff bei insgesamt 116 Einsätzen. Es war das erste von mehreren Schlachtschiffen, das 1948 durch ein Gesetz des Kongresses von der Marine in ein Museumsschiff umgewandelt wurde.

FLUGZEUGKATAPULTE

Die Startplattform wurde ursprünglich während der Überholung 1919 in der New Yorker Marinewerft am B-Turm der *Texas* angebracht. Sie diente dem Start eines britischen Sopwith-Camel-Flugzeugs. Der Einsatz von Flugzeugen auf großen Schiffen begann im Ersten Weltkrieg und wurde von den Briten initiiert. Das wichtigste Element war ein Wasserflugzeug, das mit einem Katapult gestartet, auf dem Wasser gelandet und mit einem Kran auf das Mutterschiff zurückgezogen werden konnte. Flugzeuge wurden zur Aufklärung eingesetzt und waren vielseitiger als Fesselballone, die ebenfalls verwendet wurden. In den 1920er-Jahren setzte die US-Marine Flugzeuge amerikanischer Bauart ein, zunächst die Vought *Corsair* (1927), dann die Keystone OL9 (1930), die Curtiss SOC 4 *Seagull* (1934), die Vought OS2 U-1 *Kingfisher* (1941), die Curtiss SO3 C-2 *Seamew* (1942) und die Curtiss SC-1 *Seahawk* (1944). Gegen Ende des Zweiten Weltkriegs waren trägergestützte Flugzeuge in so großer Zahl verfügbar, dass Briten und Amerikaner weitgehend auf Hilfsflugzeuge auf Schlachtschiffen verzichteten, obwohl Deutsche und Japaner sie bis zum Schluss einsetzten.

Queen Elizabeth (1915)

Eine „Super-*Dreadnought*", Klassenprimus unter fünf Schlachtschiffen, die in beiden Weltkriegen eingesetzt wurden. Im Ersten Weltkrieg hoben sie sich durch ihre Geschwindigkeit und Feuerkraft vom Rest der Grand Fleet ab und bildeten ein eigenes Schlachtgeschwader.

Der Entwurf der *Queen Elizabeth*, die am 27. Oktober 1912 in der Werft von Portsmouth auf Kiel gelegt, nur weniger als ein Jahr später (16. Oktober 1913) vom Stapel gelassen und am 19. Januar 1915 in Dienst gestellt wurde, war stark von Berichten und Gerüchten über Schlachtschiffentwürfe von anderen Mächten beeinflusst. Diese deuteten an, dass die USA und Deutschland Marinegeschütze mit größerem Kaliber planten. Folglich wurden 381-Millimeter-Kanonen bestellt. Obwohl nur acht Stück montiert wurden, war man der Meinung, dass ihre Stärke die Anzahl mehr als wettmachen würde. Zu dieser Zeit waren die größten Geschütze der deutschen Marine 304 Millimeter stark, die meisten hatten ein Kaliber von 279 Millimetern.

Sechs Schiffe waren geplant, das sechste wurde nicht mehr gebaut. Sein Name, *Agincourt*, bezog sich auf eine Version der *Dreadnought* mit 14 304-Millimeter-Geschützen. Es war ursprünglich von Brasilien bestellt, während des Baus an die Türkei verkauft und im August 1914 von der britischen Regierung beschlagnahmt worden. Die Geschütze der *Queen Elizabeth* hatten 12,8 Meter lange Rohre, wogen 95,5 Tonnen und feuerten 875 Kilogramm schwere Granaten ab, die schwersten im Ersten Weltkrieg, mit einer Reichweite von

Flak-Verteidigung
Die Flakabwehr umfasste 20-Millimeter-Geschütze, die auf den Superfeuertürmen montiert waren. Bis zu 52 dieser Geschütze wurden während des Zweiten Weltkriegs installiert – zusätzlich zu 32 40-Millimeter-Geschützen mit acht Läufen und 16 schweren Maschinengewehren mit vier Läufen.

Flugzeugkatapult
Zwischen 1939 und 1943 war ein Flugzeugkatapult auf dem Bootsdeck installiert. Vier Wasserflugzeuge konnten mitgeführt werden, aber die Briten verzichteten bald auf Flugzeuge an Bord von Schlachtschiffen und setzten stattdessen auf Trägerflugzeuge auf Aufklärungsschiffen.

32.000 Metern bei einer Auslenkung von 30 Grad. Ursprünglich betrug die maximale Auslenkung bei Indienststellung aber nur 20 Grad. Jeder Geschützturm wog 1.023 Tonnen und war mit 75 Mann besetzt. Die Sekundärbewaffnung bestand aus 16 152-Millimeter-Schnellfeuergeschützen, die seitlich in Kasematten montiert waren. Diese wurden bis 1916 auf zwölf Stück reduziert und stattdessen zwei 102-Millimeter-Flaks installiert. Zu diesem Zeitpunkt stellten eher Zeppelin-Luftschiffe als Flugzeuge die Hauptbedrohung dar, obwohl sie selbst ein größeres Ziel boten.

TECHNIK

Es waren vier Unterwassertorpedorohre an den Trägern installiert. Die Energieversorgung erfolgte durch 24 Kessel

Die *Queen Elizabeth* im Jahr 1943 mit verstärkter Flak-Ausstattung und Radarausrüstung nach einer Überholung in den USA. Das Flugzeug und das Katapult wurden bald entfernt.

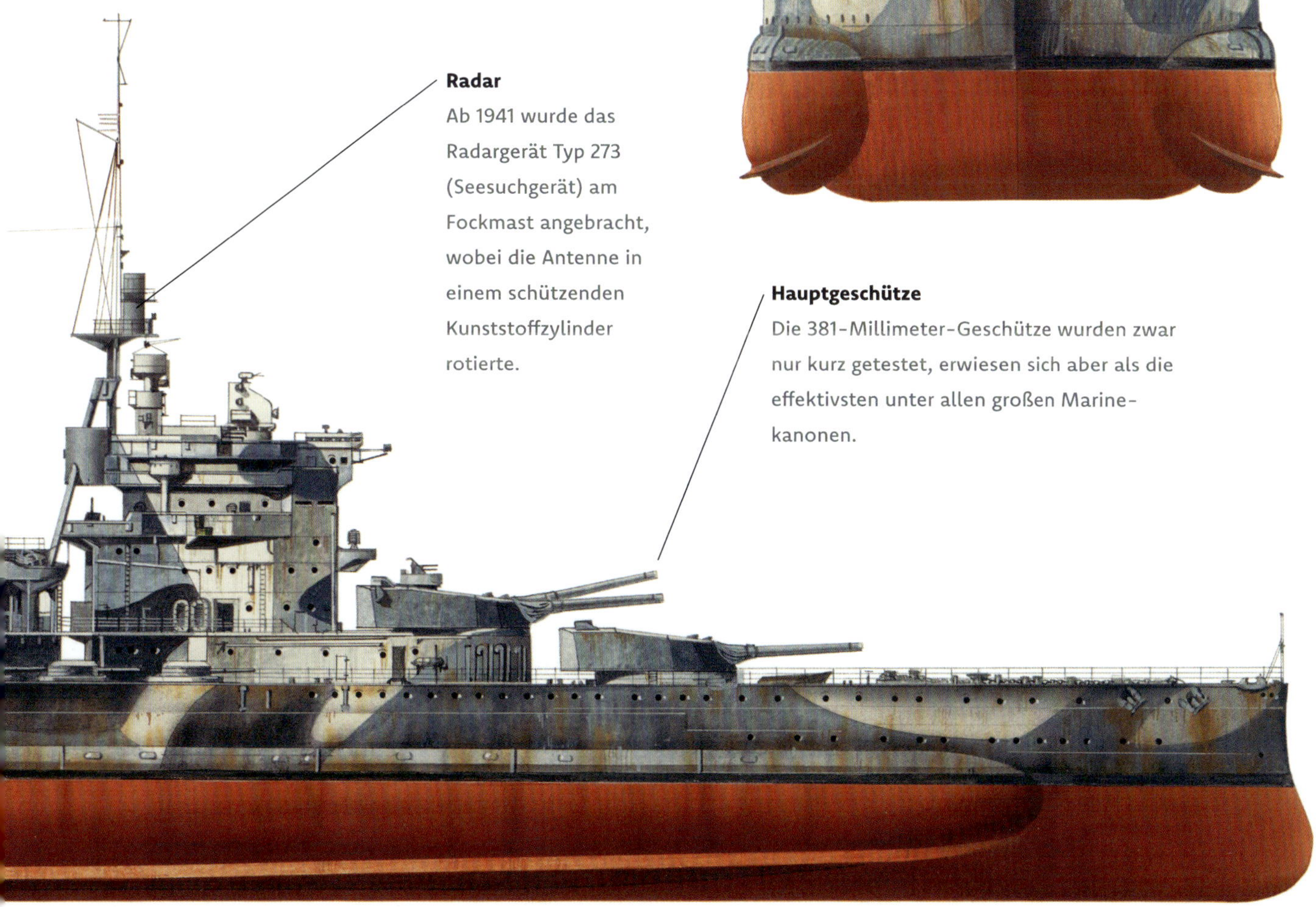

Die *Queen Elizabeth* um 1918. Zu diesem Zeitpunkt gehörten Torpedowulste und -netze nicht mehr zur notwendigen Verteidigungsausrüstung eines Schlachtschiffs. Gegenüberliegende Seite im Kasten: die *Queen Elizabeth* um 1940.

von Babcock & Wilcox in acht Kesselräumen. Sie versorgten Parsons-Turbinen mit Hochdruckvorwärts- und Niederdruckrückwärtsantrieb, die vier Schiffsschrauben antrieben. Zusätzlich gab es eine Fahrturbine, die lediglich die äußeren Schrauben bei Reisegeschwindigkeit antrieb. Zum ersten Mal wurde auf einem Schlachtschiff ausschließlich Öl als Brennstoff verwendet. Die Bunkerkapazität betrug 3.400 Tonnen.

HMS QUEEN ELIZABETH

Abmessungen	Länge 195,34 m Breite 27,60 m Tiefgang 9,10 m
Verdrängung	max. 33.020 t
Besatzung	951 Mann
Antrieb	24 Babcock-&-Wilcox-Kessel, 4 Parsons-Getriebeturbinen, 55.927 kW (75.000 PS), 4 Schrauben
Geschwindigkeit	23 Knoten
Reichweite	13.840 km bei 12,5 Knoten
Panzerung	Panzergürtel 102–330 mm, Schotten 102–152 mm, Magazin 127–330 mm, Oberdeck 32–45 mm, Deck 25 mm (76 mm über dem Ruder), Barbetten 102–254 mm
Bewaffnung	8x 381-mm-, 16x 152-mm-Geschütze, 2x 76-mm-Flaks, 4x 533-mm-Torpedorohre

Bei den meisten Seestreitkräften war es üblich, dass die Panzerung eines Schlachtschiffs so dick war wie sein Kanonenkaliber. Seit der *Dreadnought* (1905) hielten sich die britischen Konstrukteure jedoch nicht mehr an diese Vorgabe, sondern reduzierten die Panzerung im Interesse einer höheren Geschwindigkeit. Bei der Queen-Elizabeth-Klasse betrug die maximale Panzerstärke 330 Millimeter und wurde nur in einem 1,2 Meter breiten Gürtel mittschiffs angebracht. Jenseits dieses Abschnitts verjüngte sich die Panzerung auf 102 Millimeter. Das Konzept hinter der Forderung nach mehr Schnelligkeit bestand darin, dass ein Schlachtschiffgeschwader mit einer Geschwindigkeit von etwa vier Knoten mehr als die Hauptflotte in der Lage sein sollte, eine feindliche Flotte zu verfolgen und diese auszumanövrieren, um sie in eine Schlacht zu zwingen.

LANDUNG AUF DEN DARDANELLEN

Nach ihrer Indienststellung wurde die *Queen Elizabeth* sofort zur Mittelmeerflotte beordert und unterstützte von Februar bis Mai 1915 die Landung auf den Dardanellen. Nach der Rückkehr von diesem unglücklichen Unternehmen schloss sie sich am Skagerrak der Grand Fleet an und war dort von 1916 bis 1920 Flaggschiff. Ab 1920 wurde sie Flaggschiff der Atlantikflotte, ab Juli 1924 der Mittelmeerflotte.

In den Jahren 1926/27 wurde sie umfangreich umgebaut und kehrte dann bis 1929 zur Mittelmeerflotte zurück, war kurzzeitig Flaggschiff der Atlantikflotte und wurde schon ein Jahr später wieder im Mittelmeer eingesetzt. Zwischen August 1937 und Januar 1941 erfolgte in Portsmouth erneut eine große Modernisierung, die in Rosyth abgeschlossen wurde. Nach einer kurzen Zugehörigkeit zur Home Fleet entsandte man sie im Mai 1941 erneut in das Mittelmeer.

Am 19. Dezember wurde die *Queen Elizabeth* zusammen mit ihrem Schwesterschiff *Valiant* in Alexandria durch einen mutigen Angriff italienischer Mini-U-Boote schwer beschädigt. Nach vorübergehender Flickschusterei kam sie zur vollständigen Reparatur nach Norfolk, Virginia, und kehrte im Juni 1943 ins Vereinigte Königreich zurück. Erneut war sie für einige Monate bei der Home Fleet im Einsatz, bevor sie nach Fernost geschickt wurde. Dort traf sie am 28. Januar 1944 als Flaggschiff der Ostflotte in Trincomalee (Sri Lanka) ein.

Es folgte eine Zeit intensiver Aufgaben als Begleit- und Unterstützungsschiff für Trägeroperationen und Landungen im indonesischen Archipel, gefolgt von einer großen Überholung in Durban, Südafrika, im Oktober/November 1944. Danach kehrte sie in den Indischen Ozean zurück, wo sie unter anderem die Landung auf Ramree und Aktionen gegen die von den Japanern besetzten Birma und Sumatra unterstützte.

Am 12. Juli 1945 kehrte sie nach Großbritannien zurück und wurde im März 1946 auf die Reserveliste gesetzt. Im Juni 1948 wurde die *Queen Elizabeth* aufgelegt und noch im selben Jahr verschrottet.

STETES RÜSTEN

Ein eher anachronistisches Merkmal der *Queen Elizabeth* war eine Achtergalerie, die an die alten, hölzernen Kriegsschiffe erinnerte. Im Laufe der Jahre, insbesondere zwischen 1937 und 1941, wurden an allen Schiffen der Klasse zahlreiche Änderungen und Ergänzungen vorgenommen, die das Profil der einzelnen Schiffe erheblich veränderten. Bis 1942 blieben nur die Rümpfe und die schweren Geschütze unverändert, obwohl diese inzwischen auch bis zu 30 Grad geneigt werden konnten. Es wurden zudem neue Maschinen installiert und ein einziger großer Schornstein mit einem Suchscheinwerfer am hinteren Ende eingebaut.

Die Brückenkonstruktion wurde erhöht und vergrößert, um verbesserte Navigations- und Feuerleitsysteme unterzubringen. Auf der *Queen Elizabeth* wurden vorn und achtern Dreibeinmasten installiert, hinter dem Schornstein wurden ein Flugzeughangar und Startkräne eingebaut sowie eine große Anzahl von 20-Millimeter-Flaks aufgestellt. Die Seitenpanzerung entlang der 381-Millimeter-Magazine wurde auf 102 Millimeter verstärkt. Dagegen wurde die Anzahl der 152-Millimeter-Geschütze um vier auf jeder Seite reduziert, und auch die Torpedorohre wurden entfernt.

Fuso (1915) 

Als erste „Super-*Dreadnought*“ der kaiserlich japanischen Marine, die tatsächlich in Japan entworfen und gebaut wurde, war die *Fuso* bei ihrer Inbetriebnahme das größte Schlachtschiff der Welt. In ihrer ursprünglichen Form wies sie eine Mischung aus britischen und japanischen Einflüssen auf, doch spätere Umbauten veränderten ihr Aussehen völlig und gaben ihr ein unverwechselbares Profil.

Frühere japanische Schlachtschiffe waren von britischen Werften gebaut worden, wenn auch mit vielen Anregungen japanischer Konstrukteure und Techniker. Der Entwurf der *Fuso* basierte teilweise auf dem Schlachtkreuzer der Kongo-Klasse, war aber wesentlich stärker gepanzert. Sie wurde am

Türme

Die Anordnung der Türme drei und vier war ungewöhnlich. Die Position des zentralen Turmmagazins in demselben Schiffsbereich wie die Ölbunker könnte letztlich zum Schicksal der *Fuso* beigetragen haben.

Bewaffnung

Die ursprünglichen 356-Millimeter-Geschütze konnten mit einem Höhenunterschied von 0 bis 300 eingestellt werden. Nach 1933 umfasste die Spanne -50 bis 430, bei einer maximalen Reichweite von 35.450 Metern. Die panzerbrechende Granate namens *Tetsukodan* wog 673,5 Kilogramm und die hochexplosive Granate *01-Shiki Tsujodan* 625 Kilogramm.

Die beiden Profile von 1915 (oben) und 1933 (unten) verdeutlichen die bemerkenswerte Veränderung des Erscheinungsbilds der *Fuso* nach der Modernisierung. Es wurden auch völlig neue Maschinen installiert.

Flugzeuge

Japanische Großkampfschiffe beförderten Wasserflugzeuge von Nakajima, Kawanishi oder Mitsubishi. Alle waren Doppeldecker.

Katapult

Ein Katapult vom Typ Kure Shiki 2 Go 4 Gata wurde bei der Modernisierung zwischen 1930 und 1933 auf dem dritten Turm montiert.

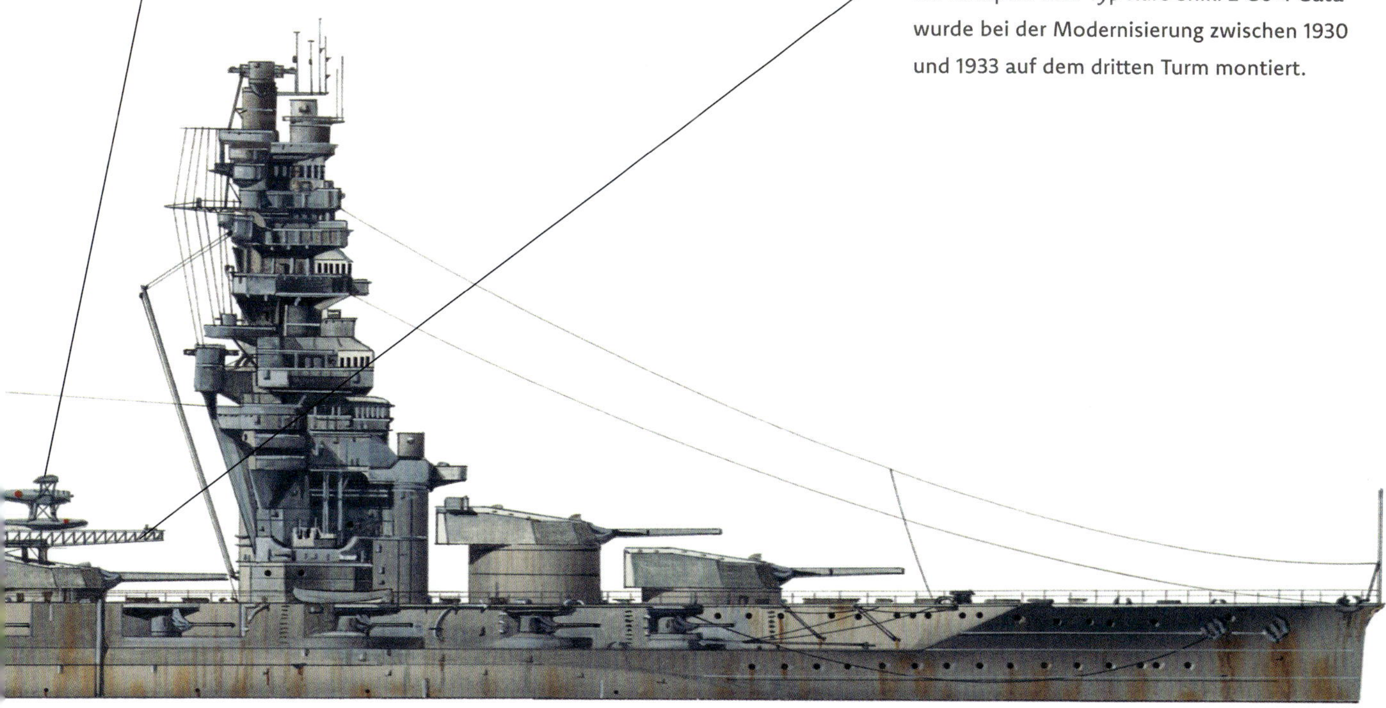

Die *Fuso* bei der Erprobung im Jahr 1915. Sie war eines der wenigen Schlachtschiffe, die sechs schwere Geschütztürme hatten.

FUSO

Abmessungen	Länge 205,00 m Breite 10,08 m Tiefgang 8,60 m
Verdrängung	39.145 t
Besatzung	1.396 Mann
Antrieb	6 Kampon-Kessel, 4 Kampon-Dampfturbinen, 55.927 kW (75.000 PS), 4 Schrauben
Geschwindigkeit	27,74 Knoten
Reichweite	21.854 km bei 16 Knoten
Panzerung	Panzergürtel 102–305 mm, Deck 51–132 mm, Haupttürme 114–297 mm, Kasematten 152 mm
Bewaffnung	12x 356-mm-, 14x 152-mm-, 8x 127-mm-Geschütze, 16x 132-mm-Flaks in Vierfach-Lafetten

11. März 1912 auf dem Marinestützpunkt Kure auf Kiel gelegt. Als das Schiff am 8. November 1915 vom Stapel lief, befand sich Japan auf der Seite der Alliierten im Kampf gegen Deutschland. Die *Fuso* gehörte zum Ersten Geschwader der Ersten Flotte und wurde vor der chinesischen Küste eingesetzt, wo sie nach Kriegsende als Reserve oder Patrouille fungierte.

Am 12. März 1930 begann in der Marinewerft Yokosuka ein umfangreiches Modernisierungsprogramm. Es wurde in mehreren Abschnitten mit dazwischen liegenden Dienstzeiten durchgeführt und umfasste sechs neue, ölbefeuerte Kampon-Kessel, die die ursprünglichen acht doppelendigen und 16 einendigen kohlebefeuerten Mijabara-Kessel ersetzten. Die kompakteren Maschinen reduzierten das Gesamtgewicht um 1.270 Tonnen und ermöglichten, die beiden Schornsteine durch einen einzigen zu ersetzen. So konnte die Leistung von vormals 29.828 kW (40.000 PS) fast verdoppelt werden.

Außerdem wurde ein hoher Pagodenturm errichtet, der 44 Meter über die Wasserlinie hinausragte. Er enthielt die Navigationsbrücken, Ausguckposten und Feuerleitstationen.

Der Fockmast wurde entfernt. Mit den neuen 356-Millimeter-Kanonen war die *Fuso* praktisch ein neues Schiff im ursprünglichen Rumpf, dessen Geschwindigkeit sich von 23 Knoten auf 24,75 Knoten erhöhte. Zuerst wurden Fesselballons zur Flugzeugbeobachtung eingesetzt, doch 1933 wurden ein Katapult und drei Wasserflugzeuge installiert. Zwei von ihnen waren auf Laufkatzen auf dem Vordeck und eines auf dem Katapult montiert. 1937 begann ein weiteres Modernisierungsprogramm, das mit Unterbrechungen bis 1941 dauerte und hauptsächlich die Ausstattung mit Flakabwehr und Radar betraf.

DOOLITTLE-ANGRIFF

Im Dezember 1941 unterstützte die *Fuso* die Angriffstruppe auf Pearl Harbor, und im Februar 1942 nahm sie an dem fehlgeschlagenen Gegenangriff auf einen US-Flugzeugträger teil, der Bomber mit dem Ziel Tokio entsandt hatte (der „Doolittle Raid"). Nachdem die Schlacht von Midway im Mai 1942 die Schlagkraft von Flugzeugen gegen Überwasserschiffe bewiesen hatte, gab es den Plan, die *Fuso* und ihr Schwesterschiff *Yamashiro* zu Schlachtschiffen mit einem kurzen Flugdeck am Heck umzubauen. Schlußendlich wurde diese Veränderung aber nur bei den Schlachtschiffen *Ise* und *Hyuga* ausgeführt.

Im Juni 1943 wurde die *Fuso* in Kure mit einem Radar des Typs 21 ausgerüstet, im August kamen die Typen 13 und 22 hinzu. In gleichen Monat nahm das Schiff an der Verstärkungsoperation in Chuuk (Truk) im mikronesischen Archipel teil. In den Kriegsjahren wurden die Batterien der Flak weiter ausgebaut. Am 14. August 1944 verfügte die *Fuso* zusätzlich zur Haupt- und Sekundärbewaffnung über 95 25-Millimeter- und 10 32-Millimeter-Geschütze.

STRASSE VON SURIGAO

Am 20. Oktober 1944 landeten die US-Streitkräfte auf der philippinischen Insel Leyte. Das japanische Oberkommando versuchte, seine Seestreitkräfte gegen den Angriff zu bündeln, was zu einer ganzen Reihe gleichzeitiger Gefechte führte, die insgesamt vielleicht die größte Seeschlacht der Geschichte bildeten.

Die *Fuso* unter dem Kommando von Konteradmiral Ban Masami und die *Yamashiro* verließen ihren Stützpunkt in Brunei am 22. Oktober mit dem Dritten Geschwader der Ersten Flotte unter Admiral Nishimura. Dieses Geschwader bestand aus der *Yamashiro* als Flaggschiff, der *Fuso*, dem schweren Kreuzer *Mogami* und vier Zerstörern. Es hatte das Ziel, die Straße von Surigao zwischen den Inseln Leyte und Mindanao zu passieren und sich mit Admiral Kuritas Erster Flotte im Golf von Leyte zu verbinden.

Bereits am 23. Oktober wurde die Truppe von US-Flugzeugen angegriffen, die sie jedoch ohne größere Schäden abwehren konnten. Eine Bombe durchschlug das Achterdeck der *Fuso* und explodierte in der Offiziersmesse, doch das daraus resultierende Feuer konnte schnell gelöscht werden. Am nördlichen Ende der Meerenge befand sich jedoch eine gewaltige amerikanische Streitmacht, die zur 7. Flotte gehörte: die Schlachtschiffe *California*, *Tennessee*, *Mississippi*, *West Virginia*, *Maryland* und *Pennsylvania* sowie drei schwere Kreuzer, zwei leichte Kreuzer und neun Zerstörer unter dem Kommando von Konteradmiral J. B. Oldendorf.

In der Nacht vom 23. auf den 24. Oktober 1944 kam es dann zur letzten klassischen Seeschlacht zwischen schwerbewaffneten Schlachtschiffen. Mit amerikanischen Torpedobooten und Zerstörern im Rücken konnte das japanische Geschwader nur gegen eine verheerende Feuerkraft vorrücken. Die *Fuso* und die *Yamashiro* wurden versenkt.

DAS SCHICKSAL DER FUSO

Die erzwungene Funkstille der japanischen Schiffe, die Dunkelheit und das Fehlen von Überlebenden haben Fragen über den Ablauf der Ereignisse in der Schlacht vom 24. Oktober 1944 aufgeworfen. Zum Beispiel die Fragen, ob die *Fuso* oder die *Yamashiro* als erste versenkt wurde und ob die *Fuso* in zwei Teile zerbrach oder, wie ebenfalls spekuliert wurde, einfach kenterte und ihr Rumpf geflutet wurde. Am wahrscheinlichsten ist, dass die durch Granaten und Torpedos beschädigte *Fuso* um 03:45 Uhr in der Mitte des Schiffes, wo sich die beiden Munitionsmagazine für die mittleren Geschütztürme und die Ölbunker befanden, eine gewaltige Explosion erlitt und der Rumpf in zwei Teile zerbrach. Beide Teile blieben schwimmfähig, bis die Bugsektion um 05:50 Uhr durch den Beschuss der *Louisville* versenkt wurde. Die Hecksektion sank gegen 06:50 Uhr, ebenfalls durch heftigen Beschuss. Alle Menschen kamen ums Leben, entweder an Bord oder im Wasser, oder sie wurden von Einheimischen getötet, sofern sie das Ufer erreichten.

Nevada (1916)

Die beiden Schiffe der Nevada-Klasse waren die ersten „Super-*Dreadnoughts*“ der Vereinigten Staaten und verfügten über eine Reihe neuer Merkmale, darunter eine überarbeitete Panzerung, Ölfeuerung und Dreifachtürme.

Die *Nevada* wurde am 4. November 1912 bei Fore River Shipbuilding Co. in Quincy, Massachusetts, auf Kiel gelegt, am 11. Juli 1914 vom Stapel gelassen und am 11. März 1916 in Dienst gestellt. Die US-Marine war inzwischen eine beachtliche Streitmacht, der es nicht an innovativen Ideen mangelte. Nachdem sie 1906 die Anordnung der Türme in der Mittellinie eingeführt hatte (siehe die *South Carolina*), schuf sie nun eine neue Anordnung für einen besseren Schutz.

Schusstests im Jahr 1911 gegen das alte Schlachtschiff *San Marcos* (ehemals *Texas*) zeigten, dass eine leichte Panzerung gegen schwere Granaten nichts ausrichten konnte. Stattdessen wurde eine schwere Panzerung mit einer Stärke von

Das Profil zeigt die *Nevada*, wie sie 1942 aussah, nachdem sie während des japanischen Angriffs auf Pearl Harbor beschädigt worden war – 26 Jahre nach ihrer Indienststellung im Jahr 1916.

Rettungsboote
Die Anbringung von Rettungsbooten des Typs Carley oder ähnlicher Modelle an den Seiten der Geschütztürme war inzwischen gängige Praxis.

Flaks
In ihrer ursprünglichen Form war die *Nevada* nur mit zwei Flaks vom Kaliber 76 Millimeter ausgestattet. Nach dem Wiederaufbau nach Pearl Harbor war sie mit einer Vielzahl von Flaks ausgestattet.

Flugzeuge
In den Jahren 1927 bis 1930 wurden zwei Katapulte für drei Aufklärungsflugzeuge vom Typ Vought 02U-3 Corsair eingebaut.

343 Millimetern auf 122 Metern der insgesamt 175,26 Meter langen Wasserlinie angebracht, dazu 203 Millimeter auf den 18,9 Metern bis zum Ruderkopf. Die Barbetten hatten ebenfalls einen Schutz von 343 Millimetern, ebenso die Schornsteinaufsätze. Die Türme waren an der Frontseite sogar 457 Millimeter stark gepanzert, 406 Millimeter an den Seitenflächen und 254 Millimeter an der Oberseite.

Andere Bereiche waren nicht gepanzert, obwohl Innenschotten und ein gepanzertes Deck vorhanden waren. Dies war zwar keine neue Idee (siehe die *Inflexible*), wurde aber als Teil des Alles-oder-nichts-Prinzips gründlich umgesetzt und nach 1918 zum Standard bei der Konstruktion von Schlachtschiffen. Zur Bewaffnung gehörten zehn 356-Millimeter-Geschütze, sechs davon in Dreifachtürmen. Die Geschütze waren die gleichen wie bei der *Texas*. Allerdings waren die Dreifachgeschütze in gemeinsamen Gestellen montiert, so dass sie nicht einzeln angehoben werden konnten. Die *Nevada* war mit Turbinen ausgestattet, ihr Schwesterschiff *Oklahoma* mit Kolbenmotoren. Beide wurden mit Öl angetrieben und waren damit die ersten US-Schlachtschiffe, die ausschließlich Öl nutzten.

ÄNDERUNGEN DES DESIGNS

In den Jahren 1927 bis 1929 wurden erhebliche Änderungen vorgenommen. Die Sekundärbatterie, die ursprünglich in Kasematten unter dem Vorderdeck untergebracht war, wurde auf Deck angehoben, wobei die vorderen und hinteren Geschütze entfernt wurden. Damit konnten die Waffen unter

Schornstein
Der Schornstein wurde 1935 um zwei Meter erhöht. Das charakteristische abgewinkelte Rauchrohr wurde erst 1942 hinzugefügt.

Mast
Die *Nevada* hatte zu verschiedenen Zeiten drei Mastanordnungen. Dies ist das Aussehen von 1945, nachdem der Top-Mast 1943 erhöht worden war. Beide Masten tragen SRA- und SK-Radarantennen, wobei letztere 1943 hinzugefügt wurde.

Bewaffnung
Die *Nevada* und die *Oklahoma* waren die ersten US-Schlachtschiffe mit Dreifachtürmen.

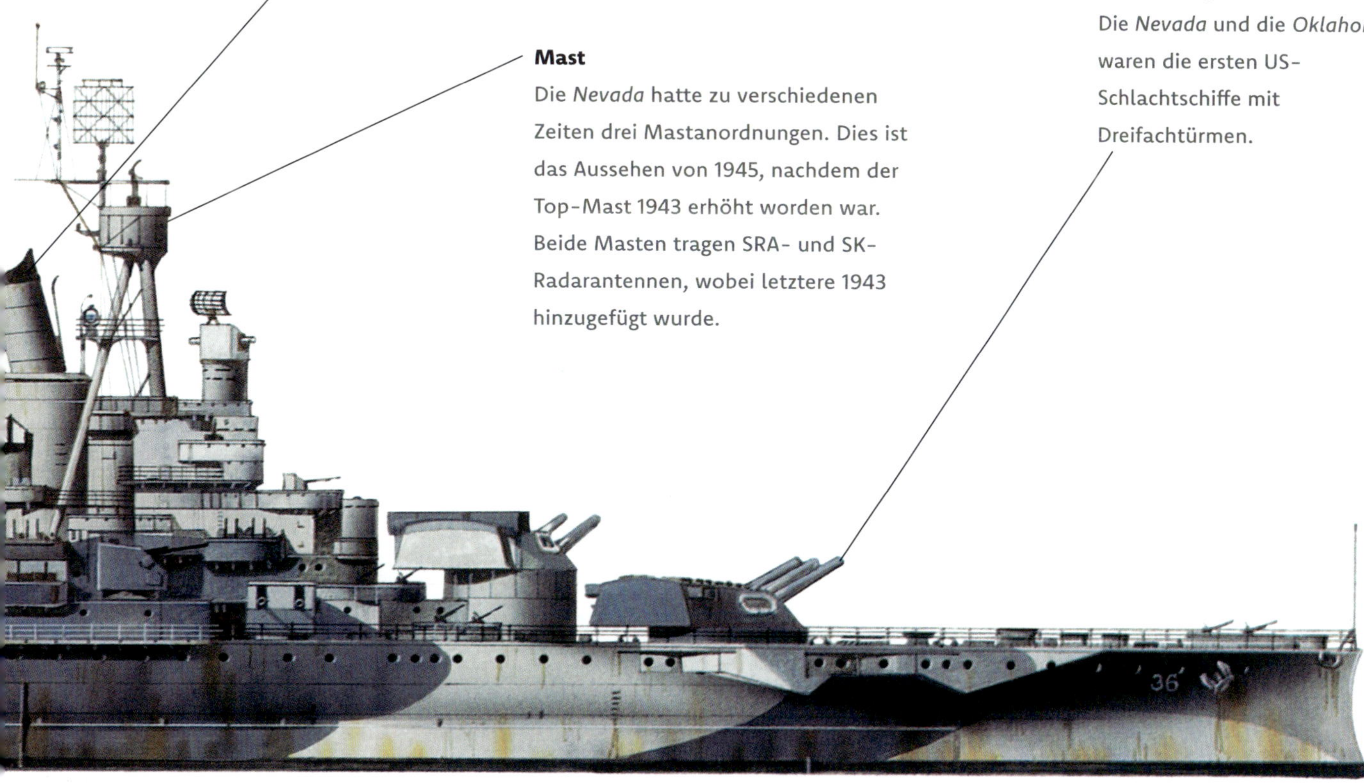

USS NEVADA (BB36)

Abmessungen	Länge 177,80 m Breite 29,00 m Tiefgang 8,70 m
Verdrängung	max. 28.900 t
Besatzung	864 Mann
Antrieb	12 Yarrow-Kessel, 2 Curtis-Turbinen, 2 Getriebekreuzturbinen, 19.761 kW (26.500 PS), 2 Schrauben
Geschwindigkeit	20,5 Knoten
Reichweite	18.520 km bei 10 Knoten
Panzerung	Panzergürtel 203–343 mm, Schotten 38 mm, Oberdeck 76 mm, Deck 38 mm, Schornsteinfuß 305 mm, Magazin 127–457 mm, Barbetten 343 mm
Bewaffnung	10x 356-mm-, 21x 127-mm-Geschütze, 2x 76-mm-Flaks, 2x 533-mm-Torpedorohre

Die *Nevada* irgendwann nach der Überholung 1942, mit deutlich verbesserter Flugabwehr. Am Heck befindet sich ein Flugzeug, das zum Abheben bereit ist.

rauen Bedingungen besser eingesetzt werden. Die Torpedorohre wurden herausgenommen und der Rumpf mit Torpedoschutzwülsten versehen. Die Katapulte wurden auf dem X-Turm und auf dem hinteren Fächerdeck montiert, und die Gittermasten wurden durch Dreibeine ersetzt. Sie waren von massiver Bauweise und trugen dreistöckige Plattformen mit Steuer-, Beobachtungs- und Meldepositionen.

Beim Umbau nach Pearl Harbor wurde das Erscheinungsbild der *Nevada* erneut drastisch verändert. Eine einzigartige, nach hinten geneigte Kappe wurde auf den Schornstein gesetzt, der hintere Dreibein entfernt und eine Reihe von SK- und SRA-Radarantennen auf den vorderen Dreibeinmast montiert. Der Kontrollturm wurde erhöht und mit einer Mk37-Geschützkontrollanlage ausgestattet, die acht neue 127-Millimeter-Zwillingskanonen steuerte.

Insgesamt wurden 48 40-Millimeter- und 27 20-Millimeter-Flugabwehrkanonen auf dem Aufbau installiert. Dieser wurde dazu so umgestaltet, dass die Geschütze einen möglichst weiten Schusswinkel hatten. Dazu gab es weitere Flak-Stellungen an Bug und Heck. Auf jeder Seite der vier Geschütztürme wurden Rettungsboote angebracht. Wie bei vielen anderen US-Schlachtschiffen auch, wurde ein Flugzeugkran am Heck platziert.

Die *Nevada* trat 1916 in die Atlantikflotte ein. Von August bis Dezember 1918 war sie in Bantry Bay, Irland, stationiert und kehrte nach Ende der Feindseligkeiten zur Atlantikflotte zurück. Vom 17. September 1927 bis zum 26. November 1929 wurde sie in der Marinewerft von Norfolk modernisiert und Anfang 1930 zur Pazifikflotte versetzt. Am 7. Dezember 1941 wurde sie in Pearl Harbor von einem Lufttorpedo und fünf Bomben getroffen und strandete in flachem Wasser. Am 12. Februar 1942 wurde das Schiff wieder flott gemacht, in Puget Sound repariert und mit komplett erneuerten Aufbauten Anfang 1943 wieder bei den Aleuten im Pazifik eingesetzt, um dann ab Juni in den Atlantik zurückzukehren.

LANDUNG IN DER NORMANDIE

Auf den Geleitschutz für Konvois folgte die Unterstützung der Landung in der Normandie im Juni 1944, als sie den französischen Hafen Cherbourg und deutsche Panzerverbände im Landesinneren unter Beschuss nahm. Im August wurde sie im Mittelmeer eingesetzt, um die Landungen an der südfranzösischen Küste zu unterstützen. Nach ihrer Rückkehr in die USA im selben Jahr wurde sie mit neuen Geschützrohren ausgestattet und abermals in den Pazifik entsandt, wo sie zwischen Februar und Juni 1945 auf Iwo Jima und Okinawa

Das Schwesterschiff der *Nevada*, die *Oklahoma*, war das letzte US-Kriegsschiff mit einer dreifach expandierenden Kolbenmaschine. Sie sank in Pearl Harbor und wurde am 1. September 1944 formell außer Dienst gestellt.

im Einsatz war. Am 27. März 1945 wurde sie von einem Kamikaze-Flugzeug getroffen, aber nur leicht beschädigt.

AUSSER BETRIEB GENOMMEN

Die *Nevada* wurde am 30. Oktober 1945 in Pearl Harbor außer Dienst gestellt. Im Jahr 1946 wurde sie bei Atombombentests auf dem Bikini-Atoll als Zielschiff eingesetzt, blieb aber schwimmfähig. Trotz des weiteren Einsatzes als Zielschiff, einschließlich des Beschusses durch die 406-Millimeter-Geschütze der *Iowa*, überlebte sie, bis sie am 31. Juli 1948 durch einen Lufttorpedo versenkt wurde.

ÖLFEUERUNG

Der Übergang zur Ölfeuerung hatte einen großen Einfluss auf die Konstruktion. Bei früheren Schlachtschiffen waren die seitlichen Kohlebunker als Teil des Verteidigungssystems betrachtet worden, das Granaten- oder Torpedotreffer abfangen konnte. Dieser Aspekt wurde nun hinfällig. Der Ölbrennstoff der *Nevada* wog 2.037 Tonnen im Vergleich zu den 2.892 Tonnen Kohle der *Texas* und wurde in Doppelbodentanks transportiert. Ölgefeuerte Kessel waren kompakter und leichter, so dass mehr Gewicht für die Panzerung und mehr Platz für Vorräte, Unterkünfte und Schutzräume zur Verfügung stand.

Da die gesamte Antriebsanlage nur 24 Meter der Gesamtwasserlinienlänge von 175,3 Meter einnahm, waren die *Nevada* und die *Oklahoma* die ersten US-Schlachtschiffe, die von Anfang an nur einen einzigen Schornstein bekamen. Das Betanken ging schneller im Vergleich zur Kohlenbeladung, und die Betankung auf See war wesentlich einfacher. Zwar konnten Schiffe auf See auch mit neuer Kohle versorgt werden (sie wurden es auch), doch dies war ein schwieriger und langwieriger Vorgang. Außerdem benötigten ölbefeuerte Schiffe nur noch halb so viele Heizer.

Bayern (1916) 

Die *Bayern* und die drei anderen Schiffe ihrer Klasse waren das deutsche Pendant zur britischen Queen-Elizabeth-Klasse – mit dem gleichen Kaliber und der gleichen Anordnung schwerer Geschütze, aber ohne die gleiche Geschwindigkeit.

Der Planung der *Bayern* bedeutete einen Bruch mit der bisherigen deutschen Geschützpolitik. Das kleinere Kaliber der Marinegeschütze im Vergleich zu dem der britischen Schlachtschiffe war sowohl stark kritisiert als auch verteidigt worden. Während die Umstellung auf das Kaliber 380 Millimeter als Reaktion auf die gleichen Geschütze auf der Queen-Elizabeth-Klasse gesehen wurde, wurde die deutsche Entscheidung jedoch offenbar getroffen, bevor die Größe des neuen britischen Geschützes bekannt war. Sie wurde am 6. Januar 1912 bekannt gegeben, also vor der Indienststellung der *Queen Elizabeth* und fast zwei Jahre vor der Indienststellung der *Bayern*.

Das Schiff wurde bei den Howaldtswerken in Kiel am 20. September 1913 auf Kiel gelegt, sein Stapellauf erfolgte am 18. Februar 1915, die Fertigstellung im März 1916. Die Kosten beliefen sich auf rund 50 Millionen Goldmark.

HAUPTFLOTTENDIENST

Von den geplanten Schwesterschiffen wurde nur eines, die *Baden*, vor Ende des Ersten Weltkriegs fertiggestellt. Anders als die *Queen Elizabeth*, deren Kanonenkaliber sie besaßen, waren die Schiffe für den Einsatz in der Hauptflotte und nicht für ein Schlachtgeschwader vorgesehen. Aber Deutschland hatte mit einer zahlenmäßig kleineren Flotte weniger Grund, die Initiative auf See zu ergreifen. Das Marineamt konnte sich auf die Geschwindigkeit der Schlachtkreuzer verlassen, wenn es darum ging, einen strategischen Rückzug

Torpedorohre
Die vier 600-Millimeter-Torpedorohre am Heck wurden entfernt, nachdem das Schiff am 12. Oktober 1917 von eine Mine getroffen wurde.

Flaks
Der Einbau von 88-Millimeter-Flaks verzögerte sich bis 1917. Außerdem wurden nur vier statt der ursprünglich vorgesehenen acht eingebaut.

Panzerung
Das Panzergewicht der *Bayern* betrug 11.428 Tonnen (etwa 36 Prozent der Verdrängung).

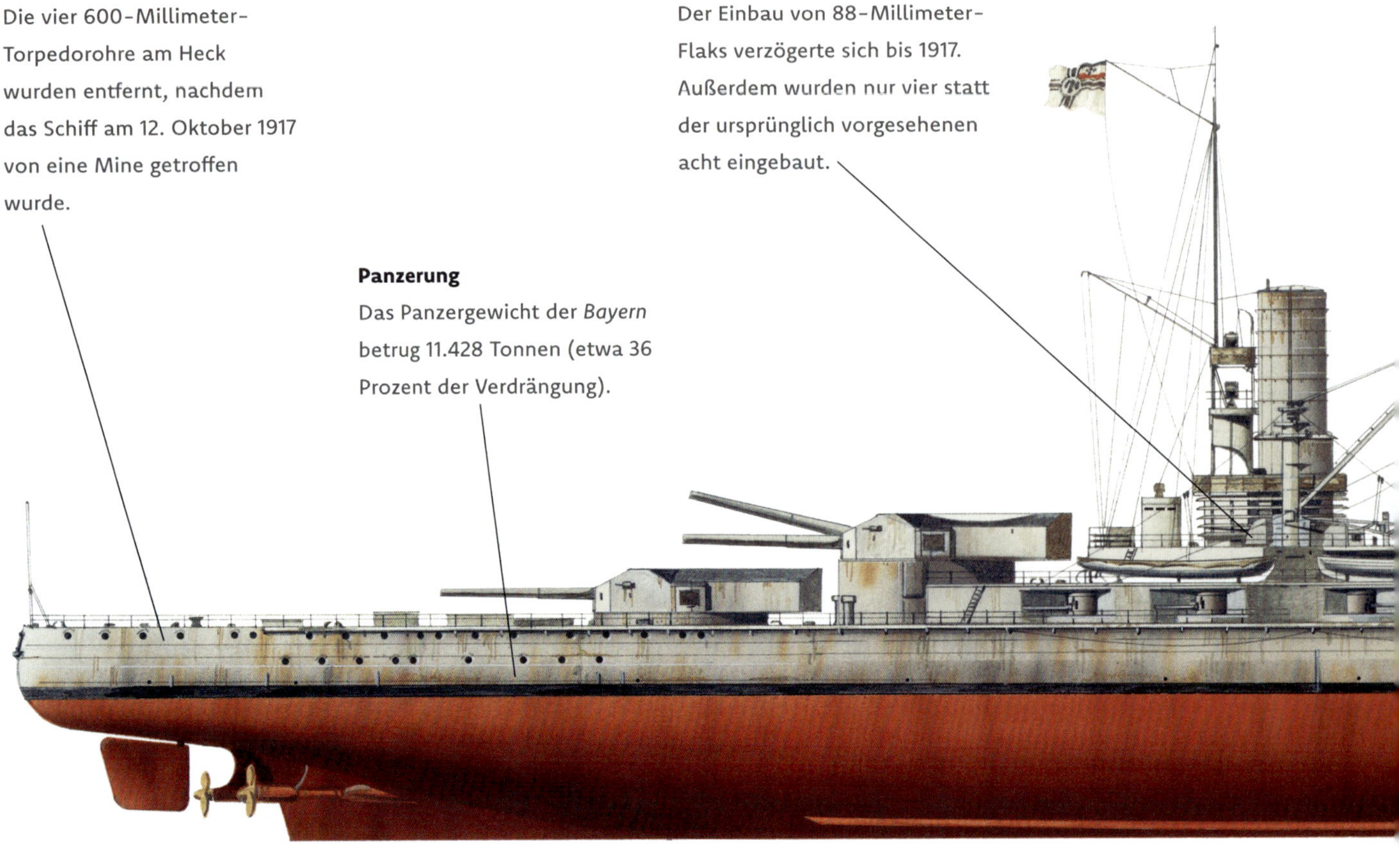

Die *Bayern* und die *Baden* waren die letzten Neuzugänge in der deutschen Schlachtflotte des Ersten Weltkriegs. Interessant ist der Vergleich der *Bayern* mit der Queen-Elizabeth-Klasse, der sie in mancher Hinsicht überlegen war, unter anderem in Bezug auf die Panzerung und die innere Unterteilung des Rumpfes.

Suchscheinwerfer-Plattformen
Davits auf den Scheinwerferplattformen dienten dazu, die Scheinwerfer abzusenken, um sie bei Tageseinsätzen zu schützen.

Geschütztürme
Für die Bayern-Klasse wurden Dreifach-Geschütztürme erwogen, aber zugunsten von Zwillingstürmen verworfen. In Deutschland wurden Dreifachtürme erst in den 1930er-Jahren eingesetzt.

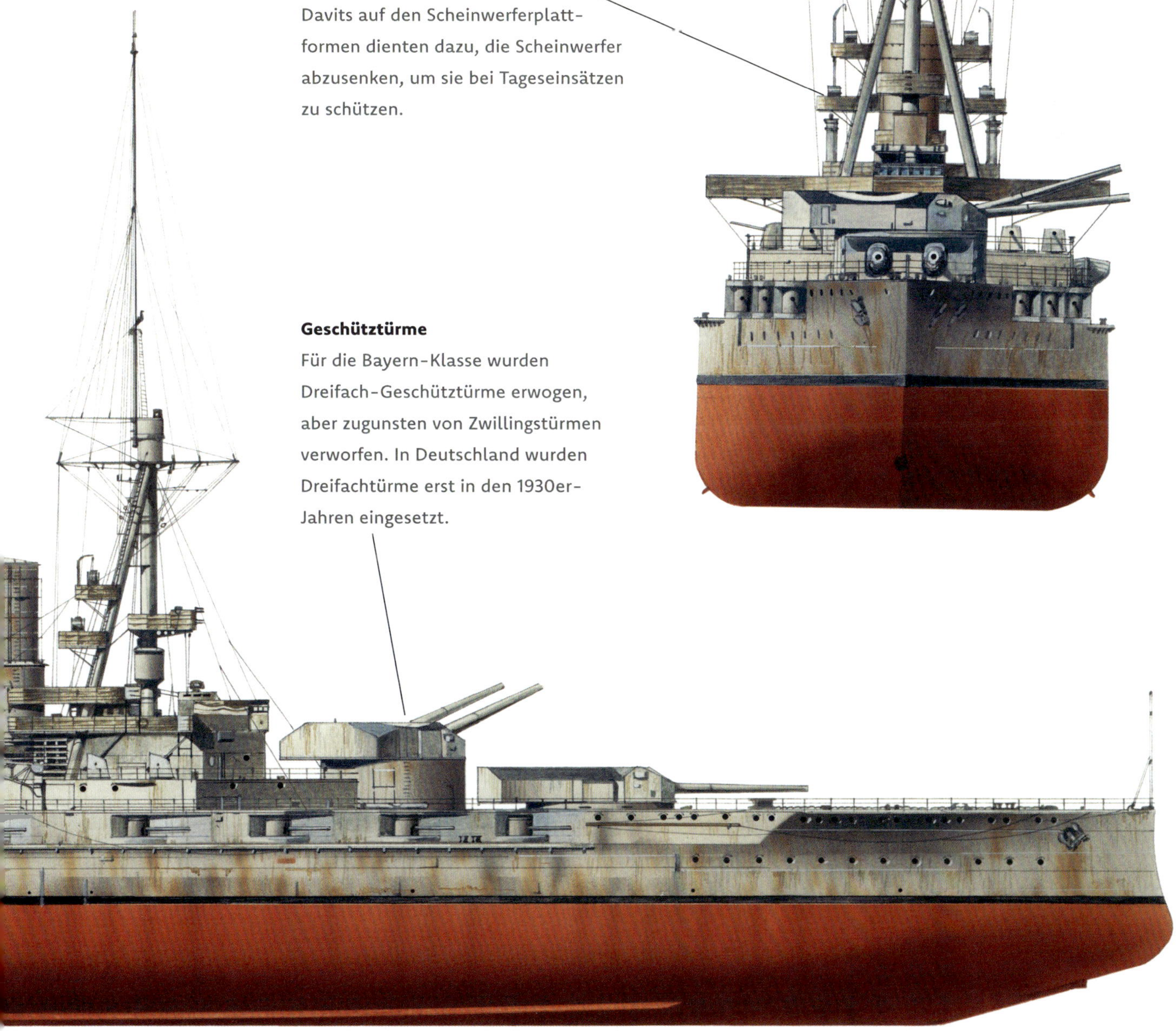

Beim Abschleppen zum Schrottplatz im Jahr 1935 zeigt der gekenterte Rumpf die Form der Tunnel der Propellerschäfte und des Doppelruders. Die Bergungsfirma hat einen Pumpenschuppen auf den Kiel gebaut.

zu decken. Die acht 380-Millimeter-Geschütze der deutschen Schiffe hatten zwar das gleiche Kaliber, waren aber weniger effektiv als die britischen. Mit ihren 13,7 Meter langen Rohren wogen sie 103,3 Tonnen, verschossen aber schwere 750-Kilogramm-Granaten. Ihre Reichweite betrug zunächst 20.400 Meter, wurde aber auf 23.200 Meter erhöht, nachdem die maximale Auslenkung von 16 auf 20 Grad erhöht wurde. Sie feuerten alle zweieinhalb Minuten einen Schuss ab – im Vergleich zu zwei Minuten bei der *Queen Elizabeth*.

Die Sekundärbewaffnung bestand aus 16 150-Millimeter-Schnellfeuerkanonen, die in traditioneller Weise in Kasematten angeordnet waren – alle auf gleicher Höhe, acht auf jeder Seite. Ab 1917 wurden vier 88-Millimeter-Flaks mitgeführt. Ursprünglich war die *Bayern* mit fünf 600-Millimeter-Unterwasser-Torpedorohren ausgestattet. 1917 wurden die vier Heckrohre entfernt, so dass nur ein einziges Bugrohr übrig blieb.

Bei ihrer Indienststellung hatte die *Bayern* einen einzigen Mast, ein Dreibein mit fünf Plattformen und einem hohen Top-Mast, der auf der Spitze stand. Zwei Antennenmasten und eine Flaggengaffel ragten schräg hinter dem Achterschornstein hervor. Diese wurden 1917 durch einen relativ kurzen, bis zum Schornsteinmantel abgestuften Mast ersetzt. Insgesamt elf kohlebefeuerte und drei ölbefeuerte Schiffskessel lieferten Dampf für drei Parsons-Turbinen, die die Dreifachschrauben antrieben. Das nie fertiggestellte Schwesterschiff *Sachsen* hätte neben zwei Parsons-Turbinen auch Sechszylinder-Zweitakt-MAN-Diesel bekommen. Das Fassungsvermögen der *Bayern* betrug maximal 3.346 Tonnen Kohle. Dazu kamen 610 Tonnen Öl. Die Schwierigkeit, ausreichend Öl zu beschaffen, führte dazu, dass die deutsche Marine hauptsächlich auf Kohle angewiesen war, während Briten und Amerikaner auf flüssigen Treibstoff umstellten.

INNERE VERTEIDIGUNG

Vier durchgehende Längsschotten bildeten die innere Hauptverteidigung. An den Seiten zwischen den äußeren Geschütztürmen verliefen 1,8 Meter breite Kohlebunker, die die äußere Hülle des Rumpfs vom inneren Torpedoschott trennten. Die Querschotten wurden für verschiedene Arten von Rohrleitungen, darunter auch Lüftungsrohre, durchbohrt, was ihre Schutzwirkung verringerte. Fünf 533-Millimeter-

Decksplan: Der Grundriss des Schiffes ist klar. Die Ringe an den Überfeuertürmen scheinen auf Segeltuchplanen angebracht worden zu sein.

Das Kentern der *Bayern* am 21. Juni 1919. Die vier Haupttürme fielen aus ihren Halterungen und liegen noch immer auf dem Grund von Scapa Flow.

Seeventile wurden auf jeder Seite mittschiffs angebracht, um ein örtliches Fluten der Kammern zu ermöglichen. Um die Trimmung des Schiffes zu unterstützen, wurden zwei weitere Ventile achtern und eines vorn eingebaut.

Nach dem Krieg hatten die britischen Konstrukteure die Möglichkeit, die *Baden* genau zu untersuchen. Sie stellten fest, dass die Bayern-Klasse in mancher Hinsicht, trotz der größeren Betonung des Schutzes, schlechter verarbeitet war. Die äußere Bodenpanzerung betrug nur 15,8 Millimeter im Vergleich zu 25,4 Millimeter bei der *Revenge*. Abgesehen von der Panzerung waren die britischen Schlachtschiffe solider gebaut als die deutschen. Allerdings wurden die britischen Schlachtschiffe für die Weltmeere gebaut, während die deutsche Hochseeflotte für die Nordsee bestimmt war.

Obwohl die *Bayern* im März 1916 fertiggestellt wurde, befand sie sich im Mai noch in der Erprobung und war nicht an der Schlacht am Skagerrak beteiligt. Am 19. August und 19. Oktober 1916 unternahm sie erfolglose Einsätze in der Nordsee, 1917 war sie in der Ostsee an der Operation gegen russische Einheiten beteiligt und wurde dort am 12. Oktober von einer Mine getroffen. Während der notwendigen Reparaturen wurden auch die oben erwähnten Änderungen vorgenommen. Sie gehörte zum Kampfgeschwader, das am 23. April 1918 ausbrach und bis über den 58. Breitengrad hinaus vordrang, aber trotzdem keine britischen Geleitschiffe abfangen konnte. Ab dem 26. November 1918 war die *Bayern* in Scapa Flow interniert und wurde dort am 21. Juni 1919 versenkt. Im September 1934 wurde sie gehoben und im folgenden Jahr in Inverkeithing abgewrackt.

SMS BAYERN

Abmessungen	Länge 180,00 m Breite 30,00 m Tiefgang 9,40 m
Verdrängung	31.700 t
Besatzung	1.171 Mann
Antrieb	14 Schiffskessel, 3 Schichau-Turbinen, 38.776 kW (52.000 PS), 3 Schrauben
Geschwindigkeit	22 Knoten
Reichweite	14.500 km bei 10 Knoten
Panzerung	Panzergürtel 170–350 mm, Schotten 170–200 mm, Deck 20–150 mm, Steuerturm 350 mm (vorn) bzw. 170 mm (hinten), Barbetten 350 mm, Geschütztürme 250–350 mm
Bewaffnung	8x 380-mm-, 16x 152-mm-, 2x 88-mm-Geschütze, 5x 600-mm-Torpedorohre

Courageous (1917) 

Gebaut für eine Invasion, die nie stattfand, und als Schlachtkreuzer bezeichnet, war die Courageous-Klasse für diese Aufgabe völlig ungeeignet. Alle drei Schiffe wurden zu Flugzeugträgern umgebaut und leisteten in dieser Form wertvolle Dienste.

Ob der Schlachtkreuzer wirklich ein brauchbares Konzept war, wird für immer umstritten sein. Es besteht jedoch kein Zweifel daran, dass die *Courageous* und ihre beiden Schwesterschiffe *Furious* und *Glorious* alle Schwächen und nur wenige Stärken dieses Typs aufwiesen. Sie waren für den Einsatz in der Ostsee geplant, um eine russische Invasion in Norddeutschland zu unterstützen. Zunächst wurden sie als große leichte Kreuzer bezeichnet (damals standen zwar Mittel für Kreuzer, nicht aber für zusätzliche Großkampfschiffe zur Verfügung) und erst später offiziell als Schlachtkreuzer benannt.

Die *Courageous* wurde im Mai 1915 in der Elswick-Werft am Tyne auf Kiel gelegt, am 5. Februar 1916 vom Stapel gelassen und im Januar 1917 fertiggestellt. Im selben Monat wurde auch die *Glorious* fertiggestellt, die *Furious* folgte im Juli. Ihre Inbetriebnahmen wurden von Admiral Lord Fisher, dem Vater des Projekts, energisch vorangetrieben.

LEICHT GEPANZERT

Die Rümpfe, die weitaus länger als die eines leichten Kreuzers waren, erhielten nur eine leichte Panzerung von 76 Millimetern an der dicksten Stelle, die dafür aber dem neuesten Stand der Technik entsprach. Zum ersten Mal wurde elastischer, hochfester Stahl verwendet, der Granaten beim Aufprall zur vorzeitigen Detonation bringen sollte. 37-Millimeter-Längsschotten wurden im Inneren eingebaut, um die daraus resultierenden Stöße zu absorbieren. Zudem wurden integrierte Torpedoblister montiert. Ein Grund für die leichte Panzerung war, dass der Tiefgang für den Einsatz in flachen Ostseegewässern auf maximal 7,3 Meter festgelegt wurde.

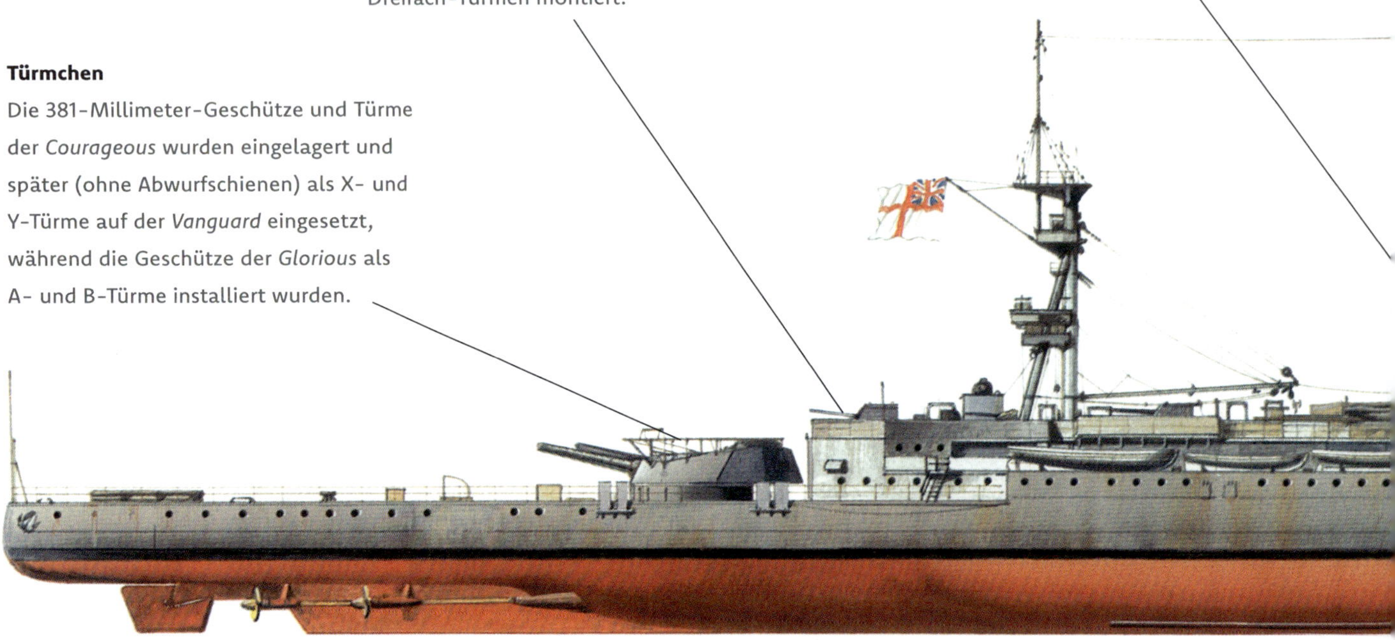

Waffen
Die 102-Millimeter-Geschütze wurden zum ersten Mal auf einem Kriegsschiff der Royal Navy in Dreifach-Türmen montiert.

Suchscheinwerfer
Suchscheinwerfertürme gehörten inzwischen zur Standardausstattung neuer Kriegsschiffe.

Türmchen
Die 381-Millimeter-Geschütze und Türme der *Courageous* wurden eingelagert und später (ohne Abwurfschienen) als X- und Y-Türme auf der *Vanguard* eingesetzt, während die Geschütze der *Glorious* als A- und B-Türme installiert wurden.

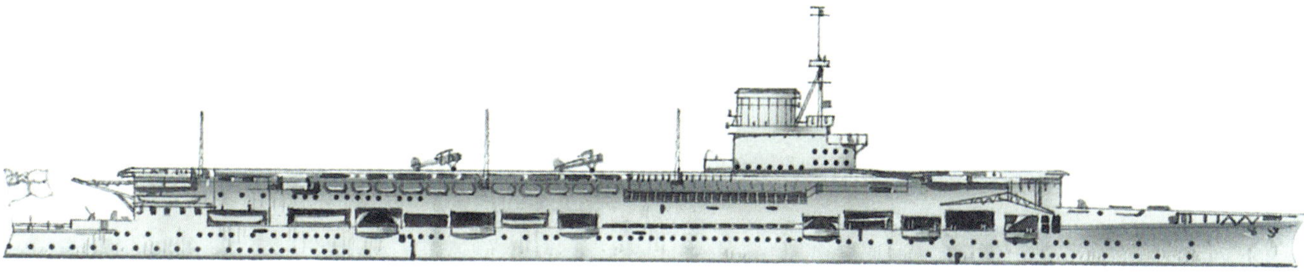

Oben: Die *Courageous* im Jahr 1938. Sie wurde zwischen 1924 und 1928 zu einem Flugzeugträger umgebaut und konnte ursprünglich 48 Flugzeuge aufnehmen. Ein führender Historiker der Kriegsschifffahrt beschrieb das Courageous-Trio als „die größten blechverkleideten Ziele auf See". Ein anderer Autor nannte sie *Fisher's Folly* (Fishers Dummheit). Doch zu Flugzeugträgern umgebaut, leisteten sie sehr gute Dienste.

Unten: Die *Courageous* im Jahr 1918 nach der Montage des Dreibeinmasts. Außerdem verfügte sie schon über Katapulte auf beiden Haupttürmen.

Motoren
Das Beste an der *Courageous* waren die Motoren mit Getriebeturbinen, die ihr eine Geschwindigkeit von 30 Knoten verliehen.

Flugzeuge
Leichte Flugzeuge konnten vom Schiff aus starten, aber nicht landen, was ihre Nützlichkeit einschränkte.

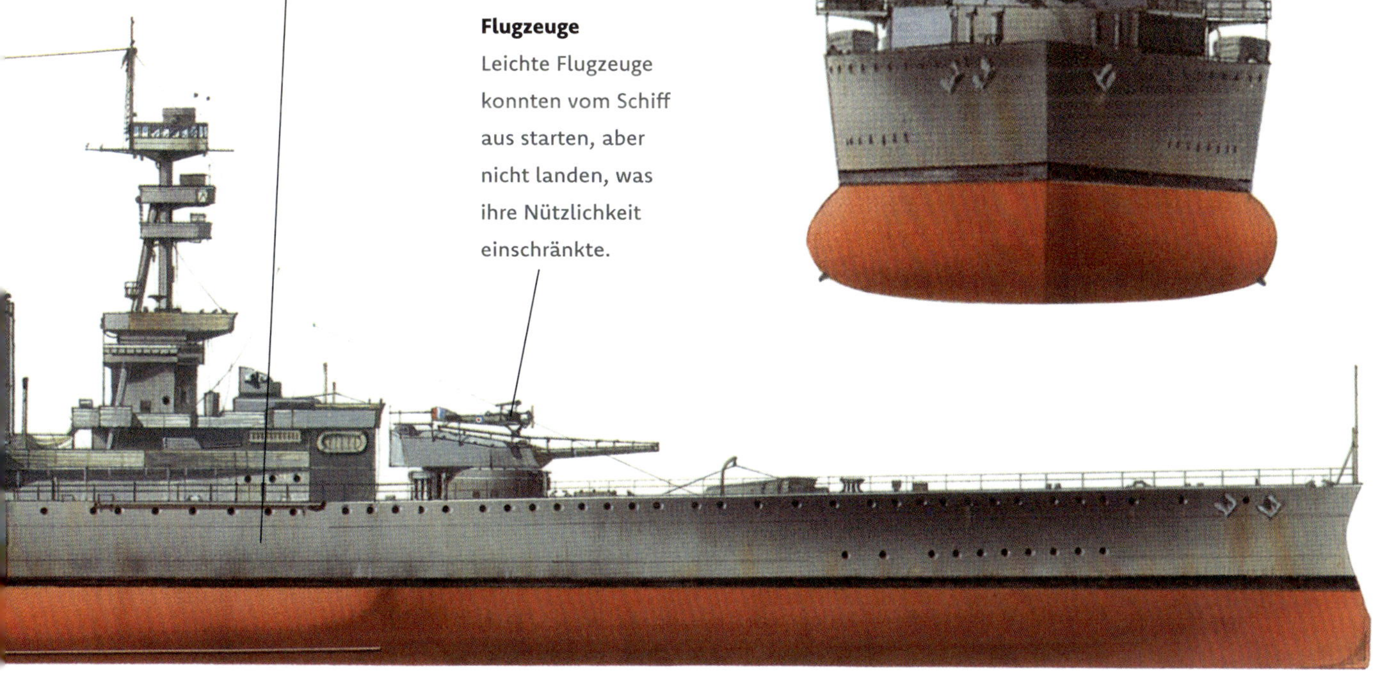

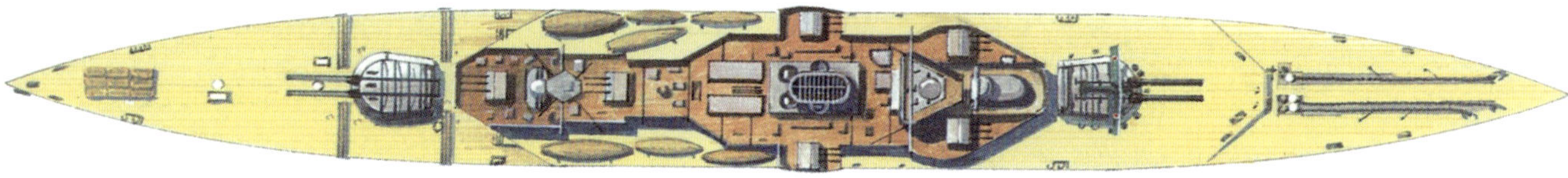

Deckplan: die ursprüngliche Konfiguration der *Courageous* und der *Glorious*. Spätere Änderungen sahen Minen-Racks und -Schurren am Heck der Erstgenannten und acht Torpedorohre am Heck der Letztgenannten vor.

Dies schloss eine schwere Panzerung aus. Um weiteres Gewicht zu sparen, hatten die Schiffe nur zwei Haupttürme. Die Geschütze waren großkalibrig (381 Millimeter) und in paarweise angeordneten Lafetten montiert. Ein Ausnahme bildete die *Furious*, die für kurze Zeit das größte Geschütz eines britischen Kriegsschiffs besaß, nämlich ein 457-Millimeter-Geschütz. Es war in einem einzigen Turm achtern montiert.

Der Klasse mangelte es nicht an Geschwindigkeit, da sie von 18 ölbefeuerten Yarrow-Kesseln angetrieben wurde. Die Schiffe zählten auch zu den ersten, die mit Parsons-Getriebeturbinen (Brown-Curtis-Getriebeturbinen in der *Furious*) ausgestattet waren, wodurch sie eine Geschwindigkeit von 31 Knoten erreichen konnten. Die *Furious* war dabei mit einer Wellenleistung von 70.096 kW (94.000 PS) noch etwas schneller.

ERSTES KREUZERGESCHWADER IN DER HELGOLÄNDER BUCHT

Nach dem Scheitern des Dardanellen-Feldzugs (Schlacht von Gallipoli) von 1915 wurde die Unterstützung der russischen Operation eingestellt. Der Bau der Schiffe wurde dennoch fortgesetzt, obwohl keines von ihnen je im geplanten Einsatzgebiet der Ostsee unterwegs war. Stattdessen wurden die *Courageous* und die *Glorious* 1917 in die Grand Fleet aufgenommen. Am 17. November waren beide in das Gefecht in der Helgoländer Bucht verwickelt und bildeten zusammen mit kleineren Begleitschiffen das Erste Kreuzergeschwader. Die *Courageous* fungierte als Flaggschiff. Die *Furious* hatte zu diesem Zeitpunkt bereits eine andere Rolle. Schon während ihres Baus wurde das Vorschiff zu einem Hangar für Wasserflugzeuge und Startvorrichtungen umgebaut, was das

Vor dem Umbau zum Flugzeugträger befand sich die Abflugplattform prominent an der Vorderseite der *Courageous*.

DIE METAMORPHOSEN DER FURIOUS

1. 1915: Ursprüngliches Profil mit 457-Millimeter-Einzeltürmen, bereits während des Baus verändert.
2. 1918: Jetzt mit getrennten vorderen und hinteren Flugdecks, aber Turm und Schornstein sind weiter erhalten. Für die Landetests wird ein Rückhaltesystem angebracht.
3. 1942: Endgültige Form (Bild rechts) mit durchgängigem Flugdeck und rudimentärer Insel (bereits seit Anfang 1939) für Kommandostände und Rauchabzüge.

Schiff zu einer einzigartigen Hybridkonstruktion machte. So konnten acht bis zehn Flugzeuge mitgeführt werden.

ROLLE DES TRÄGERS

1918 wurden an beiden Türmen der *Courageous* Startplattformen angebracht, geeignet für leichte Flugzeuge wie Sopwith Strutters und Pups, die mit sehr geringer Geschwindigkeit starten konnten. Sie wurde auch mit Minenabwurfvorrichtungen ausgestattet, und zwar mit vier auf dem Achterdeck montierten Minenschächten. Die Begeisterung für die Torpedobewaffnung auf großen Schiffen war überraschend, wenn man bedenkt, wie wenig sie während des Kriegs genutzt wurde. So wurden zwei Rohrpaare auf dem Batteriedeck hinter dem Schornstein sowie auf der *Glorious* weitere acht Torpedorohre auf dem Achterdeck montiert. Das machte sie zu einer Art riesigem Zerstörer. Zwischen November 1917 und März 1918 wurde die *Furious* von ihrem verbliebenen großen Geschütz befreit (es wurde Teil der Landverteidigung von Singapur), und auch alle Aufbauten hinter dem Schornstein wurden entfernt. Stattdessen errichtete man ein Flugzeuglandedeck mit einem Hangar darunter.

Nach Kriegsende und im Zuge des Washingtoner Abkommens zur Flottenverkleinerung wurden auch die beiden anderen Schiffe der Klasse zu Flugzeugträgern umgebaut. Die langen Rümpfe und die leistungsstarken Maschinen wurden dafür gerne genutzt. Während die *Furious* ein komplett flaches Deck und keine Aufbauten erhalten hatte, bekamen die *Courageous* und die *Glorious* das Aussehen, das später zum Standard für Flugzeugträger werden sollte – mit Deckshaus und Schornstein an der äußersten Steuerbordseite, um ein Maximum an Platz auf dem Flugdeck zu schaffen.

Die *Courageous* und die *Glorious* ähnelten sich sehr, auch wenn der Mast der *Courageous* 1938 durch einen Dreibeinmast ersetzt wurde und ihr Rumpf weiter über das Flugdeck hinausragte, um einen besseren Feuerbogen für die Flaks zu ermöglichen. Der ursprüngliche Panzerschutz blieb unverändert, das Flugdeck selbst erhielt eine 25-Millimeter-Panzerung. Beide Schiffe funktionierten sehr effektiv als Träger, doch die *Courageous* wurde am 17. September 1939 durch Torpedos der *U-29* versenkt. Die *Glorious* geriet am 8. Juni 1940 in das Geschützfeuer der *Scharnhorst* und der *Gneisenau* und wurde ebenfalls versenkt. Die *Furious* überlebte den Zweiten Weltkrieg und wurde 1948 abgewrackt.

HMS COURAGEOUS

Abmessungen	Länge 239,60 m Breite 24,70 m Tiefgang 6,78 m
Verdrängung	max. 22.960 t
Besatzung	842 Mann
Antrieb	18 Yarrow-Kessel, 4 Parsons-Getriebeturbinen, 69.932 kW (93.780 PS), 4 Schrauben
Geschwindigkeit	31 Knoten
Reichweite	5.920 km
Panzerung	Panzergürtel 51–76 mm, Schotten 37–76 mm, Deck 25–76 mm, Magazin 114–330 mm, Kommandoturm 254 mm
Bewaffnung	4x 381-mm-, 18x 102-mm-Geschütze, 2x 76-mm-Flaks, 2x533-mm-Torpedorohre (unter Wasser)

Hood (1920) 

Mit ihrer majestätischen Erscheinung und ihren großartigen Proportionen galt die *Hood* als der ultimative Schlachtkreuzer. Sie wurde zu spät für den Ersten Weltkrieg fertig, und im nächsten Krieg wurden ihre Mängel schon vor der fatalen Konfrontation mit der *Bismarck* deutlich.

Die Nachricht im Jahr 1915, dass Deutschland Schlachtkreuzer mit 381-Millimeter-Geschützen – die Mackensen-Klasse – baute, veranlasste die britische Admiralität, Entwürfe für eine neue, noch bessere Schiffsklasse in Auftrag zu geben. Bevor jedoch irgendetwas beschlossen wurde, fand die Schlacht am Skagerrak statt, in der die Unzulänglichkeit der britischen Schlachtkreuzer bei einem Gefecht mit schweren Geschützen deutlich zutage trat. Admiral Fishers Doktrin „Geschwindigkeit ist der beste Schutz" erwies sich als falsch, und es war offensichtlich, dass das gesamte Konzept der Schlachtkreuzer überdacht werden musste. Ein wirklich klares Denken hätte vielleicht dazu geführt, diesen Schiffstyp

Die *Hood* war der letzte Schlachtkreuzer, der für die Royal Navy gebaut wurde. Eine Nachkriegsgeneration von noch größeren Schlachtkreuzern war geplant, wurde jedoch aufgrund des Washingtoner Vertrags von 1921 verworfen.

Mast
Die Mastkonfiguration wurde häufig geändert: 1941 wurde der obere Teil des Hauptmasts entfernt. Die *Hood* war das letzte Schlachtschiff der Royal Navy, das mit einem Masttop ausgestattet war.

Rumpf
Durch den langen Rumpf war das Schiff starken Biegebelastungen ausgesetzt. Das Verhältnis von Rumpf zu Breite betrug 8,239:1.

Flugzeuge
Im Jahr 1932 wurden versuchsweise ein Flugzeugkran und ein Teleskopkatapult auf dem Achterdeck montiert, aber nicht beibehalten.

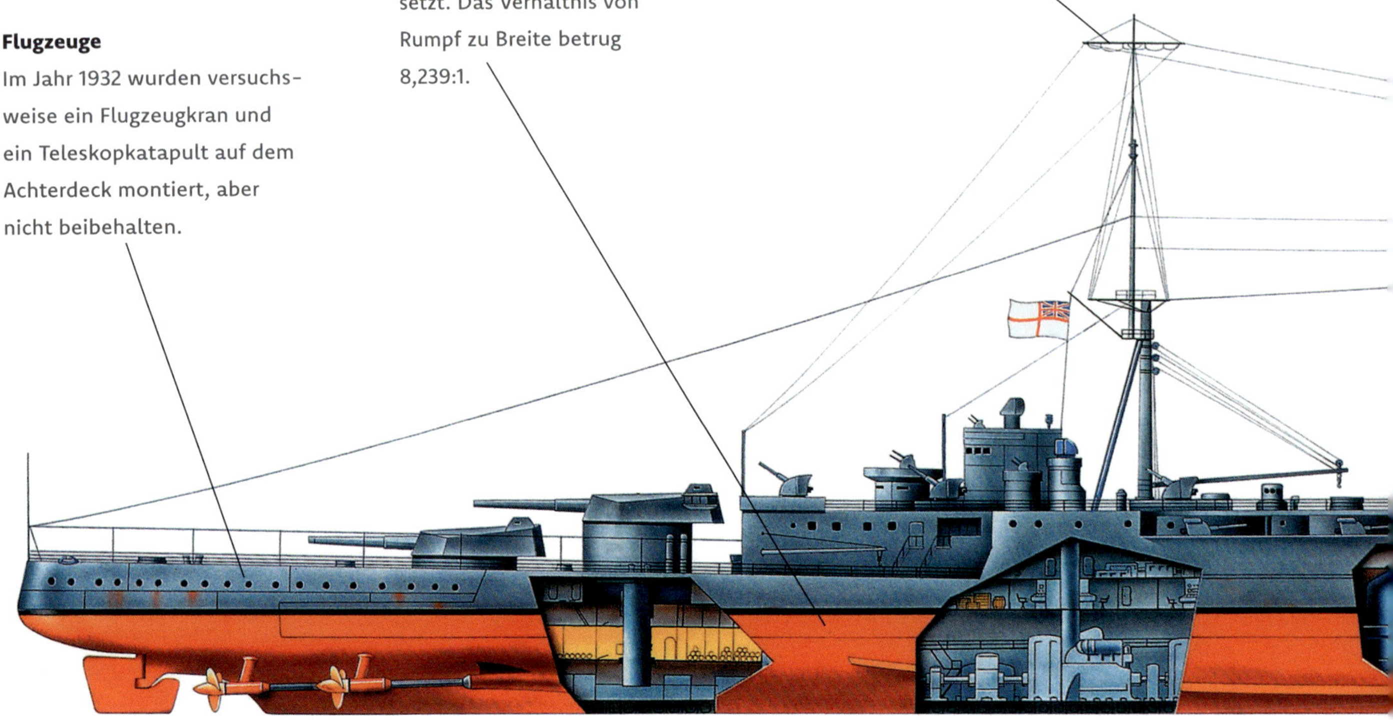

fallen zu lassen, aber die Admiralität war weiterhin an einem schnellen, schwer bewaffneten Kriegsschiff interessiert. Gleichzeitig akzeptierte man damit, dass es eine stärkere Panzerung haben musste, als es der ursprüngliche Entwurf für die *Hood* vorsah.

Nach neu gezeichneten Plänen wurde die *Hood* am 1. September 1916 in der Werft von John Brown in Clydebank auf Kiel gelegt und am 22. August 1918 vom Stapel gelassen. Sie sollte das erste von vier Schiffen sein, aber der Bau der anderen drei wurde aufgegeben, als bekannt wurde, dass Deutschland die Arbeit an seinen Schlachtkreuzern eingestellt hatte. Die *Hood* wurde am 5. März 1920 mit einem Kostenaufwand von 6.025.000 Pfund fertiggestellt und im Mai in Dienst gestellt.

Heizkessel
Die neuen Kleinrohrkessel leisteten 107.381 kW (144.000 PS) – bei gleichem Gewicht wie die Kessel der *Renown*, die 83.518 kW (112.000 PS) erzeugten.

Deflektor
Das Schiff schwamm über einen Meter tiefer als ursprünglich geplant. So wurde ein Deflektor angebracht, um Seegang vom A-Turm fernzuhalten.

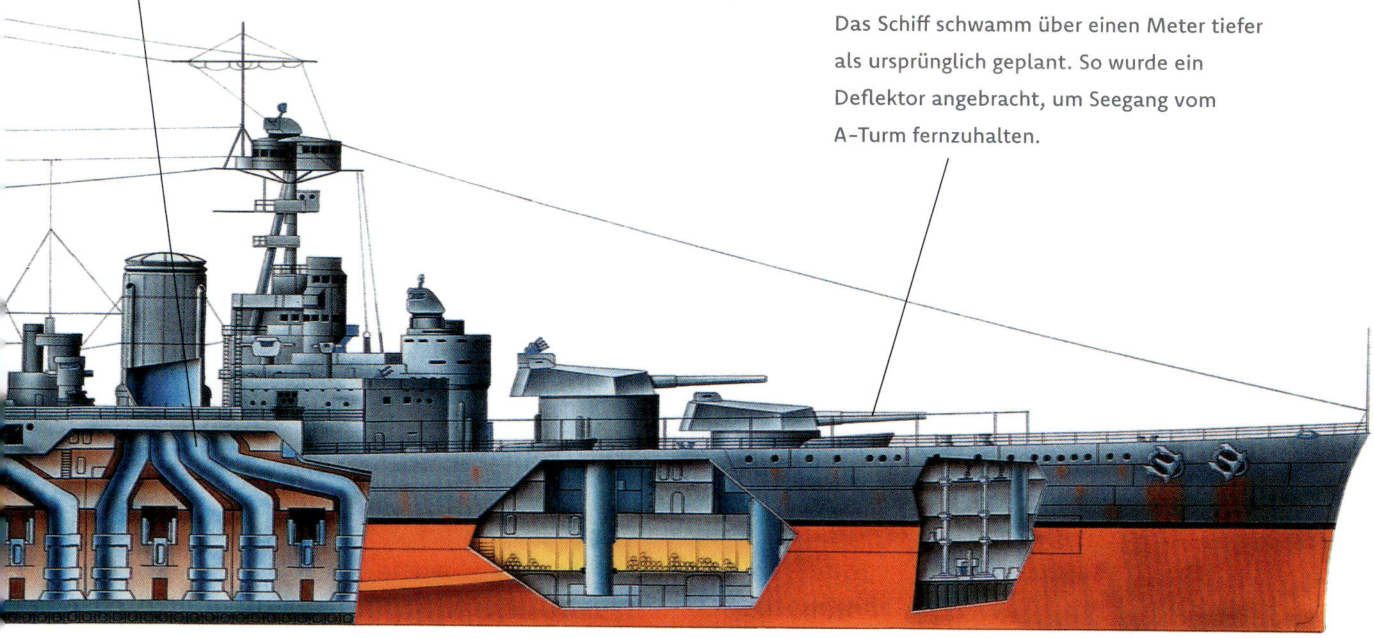

Die *Hood*, wie sie 1924 vor der Küste Australiens fotografiert wurde. In Begleitung des Schlachtkreuzers *Repulse* brach das Schiff im November 1923 zu einer Weltreise auf. Ziel der Reise war es, die Hoheitsgebiete an ihre Abhängigkeit von der britischen Seemacht zu erinnern. Nachdem sie Südafrika, Indien, Australien, Neuseeland und Kanada besucht hatten, kehrten beide Schiffe zehn Monate später zurück.

BEEINDRUCKENDE WAFFEN

Die acht 381-Millimeter-Geschütze waren die gleichen wie bei der Queen-Elizabeth-Klasse. Insgesamt waren 16 140-Millimeter-Geschütze geplant, aber nur zwölf wurden eingebaut, die 1939 auf zehn und 1940 auf sechs reduziert wurden. Die Flak-Ausstattung wurde dagegen kontinuierlich aufgestockt, von 16 vierfach montierten 40-Millimeter-Geschützen (1931) auf 24 (1939) und vier 102-Millimeter-Geschütze (ebenfalls 1939), die 1940 auf acht verdoppelt wurden. Die 15 Maschinengewehre aus dem Jahr 1939 wurden 1940 durch 20 vierfach montierte Maschinengewehre ergänzt. Zwei 533-Millimeter-Unterwassertorpedorohre wurden 1939 entfernt, jedoch vier Torpedorohre desselben Kalibers auf dem Oberdeck neben dem Hauptmast behalten. Die *Hood* war das erste britische Großschiff, das mit ölbefeuerten Yarrow-Kleinrohrkesseln (insgesamt 24) ausgestattet war.

HMS HOOD

Abmessungen	Länge 262,00 m Breite 31,80 m Tiefgang 9,80 m
Verdrängung	max. 45.200 t
Besatzung	1.433 Mann
Antrieb	24 Yarrow-Kleinrohrkessel, Brown-Curtis-Getriebeturbinen, 107.381 kW (144.000 PS)
Geschwindigkeit	31 Knoten
Reichweite	9.260 km bei 18 Knoten
Panzerung	Panzergürtel 152–305 mm, Schotten 102–127 mm, Deck 19–76 mm, Magazin 279–381 mm, Kommandoturm 229–279 mm, Barbetten 127–305 mm
Bewaffnung	8x 381-mm-, 12x 140-mm-Geschütze, 4x 102-mm Flaks, 6x 533-mm-Torpedorohre

PANZERUNG

Vor dem Hintergrund der späteren Zerstörung der *Hood* weckten Umfang und Stärke der Panzerung immer wieder Interesse. Der überarbeitete Entwurf sah eine Verdickung des Gürtels von 203 auf 305 Millimeter und der Barbetten von 229 auf 305 Millimeter vor. Das Hauptdeck war 38 bis 51 Millimeter stark, über den Magazinen sogar 76 Millimeter.

Das Gesamtgewicht der Panzerung betrug 13.550 Tonnen, was 30,3 Prozent des Konstruktionsgewichts entsprach. Im Vergleich mit den Panzergewichten britischer Schlachtschiffe des Ersten Weltkriegs schien das nicht schlecht: Das Panzergewicht der *Royal Oak* (8.250 Tonnen) entsprach 32 Prozent der Entwurfsverdrängung. Dagegen machte bei der deutschen *Bismarck* (17.256 Tonnen) die Panzerung 38,2 Prozent der Verdrängung aus.

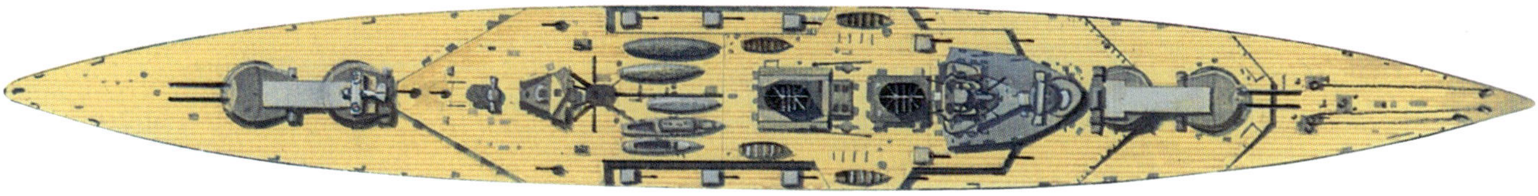

Der Decksplan zeigt die ursprüngliche Aufteilung des Schiffs. Man beachte die Abflugplattformen für das langsam fliegende Aufklärungsflugzeug Fairey *Flycatcher* auf dem B- und X-Turm.

1939 wurde für die *Hood* ein kompletter Umbau in Erwägung gezogen, der neue Motoren, einen verbesserten Horizontal- und Unterwasserschutz, eine umgebaute Brücke mit einem neuen Fockmast sowie den Ersatz der sekundären 139-Millimeter-Kanonen durch modernere 132-Millimeter-QF-Geschütze vorsah. Die Kosten dafür wurden jedoch als zu hoch erachtet. Die letztlich durchgeführten Änderungen waren das Entfernen der beiden vorderen 139-Millimeter-Geschütze und die Installation von 102-Millimeter- und 20-Millimeter-Flugabwehrkanonen. Anfang 1941 bekam das Schiff außerdem ein Radargerät des Typs 279 auf dem Hauptmast sowie Radaranlagen der Typen 282 und 285 auf der Geschützkontrollstation und des Typ 274 auf dem Fockmast.

ZUSAMMENSTOSS AUF SEE

Von 1920 bis 1929 diente die *Hood* in der Home Fleet bei Übungen und feierlichen Anlässen. Sie unternahm auch eine zehnmonatige Weltreise mit der *Repulse* im Jahr 1923. Eine Modernisierung in der HM Dockyard Portsmouth dauerte von Juni 1929 bis Mai 1931, danach wurde sie wieder in die Home Fleet aufgenommen. Am 23. Januar 1935 kollidierte sie mit der *Renown*, sank, wurde gehoben und kehrte nach Portsmouth zur Reparatur zurück. Nach einer Überholung zwischen Februar und September 1939 wurde sie in den Kriegsdienst gestellt und erlitt am 23. Oktober desselben Jahres in der Nordsee einen leichten Bombenschaden.

Im November 1939 gehörte sie zu den Verfolgern der *Scharnhorst* und der *Gneisenau* im Ärmelkanal, und im Juni und Juli 1940 war sie Flaggschiff der Force H im Mittelmeer. Hier nahm sie an einem Angriff auf die französische Flotte bei Mers-el-Kebir am 3. Juli teil. Danach kehrte sie zur Home Fleet zurück, bevor zwischen Januar und März 1941 eine erneute Überholung in Rosyth anstand. Am 22. Mai 1941 wurde sie Flaggschiff der Schlachtkreuzer-Truppe von Vizeadmiral Holland, die zusammen mit der *Prince of Wales* die *Bismarck* und die *Prinz Eugen* südlich von Grönland abfangen sollte. Während eines Schusswechsels aus einer Entfernung von etwa 22.860 Metern mit den deutschen Schiffen explodierte die *Hood* am 24. Mai um 06:00 Uhr und sank wenige Minuten später. Nur drei Besatzungsmitglieder überlebten.

DIE VERSENKUNG DER HOOD

Das Aufeinandertreffen südlich von Grönland war das erste Gefecht zwischen kapitalen Schlachtschiffen seit der Skagerrak-Schlacht. Die Hauptgeschütze der *Bismarck* waren 380 Millimeter stark und die der *Prinz Eugen* 203 Millimeter. Die *Hood* hätte also genügend Widerstandskraft haben müssen, um Treffer zu absorbieren und das Feuer erwidern zu können. Ihre rasche Zerstörung gab Anlass zu heftigen Spekulationen und war ein Schock. Untersuchungen ergaben, dass die *Hood*, deren Panzerung dem Standard des Ersten Weltkriegs entsprach, mit 798 Kilogramm schweren Hochgeschwindigkeitsgeschossen eines besser geschützten Gegners konfrontiert war. Zunächst eröffneten die *Hood* und die *Prince of Wales* das Feuer auf die *Prinz Eugen*, weil sie diese mit der *Bismarck* verwechselten. Die *Bismarck* ihrerseits feuerte fünf Salven auf die *Hood* ab. Auf deren Bootsdeck brach ein Feuer aus, das wahrscheinlich durch einen Treffer der *Prinz Eugen* verursacht wurde, aber nicht mit der Explosion selbst in Verbindung stand. Die Untersuchungen ergaben auch, dass eine einzige Granate aus der fünften Salve der *Bismarck* entweder das 48 Millimeter starke Hauptdeck oder den 127 Millimeter dicken, oberen Panzergürtel durchschlug. Sie reichte jedenfalls aus, um die Magazine in Brand zu setzen, die etwa 85,2 Tonnen Kordit enthielten.

Nagato (1920)

Der Krieg mit Russland von 1905 hatte Japan als bedeutende Seemacht bestätigt. Mit der Nagato-Klasse verfügte das Land über zwei der größten, stärksten und schnellsten Schlachtschiffe der Welt.

Die japanischen Marinechefs studierten die Skagerrak-Schlacht genau, während sich die Nagato-Klasse im Entwurfsstadium befand. Das führte zu einer gewissen Bauverzögerung, während die entsprechenden Rückschlüsse von einem Team unter der Leitung von Kapitän Yuzuru Hiraga gezogen wurden. Das Schiff wurde am 28. August 1917 in der Marinewerft Kure auf Kiel gelegt, am 9. November 1919 vom Stapel gelassen und am 25. November 1920 fertiggestellt.

Die *Nagato* war das erste Schiff, das mit 406-Millimeter-Schnellfeuergeschützen bewaffnet war. Mit einer Lauflänge von L/45 und einem Gewicht von 111 Tonnen konnten sie ab 1936 bis auf 43 Grad geneigt werden und hatten eine Reichweite von 42.000 Metern. Die Granaten wogen 993 Kilogramm, die Feuergeschwindigkeit betrug vier Schuss in drei Minuten. Die Panzerung entsprach dem amerikanischen Prinzip, wonach die lebenswichtigen Sektionen maximal verstärkt wurden, während die übrigen Bereiche kaum oder gar nicht gepanzert waren. Eine Ausnahme war das Unterdeck, das mit einer Stärke von 71 bis 76 Millimetern gut geschützt war.

Zu den Verfeinerungen der Konstruktion aufgrund der Skagerrak-Schlacht gehörte ein besserer Blitzschutz mit Längsschotten zwischen den Geschützen sowie in den unteren Etagen der Geschütztürme.

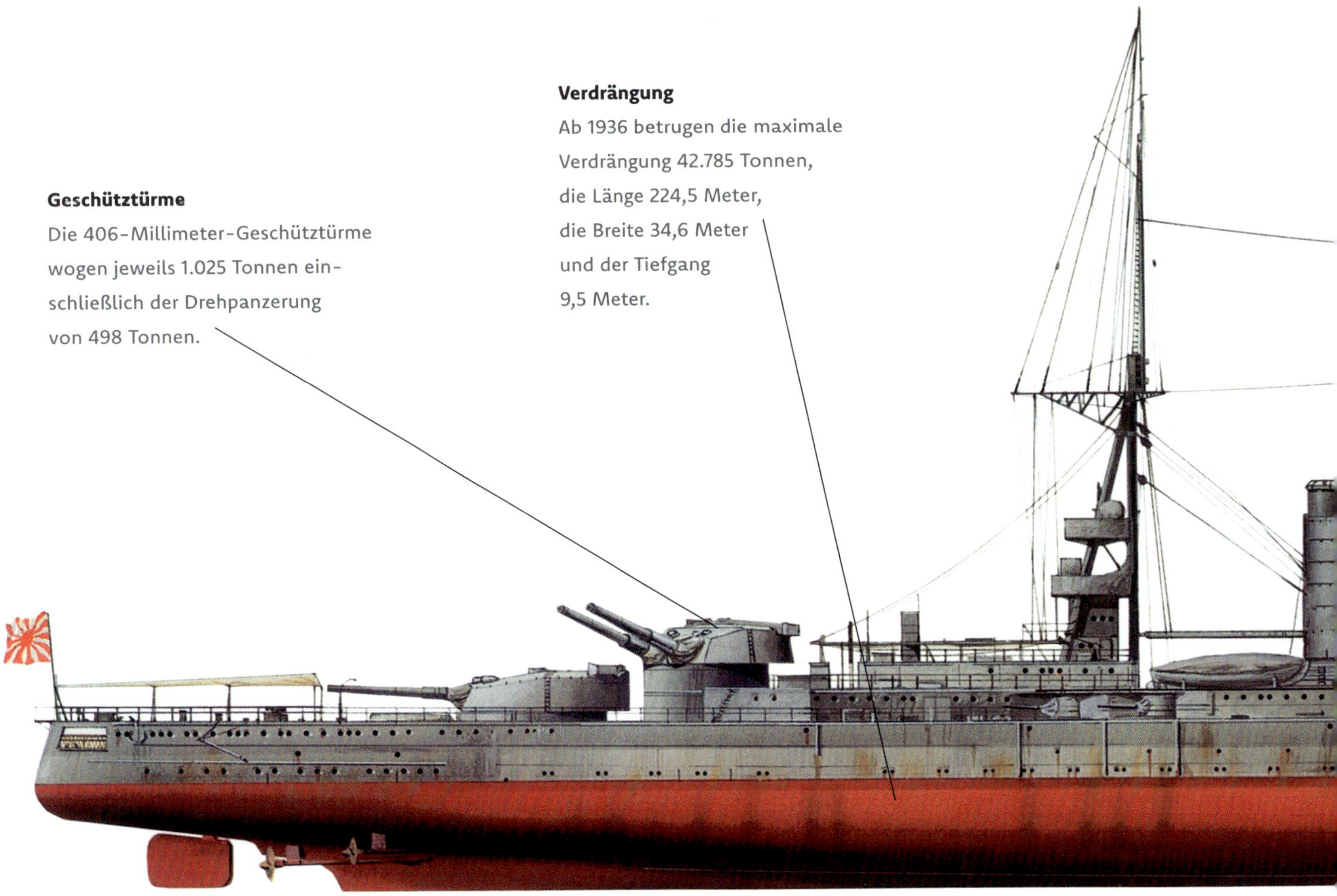

Das Profil zeigt die *Nagato* zwischen 1925 und 1934. Die Frontalzeichnung macht die Torpedowülste deutlich, die bei der Überholung 1934 bis 1936 angebracht wurden. Dadurch wuchs die Breite von 28,9 auf 34,6 Meter. Außerdem wurde ein Dreifachboden eingebaut.

Pagoden-Struktur
Die Turm-Hauptmast-Struktur wurde zweimal grundlegend verändert, was zu einer immer höheren Pagode führte, wie sie für große japanische Kriegsschiffe in den 1930er-Jahren typisch war.

Radar
Ab 1944 trug die *Nagato* Radarantennen an beiden Masten:
Typ 1 Modell 3 zur Luftaufklärung und
Typ 2 Modell 1 zur Bodenaufklärung.

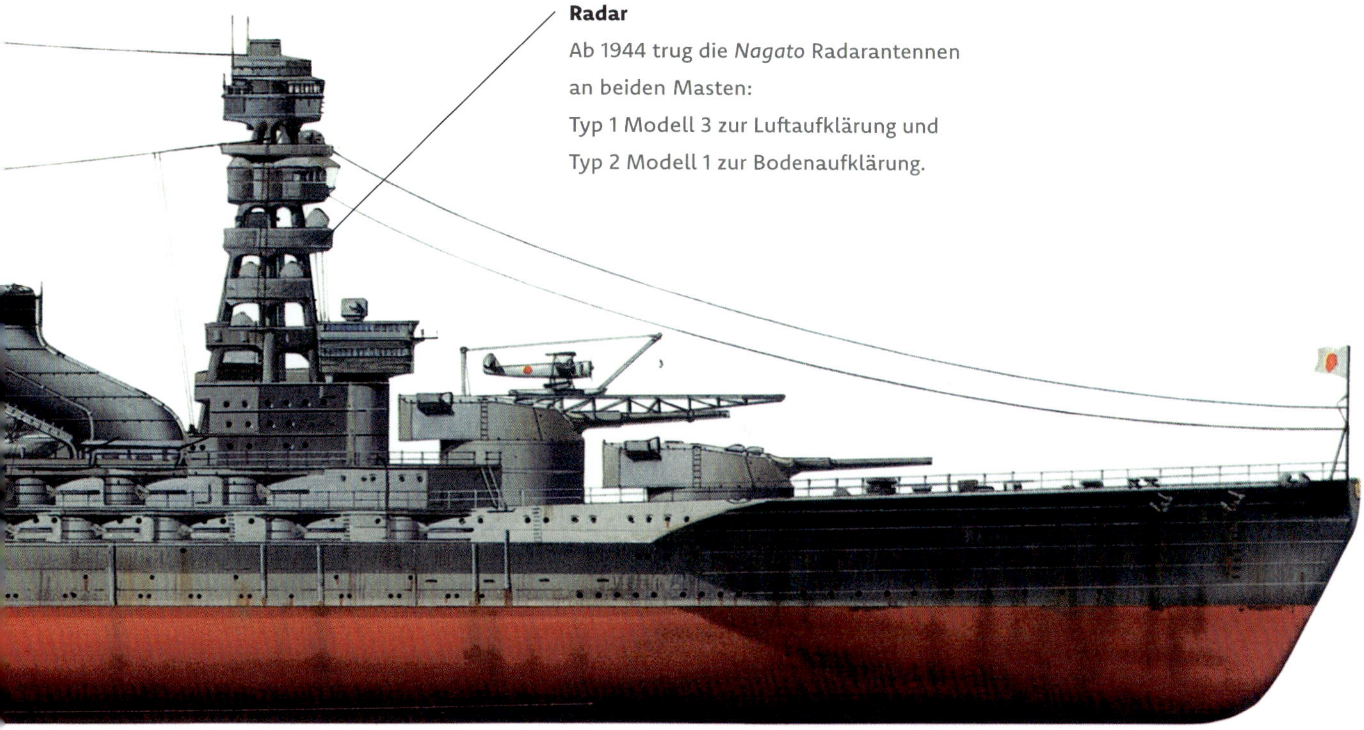

FURCHTBARE BEDROHUNG

Die *Nagato* und ihr Schwesterschiff *Mutsu* (fertiggestellt im Oktober 1921) waren allen Schlachtschiffen der westlichen Flotten überlegen. Selbst nach der Fertigstellung der *Maryland* im Juli 1921, die über Geschütze desselben Kalibers verfügte, feuerten die japanischen Kanonen schwerere Geschosse und hatten eine größere Reichweite. Während des Jahres 1921 liefen die Verhandlungen über das Washingtoner Flottenabkommen, das die Größe und Anzahl der Großkampfschiffe begrenzen sollte. So wurde der Bau von sechs amerikanischen Schlachtschiffen der ursprünglichen South-Dakota-Klasse eingestellt. Das Abkommen ermöglichte allerdings noch die Inbetriebnahme der fast fertig gestellten *Mutsu*. Bei den beiden weiteren japanischen Schlachtschiffen, die bereits auf Kiel gelegt worden waren, wurde ein Bau gestoppt und das andere später zum Trägerschiff *Kaga*.

Während ihrer gesamten Laufbahn behielt die *Nagato* ihre vier Hauptgeschütztürme bei, erfuhr aber in anderer Hinsicht zahlreiche Veränderungen. Diese begannen mit einer Überholung im Jahr 1924. In der ursprünglichen Form war der Fockmast ein mehrstöckiger Turmmast, der um sechs Hauptstreben herum gebaut war und sich hoch über die Navigationsbrücke erhob. Er war mit einem Aufzug ausgestattet. Die Anlage wurde jedoch durch Rauch und Hitze des vorderen Schornsteins beeinträchtigt. Eine 1922 montierte Haube war unzureichend. Daher wurde 1924 der Schornstein so verändert, dass er nach hinten gebogen war, um ihn vom Turm zu entfernen.

Am Achtermast wurde ein zweites Gestänge zum Heben und Senken von Wasserflugzeugen angebracht. 1925/26 wurde noch ein deutsches Heinkel-Katapult am B-Turm montiert, das als Prototyp für japanische Konstruktionen diente.

NAGATO

Abmessungen	Länge 215,80 m Breite 29,00 m Tiefgang 9,10 m
Verdrängung	max. 38.500 t
Besatzung	1.333 Mann
Antrieb	21 Kessel (15 Öl, 6 Kohle), 4 Gihon-Turbinen, 59.656 kW (80.000 PS), 4 Schrauben
Geschwindigkeit	26,75 Knoten
Reichweite	10.550 km bei 16 Knoten
Panzerung	Panzergürtel 102–305 mm, Oberdeck 25–44 mm, Unterdeck 50–75 mm, Magazin 356 mm, Kommandoturm vorne 371 mm, Kommandoturm achtern 97 mm, Barbetten 300 mm
Bewaffnung	8x 406-mm-, 20x 140-mm-Geschütze, 4x76-mm-Flaks, 8x 533 mm-Torpedorohre

VERSTÄRKUNG DER PANZERUNG

1934 bis 1936 wurden größere Modernisierungen umgesetzt. Bereits 1933 wurden zusätzliche Flaks und ein Katapult hinter

Die *Nagato*, wie sie Anfang 1944 aussah. Ein Flugzeugkatapult wurde zwischen dem Hauptmast und dem X-Turm installiert.

DIE ZEITEN ÄNDERN SICH

In der Nach-*Dreadnought*-Periode von 1907 bis 1921 erwarb die kaiserliche japanische Marine acht Schlachtschiffe und vier Schlachtkreuzer. Die offizielle Politik ab 1910 lautete 8/8: zwei Großschiffgeschwader mit acht Schlachtschiffen und acht Schlachtkreuzern. Nur eines dieser Schiffe, der Schlachtkreuzer *Kongo* (1911), wurde außerhalb Japans (in Großbritannien) gebaut, um einen Prototyp zu erhalten, obwohl bereits viele japanische Ideen in den Entwurf eingeflossen waren.

1919 war man sich darüber im Klaren, dass die Vorkriegsschiffe für moderne Kampfbedingungen nicht geeignet waren. Die *Nagato* und die *Mutsu* wurden als die ersten beiden Einheiten eines neuen Schlachtschiffgeschwaders von acht Schiffen betrachtet. Obwohl die USA und Japan im Ersten Weltkrieg Verbündete gewesen waren, wurde die Rivalität über die Pazifikvorherrschaft zwischen diesen beiden Mächten zu einem immer wichtigeren Element der Weltpolitik. Die japanischen Strategen setzten sich mit den Problemen eines Pazifikkriegs auseinander, der sowohl eine große Reichweite als auch eine starke Feuerkraft erforderte. Schlachtschiffe waren dabei ein wichtiges Element.

dem Achtermast eingebaut. Nun verstärkte man die horizontale Panzerung auf 207 Millimeter, brachte Torpedowülste mit einer Breite von 2,8 Metern an, baute neue Kessel und Motoren mit einem einzelnen Schornstein weit hinter dem Turm ein und verlängerte den Rumpf achtern um 8,7 Meter.

Die Torpedorohre wurden entfernt und neue Feuerleitsysteme sowie weitere leichte Flaks eingebaut. Der maximale Auslenkwinkel der Hauptkanonen wurde von 30 auf 43 Grad erhöht. An der Backbordseite des X-Turms wurde ein Flugzeugkran angebracht, der auf das Deck geklappt werden konnte. Der ursprüngliche, nach innen gewölbte Bug wurde durch einen geraden Klipperbug ersetzt (erstmals auf der *Mutsu* erprobt). Auf beiden Seiten des Schornsteins wurden Suchscheinwerferplattformen errichtet.

GEÄNDERTES PROFIL

1936 unterschied sich das Profil der *Nagato* stark von dem von 1933. Entfernungsmessgeräte wurden zunächst auf den B- und X-Geschütztürmen und später dann auch über der Brücke installiert. 1944 brachte man Radarantennen an beiden Masten an und baute eine hohe Plattform zwischen dem Fockmast und dem Schornstein als Deck für weitere Flaks. Zu dieser Zeit waren Luftangriffe eine tödliche Bedrohung.

Im Zweiten Weltkrieg war die *Nagato* vor allem bei den Operationen vor der Insel Midway im Juni 1942 und bei den Kämpfen um Leyte vom 22. bis 25. Oktober 1944 im Einsatz, als sie den amerikanischen Geleitschutzträger *Gambier Bay* und drei Zerstörer versenkte. Sie kehrte zum Marinestützpunkt Yokohama zurück und blieb dort vor Anker, wobei die Schornsteinkappe und der Achtermast abgenommen wurden.

Am 18. Juli 1945 wurde das Schiff durch Flugzeugangriffe schwer beschädigt. Nach dem Krieg wurde die *Nagato* als Zielschiff bei den Atombombentests auf dem Bikini-Atoll eingesetzt. Der zweite Baker-Test am 25. Juli 1946 machte sie zum Wrack. Sie sank vier Tage später.

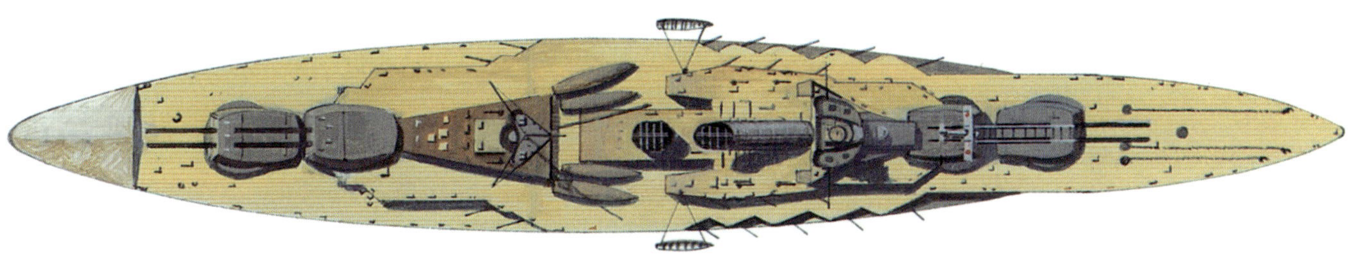

Ein Decksplan des Schiffs aus der Zeit von 1924 bis 1934. Man beachte den Prototyp des Heinkel-Katapults, der auf dem B-Turm montiert war.

Rodney (1927)

Die *Rodney* war eines der beiden Schlachtschiffe der Royal Navy, die im Rahmen des Washingtoner Flottenvertrags vom Februar 1922 gebaut wurden – und das einzige britische Kriegsschiff, das mit 406-Millimeter-Geschützen ausgestattet war.

Der Vertrag von Washington erlaubte Großbritannien den Bau von zwei neuen Schlachtschiffen mit einer Verdrängung von höchstens 35.000 Tonnen. Beide Schiffe wurden am 28. Dezember 1922 auf Kiel gelegt – die *Nelson* bei Armstrongs am Tyne und die *Rodney* bei Cammell Laird in Birkenhead. Die *Rodney* lief am 17. Dezember 1925 vom Stapel und wurde im August 1927 mit einem Kostenaufwand von 7.617.799 Pfund fertiggestellt.

ERFINDUNGSREICHTUM IM DESIGN

Bei der Konstruktion wurden viele Überlegungen angestellt, um ein optimales Gleichgewicht zwischen Waffenstärke und Schutz zu erreichen. Für den Rumpf wurde leichter D-Stahl verwendet, für die Decks Douglasie statt Teakholz, für die Innenausstattung Aluminium und feuerfestes Sperrholz. Die vier für 1921 vorgeschlagenen und dann gestrichenen Schlachtkreuzer wären mit dreifach montierten 406-Millimeter-

Flaks
Die endgültige Flak-Ausstattung bestand aus 16 40-Millimeter-, 48 2-Pfünder-QF- und 61 20-Millimeter-Geschützen.

Maschinenraum
Die Maschinenlage der *Rodney* war ungewöhnlich: Die acht Admiralitätskessel befanden sich hinter dem Maschinenraum mit seinen beiden Brown-Curtis-Getriebeturbinen. Damit wurde der Schornstein so weit wie möglich vom Turm entfernt platziert.

Geschützen vom Typ Mark I ausgestattet gewesen. Diese Geschütze wurden zusammen mit anderem vorbereitetem Material in die beiden neuen Schlachtschiffe eingebaut. Mit einer Rohrlänge von L/45 wogen sie jeweils 129 Tonnen und hatten eine Reichweite von 41.600 Metern bei einer maximalen Auslenkung von 44 Grad. Die Granaten wogen 907 Kilogramm, es konnten zwei Schuss pro Minute abgefeuert werden. Die Geschütze waren in Einzelgestellen untergebracht und konnten individuell ausgerichtet werden.

Die Sekundärbewaffnung bestand aus zwölf 152-Millimeter-Kanonen, die nicht mehr in Kasematten, sondern in einzelnen Türmen untergebracht waren und die erstmals bei der Royal Navy über einen Antrieb verfügten. Dazu kamen sechs 119-Millimeter-Flaks und acht 2-Pfünder-Geschütze. Zwei Torpedorohre von 622 Millimeter Durchmesser wurden ebenfalls eingebaut – die einzige britische Verwendung dieses Kalibers. Auch war die Konstruktion eines fünfstöckigen Turms mit integriertem Mast bei den Schlachtkreuzern realisiert worden. Er beherbergte Kommandostellen für die verschiedenen Geschützgruppen, die Admiralsbrücke, die Torpedokontrollstation sowie Signal- und Navigationsbrücken. Auf einem Sockel über dem Brückenturm befand sich ursprünglich eine Flakstellung, doch 1935/36 wurde die Plattform vergrößert, um neue Feuerleitgeräte unterzubringen.

Die *Rodney* und die *Nelson* waren die letzten britischen Schlachtschiffe, die mit einem separaten Kommandoturm gebaut wurden. Zu den weiteren Neuerungen gehörten ölbefeuerte Küchen und elektrische Öfen (anstelle von Kohleöfen). Auch der Ausstattungsstandard der Mannschaftsunterkünfte, einschließlich der Erholungs- und Trockenräume, lag weit über dem aller früheren Schiffe der Royal Navy.

Das Tarnschema sollte die Sichtbarkeit des Schiffs in atlantischen Gewässern verringern. Die Torpedoräume der *Rodney* befanden sich vor dem A-Turm. Sie war eines der wenigen Schlachtschiffe, die ein anderes Schiff mit einem Torpedo trafen: die *Bismarck* während der Schlacht am 27. Mai 1941.

Dreifachtürme
Es waren die ersten britischen Schlachtschiffe, die schwere Geschütze in Dreifachtürmen besaßen, und die einzigen mit 406-Millimeter-Geschützen.

Bündiges Deck
Seit der *Lord Nelson* (1908) waren es die ersten Schlachtschiffe, die ein vollständig bündiges Deck besaßen.

HMS RODNEY

Abmessungen	Länge 216,80 m Breite 32,40 m Tiefgang 9,10 m
Verdrängung	max. 38.000 t
Besatzung	1.314 Mann
Antrieb	8 3-Trommel-Kessel mit Superheizern, Brown-Curtis-Getriebeturbinen, 33.556 kW (45.000 PS), 2 Schrauben
Geschwindigkeit	23 Knoten
Reichweite	26.500 km bei 12 Knoten
Panzerung	Panzergürtel 356 mm, Schotten 76–356 mm, Barbetten 381 mm, Türme 406 mm, Deck über Magazinen 158 mm, Deck über Maschinen 76 mm
Bewaffnung	9x 406-mm-, 12x 152-mm-Geschütze, 6x 119-mm-Flaks, 8x 2-Pfünder-QF-Geschütze, 2x 622-mm-Torpedorohre (unter Wasser)

HÄSSLICH, ABER BEEINDRUCKEND

Die Royal Navy entschied sich für das amerikanische Alles-oder-nichts-Panzerungsprinzip. Die horizontale Panzerung über dem Maschinenraum war 76 Millimeter dick (sie wurde 1940 von einer Bombe durchschlagen, die nicht explodierte), über den 406-Millimeter-Magazinen war sie 158 Millimeter stark. Zum ersten Mal wurde die Seitenpanzerung nicht als äußerer Gürtel, sondern an der Innenseite des Stahlrumpfes angebracht, der vom gepanzerten Deck aus nach innen abgewinkelt war. Dies sollte die Durchschlagskraft von einschlagenden Granaten sowohl verringern als auch vermindern. Torpedowülste wurden nicht angebracht.

Die Dampfversorgung erfolgte durch acht kleine Röhrenkessel, sechs mit 4.176 kW (5.600 PS) und zwei mit 3.803 kW (5.100 PS). Die Geschwindigkeit war mit 23 Knoten nicht außergewöhnlich. Die *Rodney*, die als „hässlich, aber beeindruckend“ bezeichnet wurde, war ein schwierig zu handhabendes Schiff, das nur langsam wendete und zudem ein beträchtliches Maß an Gegensteuerung benötigte, um einen geraden Kurs zu halten.

Granaten für die 406-Millimeter-Geschütze wurden während des Zweiten Weltkriegs von einem Versorgungsschiff geladen. Jede Granate wog 1.198 Kilogramm. Das Bild zeigt auch Details der Entfernungsmess- und Radargeräte.

WAFFEN EINER UNVERGLEICHLICHEN KLASSE

Die Pläne für die *Rodney* enthielten viele Elemente der vier Schlachtkreuzer der Incomparable-Klasse aus dem Jahr 1921 (etwa von der *Nelson*, siehe Bild), die dort später gestrichen wurden, auch wenn deren Verdrängung rund 12.000 Tonnen geringer und nicht vom Washingtoner Abkommen betroffen war. Für diese Schiffe waren ebenfalls neun 406-Millimeter-Geschütze vorgesehen, wobei der dritte Turm zwischen Aufbauten und den beiden Schornsteinen liegen sollte. Zudem sollten der vordere und hintere Aufbau abgewinkelt werden, um einen weiten Feuerbogen zu ermöglichen. Die Motoren wären viel leistungsfähiger und ihre Geschwindigkeit um etwa zwölf Knoten höher gewesen. Alle Hauptgeschütze der *Rodney* waren vor dem Aufbau angeordnet, um die Magazinpanzerung auf möglichst engem Raum zu konzentrieren. Theoretisch konnten die Geschütze auch in Richtung achtern feuern. Doch in der Praxis erwies sich dies als unmöglich, weil die Druckwelle selbst Panzerglasfenster zertrümmerte und die Struktur der Aufbauten beschädigte. Die 40-Grad-Auslenkung wurde gelegentlich genutzt, um 1.198 Kilogramm schwere Granaten auf sich nähernde Flugzeuge in bis zu 32.000 Meter Entfernung abzufeuern.

DIENSTJAHRE

Die *Rodney* war von 1927 bis 1939 bei der Home Fleet und der Atlantikflotte stationiert. Sie leistete intensiven Kriegsdienst und war zunächst in Scapa Flow und ab dem 13. September 1940 in Rosyth stationiert. Ab November 1940 diente sie als Geleitschutz für Konvois im Atlantik. Im Mai 1941 befand sie sich auf dem Weg in die USA, um ihre Maschinen überholen zu lassen, als sie abkommandiert wurde, um sich an der Jagd auf die *Bismarck* zu beteiligen. Zusammen mit der *King George V* eröffnete die *Rodney* am 27. Mai um 08:07 Uhr das Feuer auf das deutsche Schlachtschiff und war an dessen Zerstörung beteiligt.

Anschließend setzte sie ihre Reise nach Boston fort, wo von Juni bis September 1941 Maschinenreparaturen durchgeführt wurden. Danach diente die *Rodney* kurz im Mittelmeer, bevor sie im November nach Großbritannien zurückkehrte. Zwischen Dezember 1941 und Mai 1942 wurde sie komplett überholt und fuhr dann wieder ins Mittelmeer, um die Landungen in Nordafrika im November zu unterstützen. Mit der *Nelson* blieb sie bis Oktober 1943 im Mittelmeer und nahm nachfolgend ihren Dienst in der Home Fleet wieder auf. Während dieser Zeit bombardierte sie Küstenziele in Frankreich und auf den Kanalinseln und eskortierte überdies Konvois nach Murmansk.

Die *Rodney* legte im Kriegsdienst insgesamt 251.000 Kilometer zurück. Ab Dezember 1944, als die Motoren dringend überholt werden mussten, blieb sie in Scapa Flow und wurde nach Kriegsende in die Reserveflotte überführt. Im Februar 1948 wurde sie zur Verschrottung verkauft.

Deutschland/Lützow (1933) 

Die *Deutschland* (1939 in *Lützow* umbenannt) war das erste Schiff einer Klasse von Westentaschenschlachtschiffen, zu denen auch die *Admiral Graf Spee* gehörte. Sie war auch das erste große Kriegsschiff, das von Dieselmotoren angetrieben wurde. Das signalisierte den Wiederaufbau der deutschen Marine.

Nach dem Ersten Weltkrieg verfügte Deutschland über acht veraltete Schlachtschiffe und eine durch den Versailler Vertrag auferlegte Obergrenze von 10.000 Tonnen für Neubauten, die auch erst nach 1924 beginnen durften. Anfang der 1920er-Jahre begann man zu prüfen, ob innerhalb dieses Limits ein wirksames Schiff mit schwerer Bewaffnung gebaut werden könnte. Zunächst erwies es sich als unmöglich, um das erforderliche Limit bei Bewaffnung und Panzerung nicht zu überschreiten, um bei einem Gefecht Bestand haben zu können.

1927 begann sich das Konzept eines schnellen Panzerschiffs herauszukristallisieren. Es sollte schneller sein als ein Schlachtschiff und stärker gepanzert sowie schwerer bewaffnet als ein Kreuzer. Vorgesehen waren Geschütze mit einem Kaliber von 280 Millimetern, während die hohe Geschwindigkeit durch Dieselmotoren erreicht werden sollte. Nach Erstellung der vollständigen Spezifikation wurde die *Deutschland* am 5. Februar 1929 in Kiel bei den Deutschen Werken auf Kiel gelegt, am 19. März 1931 vom Stapel gelassen und am 1. April 1933 fertiggestellt. Obwohl offiziell mit 10.000 Tonnen angegeben, betrug die tatsächliche Verdrängung des Schiffs 11.700 Tonnen.

GEWICHTSSPARENDE MASSNAHMEN

Es wurde alles getan, um Gewicht zu sparen, was durch technische Verbesserungen unterstützt wurde. Der Rumpf wurde elektrisch geschweißt, was zu einem Gewicht von 3.921 Tonnen führte, 15 Prozent weniger als beim klassischen Nieten. Die

Panzerabdeckungen
Kurz nach der Indienststellung wurden die Torpedorohre mit gepanzerten Schutzabdeckungen versehen.

Großmast
Seit einer Überholung im Jahr 1935 war der Hauptmast fest mit dem Schornstein verbunden.

Oben: Die *Admiral Graf Spee* im Zustand von 1939 mit verschiedenen Unterschieden im Detail (Schornstein, Flugzeughalterung, Radar, Flaks) gegenüber der *Deutschland/ Lützow*.

Unten: Die *Lützow* mit Tarnanstrich 1942, als sie in den Fjorden Nordnorwegens stationiert war. Der FuMO2-Radarrahmen wurde in diesem Jahr an der Spitze des Turms angebracht.

Flugzeug
Die *Deutschland* war das einzige Schiff ihrer Klasse, das seine beiden Flugzeuge zwischen Turm und Schornstein trug (1935 eingebaut).

DEUTSCHLAND/LÜTZOW

Abmessungen	Länge 186,00 m Breite 20,60 m Tiefgang 7,20 m
Verdrängung	max. 15.900 t
Besatzung	619 Mann
Antrieb	4 9-Zylinder-2-Takt-MAN-Dieselmotoren (doppelwirkend), 40.268 kW (54.000 PS), Vulkan-Getriebe, 2 Schrauben
Geschwindigkeit	28 Knoten
Reichweite	16.120 km bei 19 Knoten
Panzerung	Panzergürtel 60–80 mm, Schotten 40–45 mm, Deck 40–45 mm, Barbetten 50–150 mm, Geschütztürme 85–140 mm, Kommandoturm 50–150 mm
Bewaffnung	6x 280-mm-, 8x 150-mm-, 3x 88-mm-Geschütze, 8x 500-mm-Torpedorohre

in zwei Dreifachtürmen untergebrachten Hauptkanonen hatten eine Rohrlänge von L/54,5 und wogen 52,4 Tonnen, wobei sie 315-Kilogramm-Granaten verschossen. Ihre Reichweite von 42.600 Metern übertraf die aller anderen Marinegeschütze jener Zeit – ein großer taktischer Vorteil. Die Sekundärbewaffnung bestand aus acht 152-Millimeter-Schnellfeuergeschützen in seitlich angebrachten Einzelschilden auf dem Vorderdeck (das sich über vier Fünftel der Schiffslänge erstreckte) und drei 88-Millimeter-Flaks. Acht 500-Millimeter-Torpedorohre wurden in zwei Sätzen von je vier auf dem Oberdeck mit gepanzerten Abdeckungen montiert. Später wurden 533 Millimeter-Rohre eingebaut.

Der Begriff Westentaschenschlachtschiff, der erstmals außerhalb Deutschlands verwendet wurde, war nicht als Kompliment gemeint. Doch es wurde klar, dass die *Deutschland* und ihre beiden Schwesterschiffe, die *Admiral Scheer* (1934) und die *Admiral Graf Spee* (1936), ernst genommen werden mussten. Die Motoren ermöglichten nicht nur eine Höchstgeschwindigkeit von 28 Knoten, sondern auch eine große Reichweite von 52.782 Kilometern bei zehn Knoten. Die Kraft kam von vier MAN-Neun-Zylinder-Zweitaktmotoren, die über zwei Vulkan-Untersetzungsgetriebe angetrieben wurden.

Vor 1935 wurden nur wenige Änderungen vorgenommen, obwohl zu diesem Zeitpunkt die militärischen Ambitionen des Dritten Reichs offensichtlich waren. 1934 wurde das backbordseitige Ladegeschirr durch einen Gitterkran ersetzt. 1935 kam der Hauptmast hinter den Schornstein, eine Flaksteuerung wurde eingebaut, ein Flugzeugkatapult zwischen Brückenturm und Schornstein installiert und zwei 88-Millimeter-Flaks anstelle der ursprünglichen Einzelgeschütze aufgestellt. Weitere Änderungen in den Jahren 1937/38 betrafen den Einbau neuer Kräne auf beiden Seiten, die Anbringung

EIN TRIO VON SCHLACHTSCHIFFEN

Eine Zeit lang nahm das Trio *Deutschland, Admiral Scheer* und *Admiral Graf Spee* eine einzigartige Stellung ein: stärker als jeder Kreuzer, schneller als jedes Schlachtschiff und mit einem unübertroffenen Aktionsradius. Nur die älteren britischen Schlachtkreuzer *Hood, Repulse* und *Renown* übertrafen sie in Geschwindigkeit und Feuerkraft. Trotzdem waren es mehr die politischen Erwägungen als strategische Planungen, die ihre Ausführung und den Bau bestimmten. Sechs Schiffe dieser Klasse wurden im November 1932 geplant, und die Vormontage für das vierte und fünfte Schiff begann. Doch das Material wurde stattdessen für die Großkampfschiffe *Scharnhorst* und *Gneisenau* verwendet. Die *Admiral Graf Spee* suchte nach der Schlacht am Rio de la Plata am 13. Dezember 1939 Zuflucht in Montevideo, Uruguay, und wurde am 17. Dezember von ihrer eigenen Besatzung zerstört (siehe Bild). Die *Admiral Scheer* war während des Zweiten Weltkriegs aktiv, bevor sie am 9. April 1945 während einer Überholung in Kiel einem Luftangriff von RAF-Bombern zum Opfer fiel. Nach fünf schweren Treffern kenterte und sank sie.

Die *Admiral Graf Spee* im Jahr 1939. Sie und die *Admiral Scheer* hatten im Gegensatz zur *Lützow* eckige Brückenturmkonstruktionen. Die *Admiral Graf Spee* wurde 1939 mit einem Seetakt-Radar ausgestattet, das in erster Linie der Geschützbedienung diente: Der Entfernungsmesser ist oben deutlich zu sehen.

einer leicht geneigten Kappe auf dem Schornstein (die 1942 am vorderen Ende erheblich erhöht wurde) und die Anbringung großer Suchscheinwerfer auf einer Plattform rund um den Schornstein. In seiner endgültigen Form wurde der Brückenturm, der sich nach oben hin verjüngte, von einem breiten Entfernungsmesser überragt, der wiederum von einem Funkmast gekrönt wurde.

ANHALTENDE SCHÄDEN

Nach ihrer Indienststellung war die *Deutschland* bis 1936 Flaggschiff der deutschen Marine. In den Jahren 1936/37 unternahm sie Patrouillenfahrten vor Spanien, nachdem internationale Seekontrollen vereinbart worden waren. Sie wurde am 29. Mai 1937 zweimal von Flugzeugen der spanischen Republikaner getroffen, was erhebliche Schäden und 31 Tote zur Folge hatte. Ab dem 29. September 1939 war sie im Atlantik im Handelskrieg im Einsatz, bevor sie am 15. November 1939 in *Lützow* umbenannt wurde. Vor Norwegen erhielt sie am 11. April 1940 von dem britischen U-Boot *Spearfish* einen Torpedotreffer. Mit schwer beschädigtem Heck sowie ohne Schrauben und Steuerung wurde sie nach Kiel zurückgeschleppt. Am 13. Juli 1941 wurde sie beim Versuch, in den Atlantik einzufahren, durch einen Lufttorpedo einer RAF Beaufort erneut schwer beschädigt und kehrte bis Januar 1942 zur Reparatur nach Kiel zurück.

Danach war sie bis zum 29. September 1943 in Nornorwegen stationiert, wobei sie vom 9. August bis zum 9. November 1942 nach einer Grundberührung in Tjeldsund erneut zur Reparatur nach Kiel zurückkehrte. Im Dezember 1942 war sie an der Schlacht in der Barentssee gegen die britischen Kreuzer *Sheffield* und *Jamaica* beteiligt. Ab Oktober 1943 blieb sie in der Ostsee, wo sie in Gdingen stationiert war, um den Rückzug der deutschen Truppen zu schützen und russische Stellungen im Landesinneren zu beschießen.

Bei einem Bombenangriff am 15. April 1945 wurde die *Lützow* beim Wiederaufrüsten beschädigt. Am 4. Mai wurde sie von ihrer Besatzung versenkt, schließlich durch russische Bombenübungen zerstört und anschließend abgewrackt.

Decksplan: Die 150-Millimeter-Geschütze befinden sich alle auf der gleichen Ebene wie das flache Deck. Die kompakten Aufbauten boten wenig Platz für höhere Geschützstellungen.

Gneisenau (1938) 

Die *Gneisenau* und die *Scharnhorst* waren ursprünglich Panzerkreuzer (1906), die im Ersten Weltkrieg oft gemeinsam im Einsatz waren. Diese Tradition wurde von den Schlachtschiffen des Dritten Reichs fortgesetzt.

In den ersten Jahren des Hitler-Regimes ab 1933 hielten die deutschen Marineplanungen an dem Konzept des 10.000 Tonnen schweren Panzerschiffs fest. Aber die Franzosen bauten die *Dunkerque* mit 26.500 Tonnen (in Wirklichkeit waren es weit mehr als 29.526 Tonnen), und auch die Italiener planten den Bau neuer Kriegsschiffe. In den Jahren 1934 und 1935 wurde in Wilhelmshaven und Kiel mit dem Bau der Westentaschenschlachtschiffe D und E begonnen. Insgeheim war für diese Schiffe eine Erhöhung der Verdrängung auf 19.000 Tonnen vereinbart worden, um einen besseren Panzerschutz zu gewährleisten. Die Verdrängung wurde weiter auf 26.000 Tonnen erhöht, und die neuen Schiffe sollten neun

Die *Gneisenau* und die *Scharnhorst* waren von sehr ähnlichem Aussehen. Sie unterschieden sich im Wesentlichen durch die Anordnung des Hauptmasts, der bei der *Gneisenau* wie bei der *Deutschland* hinter dem Schornstein angebracht war.

Schornsteinkappe
Im Jahr 1939 wurde eine abgewinkelte Schornsteinkappe angebracht.

Torpedorohre
Die Torpedorohre, die 1941 eingebaut wurden, stammten von den alten Kreuzern *Leipzig* (für die *Gneisenau*) und *Nürnberg* (für die *Scharnhorst*).

Hangar
Der Hangar hinter dem Schornstein mit einem schwenkbaren Innenkatapult wurde 1941 hinzugefügt und ein Stativmast auf seinem Dach montiert.

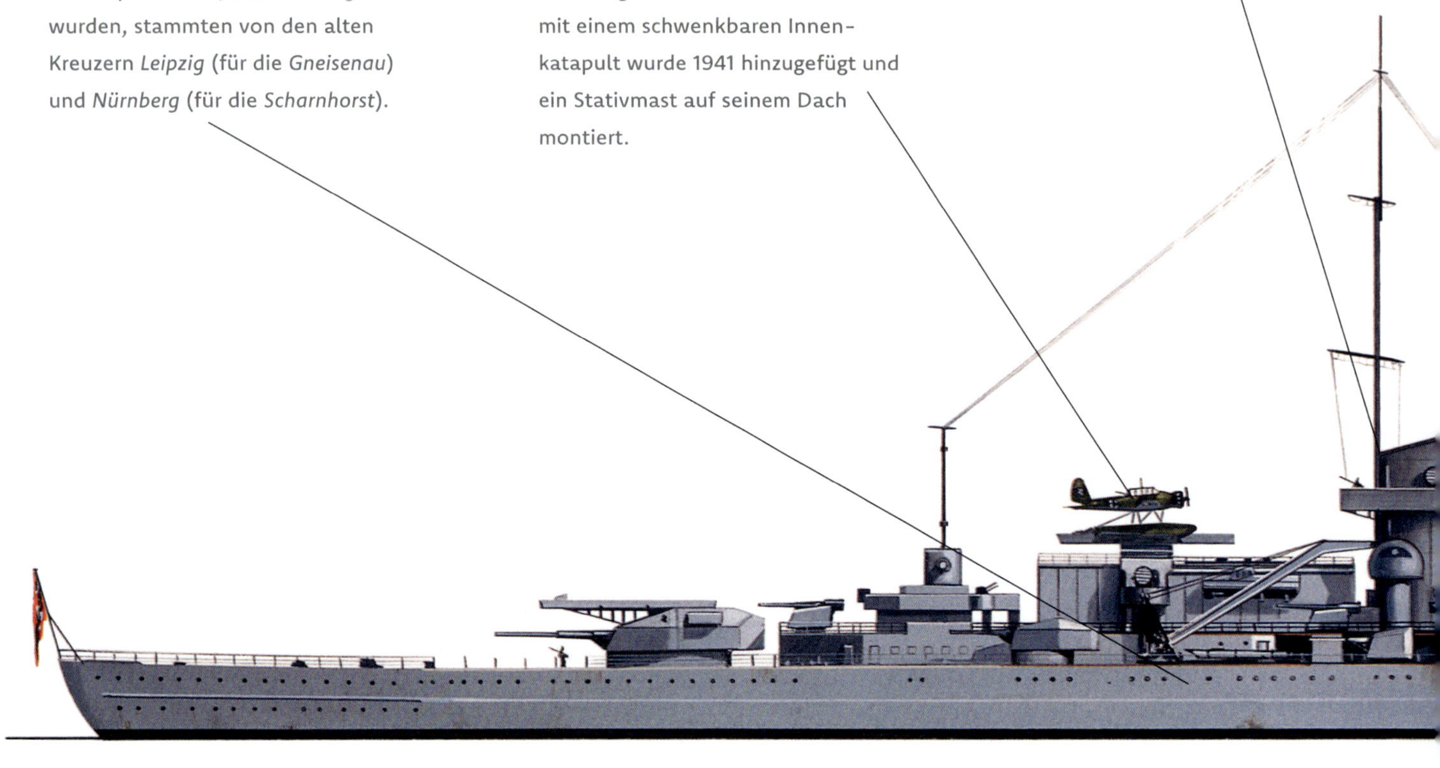

280-Millimeter-Geschütze tragen. Trotzdem wurden sie offiziell weiterhin als Panzerschiffe bezeichnet. Das umstrittene Flottenabkommen zwischen Großbritannien und Deutschland vom 18. Juni 1935, das der Kriegsmarine eine Tonnage von 35 Prozent der Royal Navy erlaubte, legitimierte den Plan.

HAUPTGESCHÜTZE

Die *Gneisenau* wurde im März 1935 in Kiel bei den Deutschen Werken auf Kiel gelegt, am 8. Dezember 1936 vom Stapel gelassen und am 21. Mai 1938 fertiggestellt. Ihre Kosten betrugen 146.174.000 Reichsmark. Die Hauptgeschütze waren die gleichen wie bei der Deutschland-Klasse, untergebracht in drei Dreifachtürmen, allerdings handelte es sich um Drehlafetten vom Typ C/34 und nicht vom Typ C/28 wie bei den früheren Schiffen. Die zwölf 150-Millimeter-Geschütze waren ebenfalls wie bei der Deutschland-Klasse eingebaut, jedoch waren acht von ihnen in Doppeltürmen und die anderen in Einzelschilden montiert. Insgesamt waren 14 105-Millimeter-Flaks, 16 37-Millimeter-Flaks (beide jeweils in Doppelmontage) und acht (Ende 1939 auf zehn erhöht) 20-Millimeter-Flaks platziert.

Die *Gneisenau* war von Anfang an für den Transport von Flugzeugen ausgerüstet. Sie besaß zwei Katapulte (1940 auf eines reduziert) und eine Kapazität von vier Wasserflugzeugen. Der ursprüngliche Entwurf des Rumpfs sah einen vertikalen Bug und doppelte Klüsen vor, aber bei Tests auf See wurde das Vordeck häufig überflutet und der A-Turm außer Betrieb

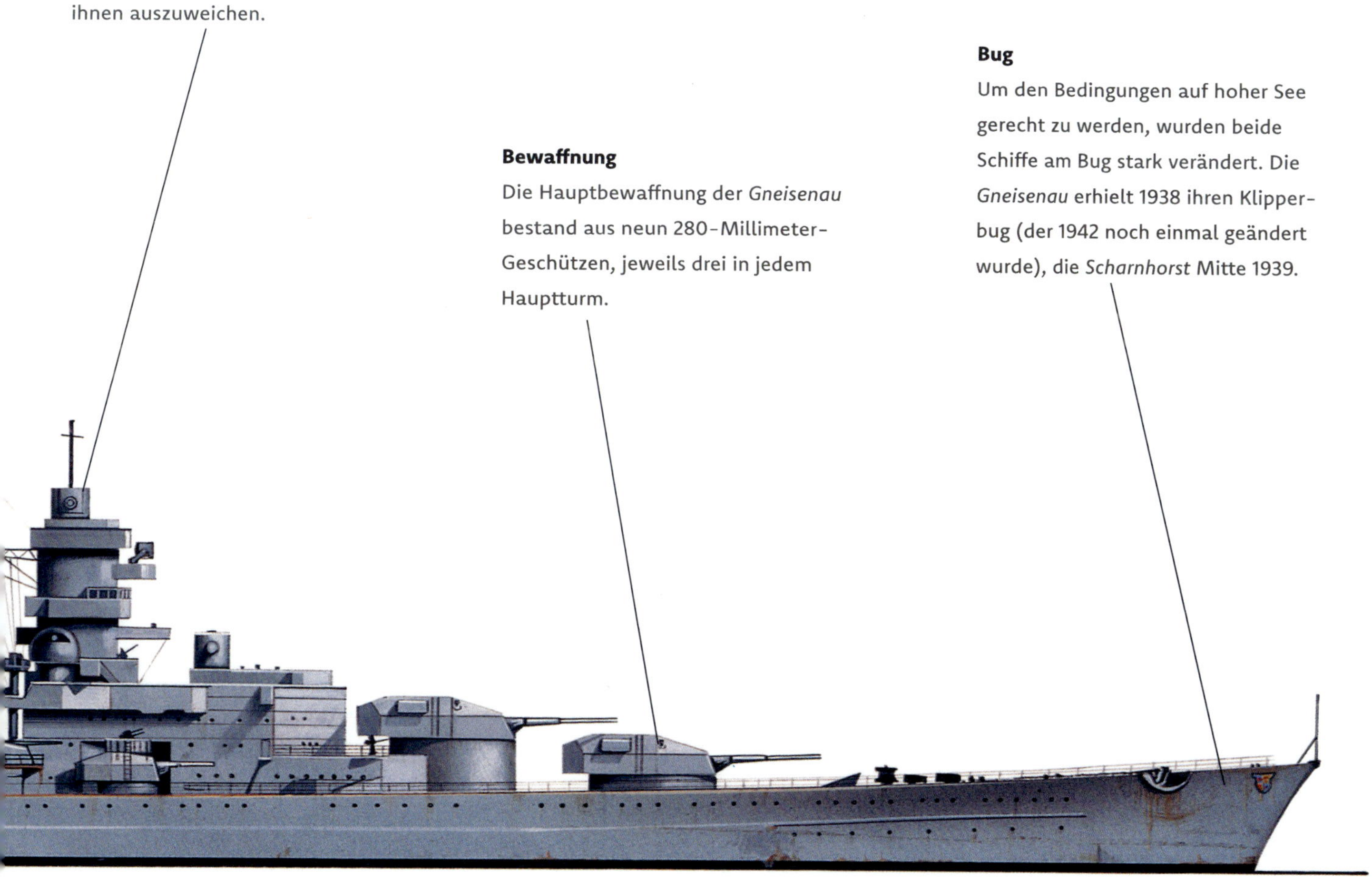

ATLANTIKÜBERFÄLLE

Hitler sah die neuen Schlachtschiffe der deutschen Marine als „besondere Denkmäler des deutschen Kriegsstaats" und damit von großem politischen Wert. Während seine Marinebefehlshaber Raeder und Fricke wollten, dass die *Scharnhorst* und die *Gneisenau* nach Abschluss der Reparaturarbeiten an der letztgenannten weitere Atlantikangriffe von Brest aus durchführten, bestand Hitler darauf, dass die Schiffe auf sicherere Stützpunkte in Norwegen verlegt werden. Sollte dies nicht möglich sein, sollten sie außer Dienst gestellt und ihre Geschütze auf Landstützpunkte verlegt werden. Dies führte zur Operation Cerberus (siehe S. 182). Doch als es der *Lützow* und dem schweren Kreuzer *Admiral Hipper* nicht gelang, in der Schlacht in der Barentssee am 31. Dezember 1942 einen Sieg über die leichter bewaffneten *Jamaica* und *Sheffield* zu erringen, ordnete Hitler die Einstellung der Arbeiten an den Großschiffen an. Von den abmontierten Geschützen der *Gneisenau* ist der Geschützturm „Cäsar" noch in der Küstenfestung Austrått in Norwegen erhalten, wo er als Teil des Atlantikwalls postiert worden war.

gesetzt. Im Winter 1938/39 wurde der Bug in die Klipperform gebracht: höher und mit einem scharfen Anstellwinkel, wodurch die Gesamtlänge um 5,1 Meter zunahm. In dieser Form wurde die Seetüchtigkeit des Schiffs nur geringfügig verbessert. 1942 erfolgten weitere Änderungen. Die Klüsen, die zunächst beibehalten wurden, wurden später überpanzert und durch Decksluken ersetzt. Der Schornstein wurde mit einer Vorderkappe versehen, um den Rauch vom Mast fernzuhalten.

OFFIZIELLE KLASSIFIZIERUNG

1941 wurde die *Gneisenau* mit zwölf 20-Millimeter-Flaks mit vier Läufen ausgerüstet und erhielt einen großen Hangar mit internem Katapult. Sechs 533-Millimeter-Torpedorohre wurden in zwei Dreiergruppen auf dem Oberdeck installiert. Obwohl sie manchmal als Schlachtkreuzer bezeichnet wurden, waren die *Gneisenau* und die *Scharnhorst* als Schlachtschiffe eingestuft – trotz der relativ leichten 280-Millimeter-Hauptgeschütze. 1942 gab es Pläne, die *Gneisenau* mit neun 380-Millimeter-Geschützen in Zwillingstürmen auszustatten, was jedoch nicht umgesetzt wurde. Geplant waren zudem Dieselmotoren, aber um eine Geschwindigkeit von mehr 30 Knoten zu erreichen, wurden Hochdruckdampfturbinen eingebaut.

Der größte Teil der Kriegseinsätze der *Gneisenau* wurde zusammen mit der *Scharnhorst* ausgeführt. Am 23. November 1939 versenkten sie den bewaffneten Handelskreuzer *Rawalpindi* nordwestlich der Färöer. Bei der Unterstützung der Landung in Narvik (Norwegen) am 9. April 1940 geriet die *Gneisenau* in einen Schusswechsel mit der *Renown*, wobei der hintere Turm beschädigt wurde. Die Reparaturen waren gerade abgeschlossen, als das Schiff auf eine Mine stieß und für weitere Arbeiten nach Kiel zurückkehren musste. Im Juni versenkten die beiden deutschen Schlachtschiffe vor Narvik den britischen Flugzeugträger *Glorious* sowie die Zerstörer *Acasta* und *Ardent*. Auf dem Rückweg nach Deutschland wurde die *Gneisenau* durch einen Torpedo des britischen U-Boots *Clyde* am Bug schwer beschädigt.

KANALDURCHBRUCH

Zwischen dem 22. Januar und dem 23. März 1941 versenkten die *Scharnhorst* und die *Gneisenau* auf einer Fahrt im Atlantik 22 Handelsschiffe. In Brest wurde letztere am 6. April 1941 durch einen Torpedotreffer aus der Luft für einige Zeit außer

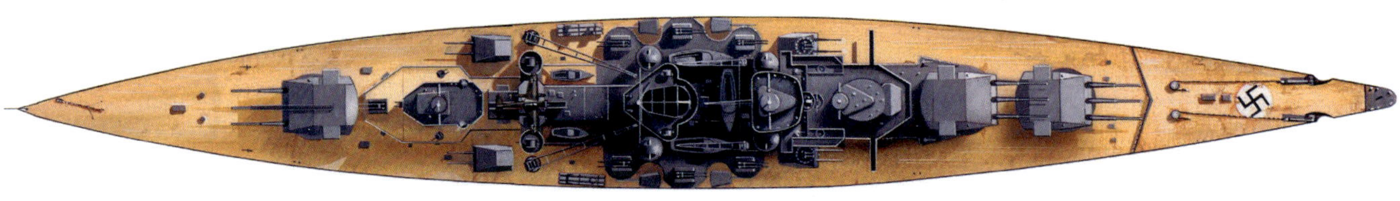

Decksplan: In der Regel ist bei Decksplänen eine Symmetrie zu erkennen. Bei der *Gneisenau* fällt vor allem die Art und Weise auf, wie die Haupt- und Nebengeschütze einen möglichst großen Feuerbogen erhalten.

Gefecht gesetzt. Nachdem sie fast ein Jahr lang in Brest geblieben war, unternahm sie vom 11. bis 13. Februar 1942 die berühmte Operation Cerberus (auch Kanaldruchbruch genannt), zusammen mit dem schweren Kreuzer *Prinz Eugen* und zahlreichen Zerstörern und E-Booten als Begleitschutz. Die *Gneisenau* stieß auf eine Mine, wurde aber nur leicht beschädigt.

Am 26. Februar wurde sie bei einem Bombenangriff im Trockendock schwer getroffen. Sie wurde nach Gdingen verlegt, wo sie repariert und entwaffnet werden sollte. Im Januar 1943 wurden daher die 280-Millimeter-Geschütze für die Küstenverteidigung ausgebaut. Die Arbeiten wurden jedoch schon im Februar 1943 eingestellt. Am 27. März 1945 wurde das Schiff von der Wehrmacht als Blockade versenkt. 1951 wurde es geborgen und abgewrackt.

GNEISENAU

Abmessungen	Länge 229,80 m Breite 30,00 m Tiefgang 8,23 m
Verdrängung	max. 38.900 t
Besatzung	1.840 Mann
Antrieb	12 Wagner-Hochdruckkessel, 3 Germania-Getriebeturbinen, 123.040 kW (165.000 PS), 3 Schrauben
Geschwindigkeit	32 Knoten
Reichweite	16.297 km bei 19 Knoten
Panzerung	Panzergürtel 200–350 mm, Schotten 150–200 mm, Deck 20–50 mm, Barbetten 200–350 mm, Magazin 200–350 mm, Kommandoturm 100–350 mm
Bewaffnung	9x 280-mm-, 12x 150-mm-, 14x 105-mm-Geschütze, 16x 37-mm- und 8x 20-mm-Flaks

Die *Gneisenau* im Korsfjord in der Nähe von Bergen, Norwegen, am 30. Dezember 1940. Das Schiff hat gerade abgelegt, um nach Gdingen an der Ostsee zu fahren.

Scharnhorst (1939) 

Die *Scharnhorst*, die oft als erstes deutsches Schlachtschiff nach dem Ersten Weltkrieg bezeichnet wird, lief früher als die *Gneisenau* vom Stapel, wurde aber erst nach ihr fertig und in Betrieb genommen. Obwohl es sich um Schwesterschiffe handelte, gab es zahlreiche kleine Unterschiede.

Die *Scharnhorst* wurde am 16. Mai 1935 auf der Kriegsmarinewerft in Wilhelmshaven auf Kiel gelegt, am 3. Oktober 1936 vom Stapel gelassen und am 7. Januar 1939 fertiggestellt. Ihre Kosten betrugen 143.471.000 Reichsmark. Fast unmittelbar danach, im Juli/August 1939, wurde der Bug auf die Klipperform umgebaut. Bewaffnung, Panzerung und Maschinenanlage entsprachen im Wesentlichen denen der *Gneisenau*. Allerdings hatte die *Scharnhorst* Brown-Boveri- anstatt Germania-Turbinen. Die drei Schiffsschrauben waren dreiflügelig und hatten einen Durchmesser von 4,45 Metern. Mit einer Geschwindigkeit von 31,64 Knoten war die *Scharnhorst* der britischen King-George-V-Klasse deutlich überlegen, deren Höchstgeschwindigkeit 29,2 Knoten betrug.

Der Rumpf wurde aus ST52-Stahl gebaut. Es wurde zudem eine neue Stahlpanzerung eingeführt, die als Typ Wh bezeichnet wurde und eine Zugfestigkeit von 85 bis 95 Kilogramm pro Quadratmillimeter besaß. Diese Stähle waren nicht nur widerstandsfähig, sondern konnten auch geschweißt

Für Handelsschiffe waren die *Scharnhorst* und die *Gneisenau* tödlich: 22 Stück versenkten sie zwischen dem 22. Januar und dem 23. März 1941. Dreimal wurden britische Kriegsschiffe gesichtet, denen sie jedoch ausweichen konnten. Die *Scharnhorst* legte durchschnittlich 548 Kilometer am Tag zurück.

Antrieb
Ursprünglich war für beide Schiffe ein Dieselantrieb vorgesehen. Doch kein Aggregat konnte die erforderliche Leistung pro Welle erbringen. So trieben zwölf Wagner-Hochdruckkessel die Turbinen an.

Boote
Mitgeführt wurden drei Wachboote, zwei Motorjollen, fünf Kutter, eine Motorpinasse und eine Motorbarkasse.

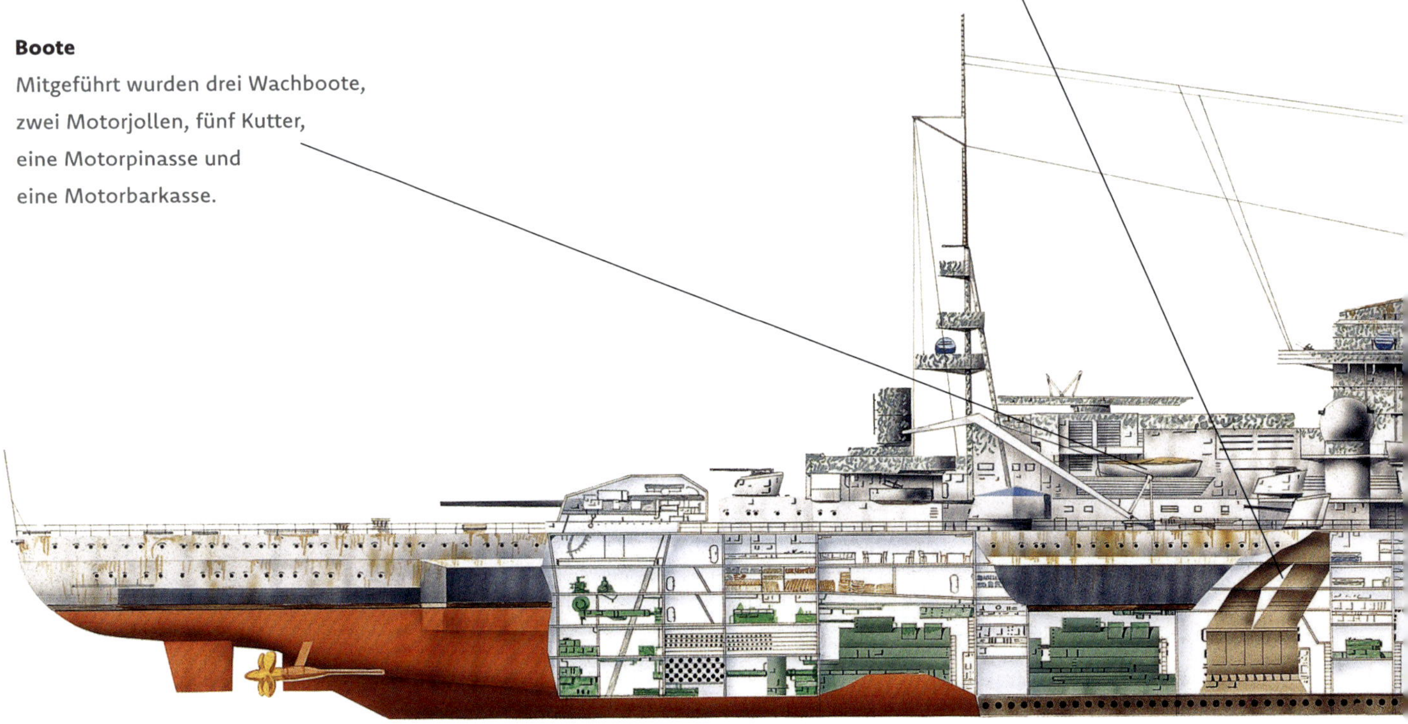

werden, was erhebliche Vorteile hinsichtlich der Baugeschwindigkeit und der Gewichtseinsparung mit sich brachte. Trotzdem verdrängten beide Schiffe mehr als 30.000 Tonnen.

PANZERUNG

Die Gürtelpanzerung hatte eine maximale Dicke von 350 Millimetern, was einer 356-Millimeter-Granate standhalten sollte. Das gepanzerte Deck war 20 bis 105 Millimeter stark. Die Panzerung wog mit insgesamt 14.006 Tonnen erheblich mehr als der eigentliche Rumpf, der es auf 8.233 Tonnen brachte. Beide Schiffe überstanden tatsächlich schwere Angriffe durch Granaten, Torpedos und Bomben.

Ab 1941 war die *Scharnhorst* mit zwölf vierfach montierten 20-Millimeter-Flaks ausgestattet. Ab Anfang 1939 hatte die *Gneisenau* einen Hauptmast, der hinter dem Schornstein platziert war. Die *Scharnhorst* hatte dagegen ursprünglich einen höheren Hauptmast in derselben Position, der jedoch

Kontur
Eine grundsätzliche Ähnlichkeit der Umrisse der *Scharnhorst*, der *Gneisenau*, der *Bismarck* und der *Tirpitz* war bewusst geplant worden, um ihre Identitäten zu verbergen.

Kraftstoffkapazität
Die maximale Treibstoffkapazität betrug 6.200 Tonnen Öl und ermöglichte eine Reichweite von 16.298 Kilometern bei 19 Knoten.

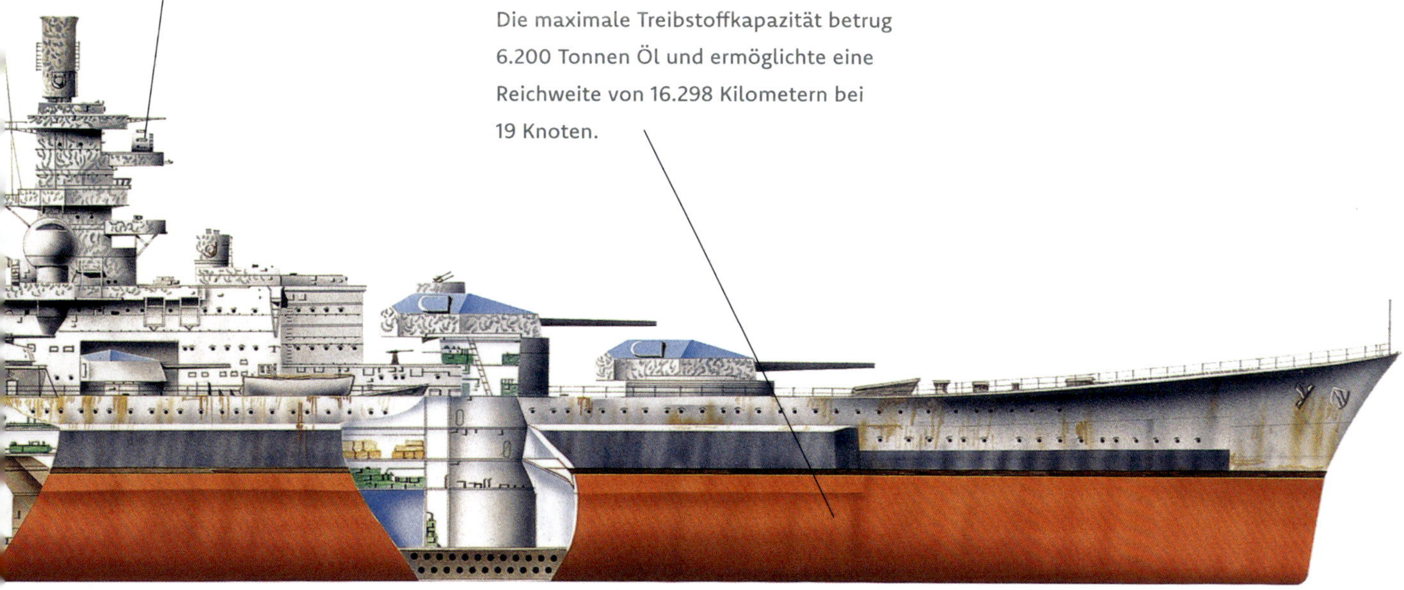

OPERATION CERBERUS

Die Operation Cerberus wurde auf Hitlers Befehl durchgeführt. Zu den Vorbereitungen gehörten Minenräumaktionen entlang einer Tiefwasserroute, um ein schnelles Vorankommen zu gewährleisten. Sechs Zerstörer, 14 Torpedoboote und drei Motor-Torpedoboot-Flottillen wurden zusammengestellt. Die Luftwaffe setzte 250 Kampfflugzeuge ein. Die Absicht war dem britischen Marinegeheimdienst bekannt, doch man ging davon aus, dass das deutsche Geschwader die Straße von Dover bei Nacht durchqueren würde. Die Durchfahrt bei Tag am 12. Februar 1942 mit einer Geschwindigkeit von 27 Knoten überraschte die Briten. Sie konnten sich nur unzureichend auf einen Angriff vorbereiten, der wirksam von den deutschen Schiffen und Flugzeugen zurückgeschlagen wurde. Die Minen, auf die die *Scharnhorst* und die *Gneisenau* trafen, waren von Flugzeugen entlang der voraussichtlichen Route gelegt worden. Die Operation war ein unbestrittener Erfolg für Deutschland, aber der strategische Hintergrund war ein Rückzug. Hitler war nicht bereit, die Großkampfschiffe im Atlantik zu riskieren. Für den Rest des Kriegs spielten sie nur noch eine untergeordnete Rolle.

frei stand und um den herum die Scheinwerferplattform aus dem Schornsteingehäuse herausgebaut war. Bei den Umbauten im Juli/August 1939 wurde dieser Mast in einen Dreibeinmast umgewandelt und nach achtern in eine Position unmittelbar vor dem hinteren Kontrollturm verlegt.

Suchscheinwerfer und Radarplattformen wurden angebracht und waren die deutlichsten Unterschiede zwischen den beiden Schiffen. Beide hatten Fockmasten, die am Hauptturm befestigt waren. Die *Scharnhorst* erhielt außerdem eine schräge Schornsteinkappe.

SCHARNHORST

Abmessungen	Länge 235,00 m Breite 30,00 m Tiefgang 9,70 m
Verdrängung	max. 38.100 t
Besatzung	1.968 Mann
Antrieb	12 Wagner-Hochdruckkessel, 3 Brown-Boveri-Getriebeturbinen, 119.312 kW (160.000 PS)
Geschwindigkeit	31 Knoten
Reichweite	18.500 km bei 17 Knoten
Panzerung	Panzergürtel 200–350 mm, Schotten 150–200 mm, Deck 20–50 mm, Kommandoturm 100–350 mm, Geschütztürme 200–350 mm, Barbetten 200–350 mm
Bewaffnung	9x 280-mm-, 12x 150-mm-, 14x 105-mm-Geschütze, 16x 37-mm-, 10x 20-mm-Flaks, 6x 533-mm-Torpedorohre

FLUGZEUGE

Ursprünglich war auf beiden Schiffen ein zweites Katapult auf dem Achterturm mit einem an der Backbordseite montierten Faltkran installiert worden. Dieser wurde jedoch Ende 1939 entfernt, ebenso eine an der Backbordseite ausschwenkbare Landevorrichtung aus Segeltuch. Die mitgeführten Flugzeuge waren drei Arado Ar 196 A-3 (die *Gneisenau* hatte für kurze Zeit Heinkel He-114). Die Entfernungsmess- und Radargeräte wurden zwischen 1940 und 1942 auf den neuesten Stand gebracht. Sie umfassten zum Schluss die Systeme FuMO 27, FuMBn1, FuMB 4 SAMOS, FuMB 7 und FuMB 3.

Deutschland hatte seit 1934 an der Entwicklung von Radargeräten gearbeitet, doch die 1943 verfügbaren Systeme waren weniger ausgereift als die der Briten und Amerikaner. Es wurden fünf Suchscheinwerfer montiert, die dreiachsig stabilisiert waren und die von einer zentralen Kontrollstation aus bedient wurden.

EINSÄTZE AUF SEE

Bei den Operationen vor Narvik von April bis Juni 1940 eröffnete die *Scharnhorst* als erste das Feuer auf den Flugzeugträger *Glorious*, der versenkt wurde. Ein Torpedo der *Acasta* schlug ein 12 x 4 Meter großes Loch in die Bordwand der *Scharnhorst*. Fast 2.300 Tonnen Wasser drangen ein. Mit langsamer Geschwindigkeit fuhr sie für Notreparaturen nach Trondheim. Luftangriffe vom 10. bis 13. Juni schlugen fehl, und die *Scharnhorst* konnte zur vollständigen Reparatur nach Kiel zurückkehren. Sie blieb dort bis zum 22. Januar 1941 und wurde dann für weitere Angriffe auf Handelsschiffe von Januar bis März in Brest stationiert, bei denen sie (zusammen

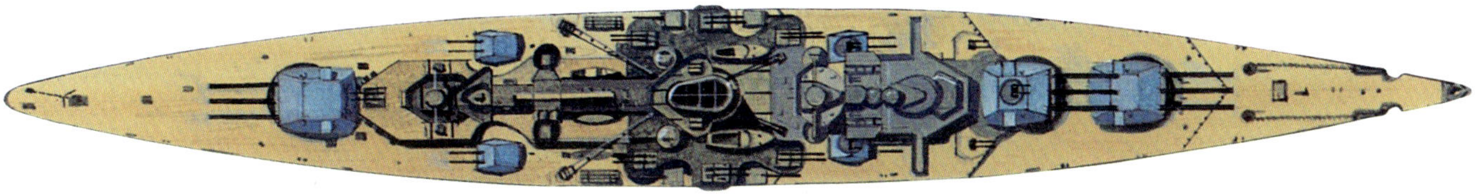

Decksplan: Die 150-Millimeter-Sekundärgeschütze sind aus dieser Perspektive deutlich zu erkennen, ebenso wie die vielen kleineren 37-Millimeter- und 20-Millimeter-Flaks.

mit der *Gneisenau*) über 105.000 Bruttoregistertonnen alliierter Frachter zerstören konnte.

Während der Operation Cerberus, die zwischen dem 11. und 13. Februar 1942 von Brest nach Deutschland führte, stieß die *Scharnhorst* auf zwei Minen, von denen die erste das Schiff 17 Minuten lang manövrierunfähig machte. Doch sie erreichte Wilhelmshaven aus eigener Kraft.

Nach erneuter Reparatur in Kiel bombardierte die *Scharnhorst* zusammen mit der *Tirpitz* am 6. und 8. September 1943 Spitzbergen. Ende des Jahres war sie allerdings das einzige noch einsatzfähige Großkampfschiff des Deutschen Reichs. Mit fünf Zerstörern unter Konteradmiral Bey wurde sie am 25. Dezember zum Angriff auf den Konvoi JW55B Richtung Murmansk entsandt. In arktischen Gewässern nördlich des Nordkaps geriet die *Scharnhorst* nach kleineren Gefechten mit den britischen Kreuzern *Norfolk*, *Belfast* und *Sheffield* unter Beschuss der radargesteuerten 356-Millimeter-Kanonen des Schlachtschiffs *Duke of York*, das von vier Zerstörern begleitet wurde.

Eine Kombination aus Torpedos und Granatenbeschuss aus immer kürzerer Entfernung zerstörte schließlich die *Scharnhorst*, die bis zu ihrem Ende weiter aus dem einzigen übriggebliebenen Geschützturm feuerte. Ihr Bug wurde weggesprengt, und sie sank am 26. Dezember 1943 um 19:44 Uhr in eine Tiefe von 290 Metern. Nur 36 Mann konnten gerettet werden.

Die Besatzung der *Scharnhorst* salutiert vor der Besatzung der *U-47*, als diese nach der Versenkung der *Royal Oak* im September 1939 nach Kiel zurückkehrt.

Bismarck (1940) 

Die *Bismarck* und die *Tirpitz* stellten den Höhepunkt der deutschen Kriegsschiffskonstruktion dar – in Bezug auf Größe, Bewaffnung, Geschwindigkeit und Durchhaltevermögen. Doch der erste Kampfeinsatz der *Bismarck* war zwar ein großer Erfolg, aber auch ihr letzter.

Während Adolf Hitler einen Krieg gegen Großbritannien in Erwägung zog, teilte er seinen Marinechefs mit, dass dieser nicht vor 1944/45 stattfinden würde. Als der Krieg im September 1939 tatsächlich ausbrach, verfügte die Kriegsmarine nur über zwei moderne Schlachtschiffe und vier Westentaschenschlachtschiffe. Zwei sehr große Kriegsschiffe waren jedoch bereits vom Stapel gelaufen, und zwei noch größere Schiffe waren gerade auf Kiel gelegt worden (ihr Bau wurde jedoch Ende 1942 eingestellt).

Die *Bismarck* wurde am 1. Juli 1936 bei Blohm & Voss in Hamburg auf Kiel gelegt, am 14. Februar 1939 vom Stapel gelassen und am 24. August 1940 fertiggestellt. Ihre Kosten betrugen 196.800.000 Reichsmark. Der Chefkonstrukteur, Dr. Hermann Burkhardt, der auch für die *Gneisenau* und die

Die Abbildung vermittelt einen Eindruck von der Größe und der Unterteilung der inneren Abteilungen im Rumpf. Diese Anordnung war einer der Hauptgründe für das bemerkenswerte Durchhaltevermögen des Schiffs im Kampf.

Antrieb
Die ersten Pläne für den Antrieb, die später jedoch fallen gelassen wurden, sahen einen turboelektrischen Antrieb in einer kompakten Anordnung mit Kesseln auf jeder Seite, einem Generator in der Mitte und einem Elektromotor für jede Welle vor.

Haupttürme
In Deutschland war es üblich, die Haupttürme (A, B, C, D) als Anton, Bruno, Cäsar und Dora zu bezeichnen.

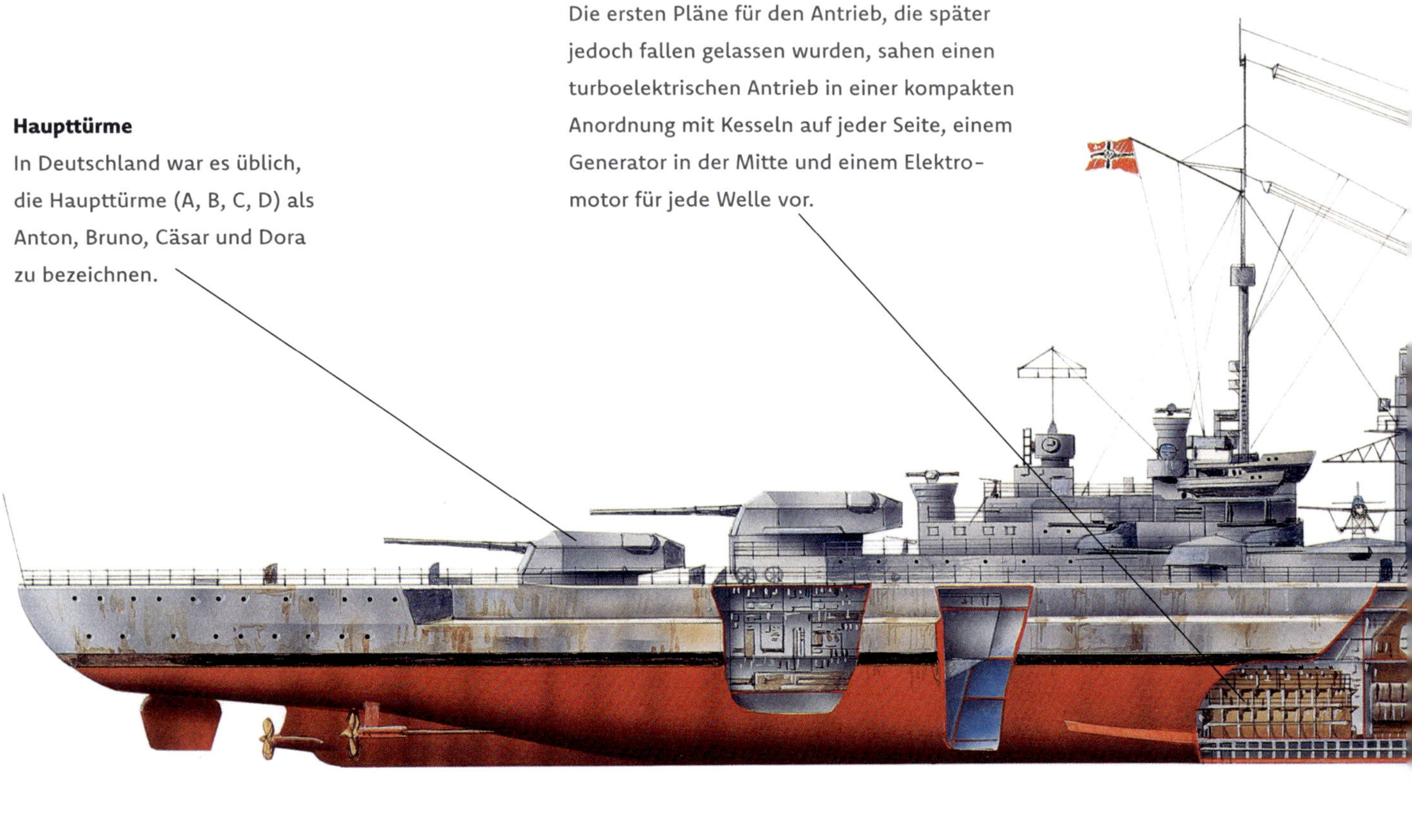

Scharnhorst verantwortlich war, hatte nur noch die Aufgabe, ein ausgewogenes Verhältnis zwischen Feuerkraft, Geschwindigkeit, Schutz und Antriebskraft zu finden. Die 380-Millimeter-Hauptgeschütze waren in acht Zwillingstürmen untergebracht. Diese wurden so weit wie möglich voneinander entfernt angeordnet, um Erschütterungen und Interferenzen zu vermeiden.

Die Rohrlänge betrug L/47, das Gewicht 107,5 Tonnen. Die Geschütze hatten eine Reichweite von 36.200 Metern bei einer Auslenkung von 35 Grad. Das hatte eine niedrige Flugbahn und eine kürzere Flugzeit der Granate zur Folge. Die Granaten wogen 798 Kilogramm und waren von dreierlei Art: panzerbrechende HE-Granaten für den Einsatz gegen Schlachtschiffe und zwei Typen von HE-Granaten, eine mit Kopfzünder und eine mit Bodenzünder. Die *Tirpitz* war mit den gleichen Geschützen ausgestattet. Das umfasste auch zwölf 140-Millimeter-Geschütze in Zwillingstürmen, drei auf jeder Seite. Die Flakabwehr bestand aus 16 105-Millimeter- und 16 37-Millimeter-Doppelgeschützen sowie zwölf 20-Millimeter-Einzellaufgeschützen.

FEUERKONTROLLE

Die Geschützsteuerung befand sich an drei Stellen: auf dem vorderen Kommandoturm, über der vorderen Plattform und auf dem hinteren Kommandoturm, mit Kommunikationsverbindungen zu zwei Rechenräumen in der gepanzerten Zone vorn und achtern. Im Gegensatz zur *Tirpitz* besaß die *Bismarck* keine Torpedos, aber beide Schiffe verfügten über vier Arado Ar 196 Wasserflugzeuge. Der Rumpf der Schiffe bestand aus ST52-Stahl und wurde zu mehr als 90 Prozent

Radargeräte
Die *Bismarck* verfügte über FuMO-Radargeräte an den vorderen und hinteren Entfernungsmessern und auf dem Vorschiff, die jedoch im Gefecht durch eine Druckwelle außer Betrieb gesetzt wurden. Sie besaß auch Hydrophon-Detektoren.

Bug
Nach den Erfahrungen mit der *Scharnhorst* wurde der Bug der *Bismarck* nach dem Stapellauf, aber noch vor der Fertigstellung, in die Klipperform umgestaltet.

Suchscheinwerfer
Sieben Suchscheinwerfer mit einem Durchmesser von 1,5 Metern waren vorhanden, einer auf dem Fockmast, vier auf jeder Seite des Schornsteins und zwei hinter dem Hauptmast.

Anker
Es wurden drei Anker mitgeführt, zwei auf der Backbordseite und ein Heckanker (ebenfalls auf der Backbordseite). Jeder Anker wog 9.500 Kilogramm.

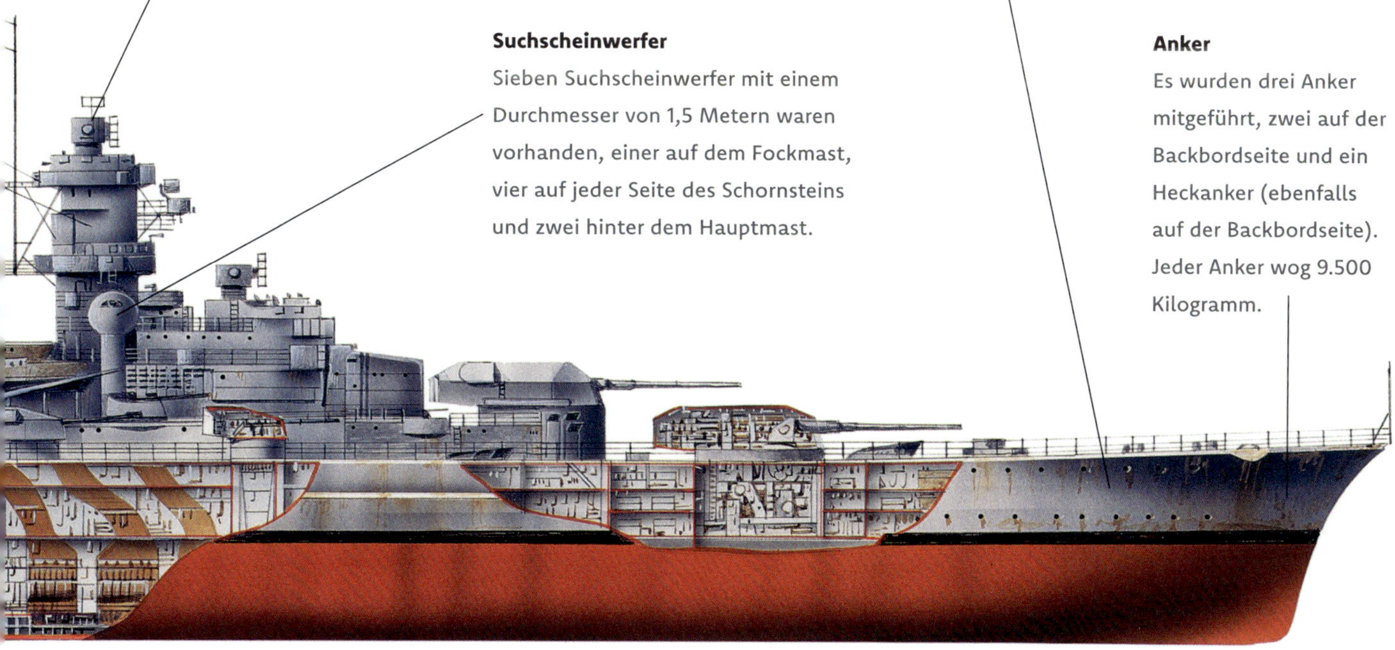

DIE WIDERSTANDSKRAFT DER BISMARCK

Trotz des anhaltenden und heftigen Beschusses durch 408-Millimeter- und 356-Millimeter-Geschütze sowie zahlreicher Torpedotreffer wurden weder der Panzergürtel noch das gepanzerte Deck der *Bismarck* durchdrungen – abgesehen von einer einzigen 356-Millimeter-Granate, die die Seitenpanzerung durchschlug. Der einzige verhängnisvolle Treffer war der eines Lufttorpedos, der das Backbordruder blockierte und so die Fahrt des Schiffs nach Backbord verhinderte. Da die Munition erschöpft und die Geschütze zerstört waren, bereitete sich die Besatzung auf die Selbstzerstörung des Schiffs vor. Währenddessen schlugen drei Torpedos des Kreuzers *Dorsetshire* in den gepanzerten Rumpf ein. Zunächst glaubten die Briten, dass diese Treffer die *Bismarck* endgültig versenkt hätten, doch alle inneren Anlagen des Schlachtschiffs, einschließlich der Motoren, funktionierten weiter. Hätte der Krieg in dem Jahr begonnen, das Hitler ursprünglich ins Auge gefasst hatte, und hätte man weitere fünf Jahre für die Vorbereitung der deutschen Seestreitkräfte zur Verfügung gehabt, um sechs zusätzliche Schlachtschiffe auf *Bismarck*-Niveau zu bauen, wäre der Krieg zur See ganz anders verlaufen.

in Elektroschweißtechnik hergestellt. Es gab drei Arten von Panzerung: Krupp KCn/A, oberflächengehärtet für den Gürtel, die Türme und die Kontrolltürme, Wh („Wotan hart") für die gepanzerten Decks und Ww („Wotan weich") für die Torpedolängsspanten.

TECHNIK

Insgesamt betrug das Gewicht der Panzerung 17.256 Tonnen, 32,2 Prozent der Gesamtverdrängung. Der Rumpf war in 22 wasserdichte Abteilungen unterteilt, 17 davon innerhalb der gepanzerten Zone, die 70 Prozent der Wasserlinienlänge des

Die *Bismarck*, fotografiert von der *Prinz Eugen* aus, auf dem Weg in den Atlantik am 19./20. Mai 1941. Der Tarnanstrich stellt einen falschen Bug und ein falsches Heck dar, um die Größe des Schiffs zu verschleiern.

Schiffes ausmachte. Vom Vorderdeck bis zum Kiel gab es 17 Ebenen oder Decks. Insgesamt zwölf Hochdruckkessel in sechs wasserdichten Abteilungen lieferten Dampf für drei Blohm-&-Voss-Turbinensätze, die sich jeweils in separaten Räumen befanden und die drei Schrauben antrieben. Acht 500-kW-Dieselgeneratoren, fünf 690-kW-Turbogeneratoren und ein 460-kW-Turbogenerator wurden in vier Anlagen installiert.

In Bezug auf die Innenausstattung, das Schutzniveau und die Einsatzfähigkeit war dies das effektivste Schlachtschiff, das je gebaut wurde.

DAS LETZTE GEFECHT

Unter dem Namen Operation Rheinübung verließen die *Bismarck* und die *Prinz Eugen* am 18. Mai 1941 Gdingen, um unter dem Oberbefehl von Admiral Günther Lütjens Handelsrouten im Atlantik zu überfallen. Es war ein sorgfältig geplanter Einsatz, bei dem Versorgungsschiffe und Aufklärungs-U-Boote in Stellung gingen. Die Nachricht vom Auslaufen erreichte die Briten aus Schweden und von norwegischen Widerstandsbeobachtern. So wurden Kreuzer zur Bewachung eingesetzt, während eine Abfangtruppe mobilisiert wurde.

Am 24. Mai griffen der Schlachtkreuzer *Hood* und das Schlachtschiff *Prince of Wales* die deutschen Schiffe an, wobei die *Hood* durch die fünfte Salve der *Bismarck* versenkt wurde. Treffer von drei 356-Millimeter-Granaten der *Prince of Wales* richteten auf der *Bismarck* vergleichsweise wenige Schäden an. Es folgte eine große dreitägige Such- und Verfolgungsaktion, an der rund 48 Schiffe beteiligt waren, darunter fünf Schlachtschiffe, zwei Flugzeugträger, neun Kreuzer und 18 Zerstörer. Die *Prinz Eugen* erreichte Brest sicher, aber die *Bismarck*, der es fast schon gelungen war, den Verfolgern zu entkommen, wurde am 26. Mai um 20:47 Uhr von Swordfish-Torpedos der *Ark Royal* getroffen. Die Treffer blockierten das Backbordruder in einem Winkel von 120 Grad Richtung Backbord.

Mit einer Geschwindigkeit von nur zehn Knoten fuhr die *Bismarck* durch die Nacht und leistete Zerstörern und Luftangriffen heftige Gegenwehr. Am 27. Mai 1941 um 08:47 Uhr eröffneten die Schlachtschiffe *Rodney* und *King George V* das Feuer aus etwa 20.000 Metern Entfernung und näherten sich allmählich auf 7.860 Meter. Gegen 10:00 Uhr waren alle Geschütze der *Bismarck* außer Gefecht gesetzt, und es wurde der Befehl zur Selbstversenkung gegeben. Das Schiff wurde noch von weiteren britischen Torpedos getroffen, kenterte und sank um 10.39 Uhr mit 1.977 Menschen an Bord.

Adolf Hitler inspiziert am 5. Mai 1940 im Marinestützpunkt Gdingen die fast fertige *Bismarck*.

BISMARCK

Abmessungen	Länge 251,00 m Breite 36,00 m Tiefgang 9,30 m
Verdrängung	max. 49.500 t
Besatzung	2.092 Mann
Antrieb	12 Wagner-Hochdruckkessel, 3 Brown-Boveri-Getriebeturbinen, 111.982 kW (150.170 PS)
Geschwindigkeit	29 Knoten
Reichweite	16.430 km bei 19 Knoten
Panzerung	Panzergürtel 80–320 mm, Schotten 45–220 mm, Deck 80–120 mm, Magazin 80–360 mm, Barbetten 220–340 mm
Bewaffnung	8x 380-mm-, 12x 150-mm-, 16x 105-mm-, 16x 37-mm- Geschütze, 12x 20-mm-Flaks

Vittorio Veneto (1940)

Italiens letzte Schlachtschiffklasse sollte aus vier Schiffen bestehen, aber nur drei wurden fertiggestellt, von denen zwei in den aktiven Dienst kamen. Trotz eines neuen und ausgeklügelten Panzerschutzes erwiesen sie sich als anfällig für Angriffe aus der Luft.

Offiziell als „Corrazzate" (Panzerschiffe) klassifiziert, ging das Design auf das Jahr 1928 zurück. Die *Vittorio Veneto* wurde am 28. Oktober 1934 bei Cantieri Riuniti dell'Adriatico in Triest auf Kiel gelegt, am 25. Juli 1937 zu Wasser gelassen und am 28. April 1940 fertiggestellt. Ursprünglich als 35.000-Tonnen-Schiff im Rahmen des Washingtoner Abkommens geplant, wurde der Entwurf erweitert, nachdem sich Frankreich 1935 geweigert hatte, das Abkommen zu ratifizieren und den Kriegsschiffbau wieder aufnahm.

PROBLEME BEIM BAU

Die lange Bauzeit spiegelte die Schwierigkeiten bei der Beschaffung von Material und Ausrüstung wider. Auch die Bauqualität war größtenteils schlecht. Das allgemeine Erscheinungsbild war trotz allem sowohl kriegerisch als auch elegant. Eine Zeit lang wurden 406-Millimeter-Geschütze favorisiert, die jedoch zugunsten von 381-Millimeter-Geschützen verworfen wurden. Für diese gab es bereits Entwürfe, die für die nicht gebauten Schlachtschiffe der Francesco-Carraciolo-Klasse erstellt worden waren. Neun Hauptgeschütze wurden in Dreifachtürmen montiert. Bei einer maximalen Auslenkung von 35 Grad erreichten sie eine Reichweite von 42.260 Metern und verschossen sowohl panzerbrechende AP-Granaten von 885 Kilogramm Gewicht als auch hoch explosive, 774 Kilogramm schwere HE-Granaten. Die Feuerrate lag bei einem Schuss pro 45 Sekunden.

Flugzeuge

Aufklärungsflugzeuge vom Typ Ro 43 waren an Bord der *Vittorio Veneto*. Die *Littorio* führte ab 1942 schwimmfähige Reggiane-2000-Jagdflugzeuge mit sich, die vom Schiff aus gestartet werden konnten, aber einen Landeplatz an der Küste finden mussten.

Hinteres Magazin

Die hohe Platzierung des hinteren Hauptturms diente dazu, die Auswirkungen der Explosion vom Flugzeugdeck fernzuhalten.

Ein Schwesterschiff, die *Littorio*, die nach der Kapitulation Italiens 1943 in *Italia* umbenannt wurde, wurde zwischen 1952 und 1954 abgewrackt. Das dritte Schiff, die *Roma*, wurde am 9. September 1943 durch funkgesteuerte deutsche Gleitbomben vom Typ Fritz X versenkt.

Radar-Antenne

Ab 1943 trug die *Vittorio Veneto* eine Radarantenne auf dem Turmmast.

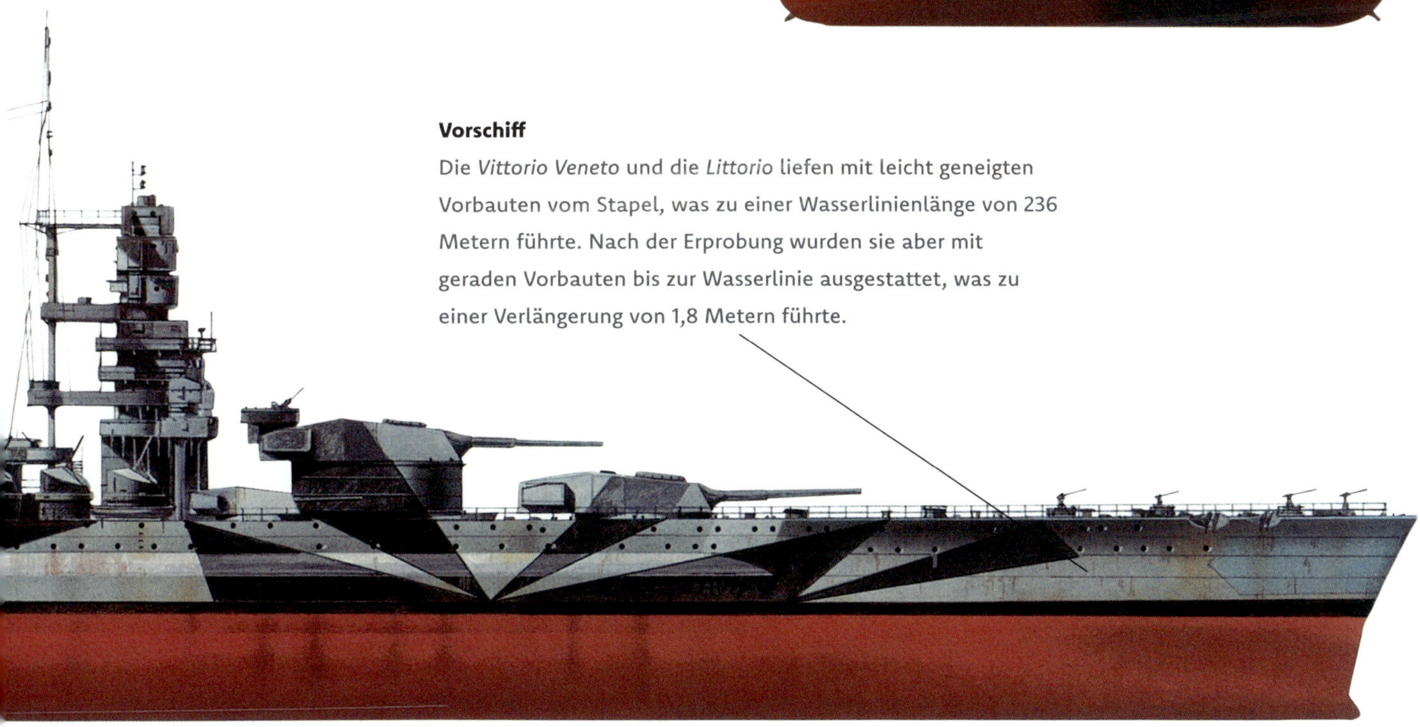

Vorschiff

Die *Vittorio Veneto* und die *Littorio* liefen mit leicht geneigten Vorbauten vom Stapel, was zu einer Wasserlinienlänge von 236 Metern führte. Nach der Erprobung wurden sie aber mit geraden Vorbauten bis zur Wasserlinie ausgestattet, was zu einer Verlängerung von 1,8 Metern führte.

Während der Kriegseinsätze der *Vittorio Veneto* wurden je nach Jahreszeit und Einsatzgebiet verschiedene Tarnanstriche verwendet. Hier ist sie wahrscheinlich 1940 in Tarent zu sehen.

Die Geschütze besaßen Kaliber 50, und die Mündungsgeschwindigkeit war sehr hoch: 870 Meter pro Sekunde. Das führte zu einer enormen Durchschlagskraft. Zu den Nachteilen dieser Konstruktion gehörten jedoch der Verschleiß der Laufauskleidung und die Tendenz der Geschosse, abzudriften anstatt der vorgesehenen Flugbahn zu folgen. Die Sekundärbewaffnung bestand aus zwölf 152-Millimeter-Geschützen in Dreifachtürmen und vier 120-Millimeter-Geschützen. Von Anfang an war eine umfangreiche Flakausstattung eingebaut, mit zwölf 90-Millimeter-, 20 37-Millimeter- und 16 20-Millimeter-Geschützen, die sowohl die Fern- als auch die Nahverteidigung sicherstellten.

Das Gesamtgewicht der Panzerung betrug 13.331 Tonnen. Der Schutz umfasste eine massive Seitenpanzerung mit weiteren inneren Schotten, die dem Aufprall einschlagender Granaten entgegenwirken sollten. Gegen Torpedos verfügte es über das Pugliese-System: ein seitlicher Raum zwischen dem Torpedoschott und dem inneren Rumpfschott, in dem sich ein langer, leerer Zylinder mit einem maximalen Durchmesser von 3,8 Metern befand. Dieser war in Öl aufgehängt, um die Explosionsenergie aufzunehmen. Die *Vittorio Veneto* war das erste italienische Kriegsschiff, das mit einem Radargerät ausgestattet war: ein EC4-Gerät vom Typ Gufo, das jedoch erst 1942 eingebaut wurde.

Die Rolle eines italienischen Großkampfschiffs in den späten 1930er-Jahren hatte viel mit der Rivalität mit Frankreich zu tun, der einzigen anderen Mittelmeermacht, die neue Kriegsschiffe baute. Spanien liebäugelte nach 1939 zwar damit, ein oder zwei Schiffe nach dem Vorbild der *Vittorio Veneto* zu erwerben, verfolgte dies aber nicht weiter. In Wahrheit wurde das Mittelmeer von der britischen Marine kontrolliert, deren Aufgabe es war, die kurze Route nach Suez und weiter nach Indien offen zu halten. Ironischerweise brach Italien diese britische Hegemonie zeitweise nicht durch den Einsatz von Kriegsschiffen, sondern durch die kleinstmöglichen Schiffe, die Zwerg-U-Boote (siehe *Queen Elizabeth*).

BRITISCHE KONFRONTATIONEN

Vom 31. August bis Ende 1940 der 9. Division des 1. Geschwaders zugeteilt, war die *Vittorio Veneto* häufig gegen britische Konvois nach Malta im Einsatz – jedoch ohne Erfolg. Sie überstand am 12. November den Angriff auf Tarent und wurde nach Neapel verlegt, von wo aus sie weiterhin Einsätze unternahm. Sie war das italienische Flaggschiff in der Schlacht von Kap Matapan am 27. März 1941, als sie von einem Torpedo getroffen wurde, der von einem Bomber der *Formidable* abgeschossen wurde. Sie lief mit rund 3.900 Tonnen Wasser voll und kämpfte sich zurück nach Tarent.

Nachdem das Schiff Anfang August 1941 wieder in Dienst gestellt worden war, verfolgte es weitere Malta-Konvois und eskortierte auch italienische Konvois nach Nordafrika. Am 14. Dezember wurde es erneut von einem Torpedo getroffen, dieses Mal von dem britischen U-Boot *Urge*, und war bis Juni 1942 außer Gefecht gesetzt. Sein letzter aktiver Einsatz, abermals gegen Malta-Konvois, fand noch im gleichen Monat statt. Insgesamt nahm die *Vittorio Veneto* an 56 Kriegseinsätzen teil. Elf dieser Operationen wurden gegen feindliche Schiffe geführt.

Am 8. September 1943 schloss Italien einen Waffenstillstand mit den Alliierten. Die italienische Flotte wurde aufgegeben. Die *Vittorio Veneto* wurde zunächst nach Malta verlegt, anschließend in den Großen Bittersee im Suezkanal zur Internierung. Im Februar 1946 wurde das Schiff nach Italien zurückgebracht und Großbritannien als Reparationsleistung zugewiesen. Schlußendlich wurde die *Vittorio Veneto* am 1. Februar 1948 außer Dienst gestellt und 1950 in La Spezia abgewrackt.

VITTORIO VENETO

Abmessungen	Länge 237,80 m Breite 32,90 m Tiefgang 9,60 m
Verdrängung	max. 45.752 t
Besatzung	1.861 Mann
Antrieb	8 Yarrow-Kessel, 4 Belluzzo-Getriebeturbinen, 100.383 kW (134.616 PS), 4 Schrauben
Geschwindigkeit	31,4 Knoten
Reichweite	7.400 km bei 16 Knoten
Panzerung	Panzergürtel 60–350 mm, Schotten 70–100 mm, Deck 35–205 mm, Magazin 100–350 mm, Barbetten 350 mm
Bewaffnung	9x 381-mm-, 12x 152-mm-, 4x 120-mm-Geschütze, 12x 90-mm-, 20x 37-mm-, 32x 20-mm-Flaks

TORPEDOANGRIFFE

Bis 1940 war der Lufttorpedo eine tödliche Waffe gegen jedes Schlachtschiff, das nicht besonders gut gegen Luftangriffe und Unterwassertreffer geschützt war.
Im November 1940 wurden drei im Hafen von Tarent liegende italienische Schlachtschiffe von torpedotragenden britischen Flugzeugen angegriffen (siehe Bild rechts). Die gerade fertiggestellte *Littorio* wurde von zwei Torpedos getroffen und begann sofort zu sinken. Dem Kapitän gelang es, das Schiff kurz vor einem dritten Torpedotreffer an den Strand zu bringen. Später wurde es wieder flott gemacht und repariert. Die *Caio Duilio*, ein älteres Schiff von 1915, das jedoch umfassend modernisiert worden war, wurde von einem einzigen Torpedo getroffen. Sie wurde in seichtes Wasser geschleppt, wo sie sank. Die *Conte di Cavour*, ein weiteres Schlachtschiff, das für die moderne Kriegsführung umgerüstet worden war, erhielt ebenfalls nur einen einzigen Treffer. Dieser reichte aus, um das Schiff sofort zu versenken. Die verwendeten Torpedos hatten ein relativ kleines Kaliber (432 Millimeter) und eine Sprengkraft, die nur 70 Prozent im Vergleich zu den von Schiffen abgefeuerten 533-Millimeter-Torpedos betrug.

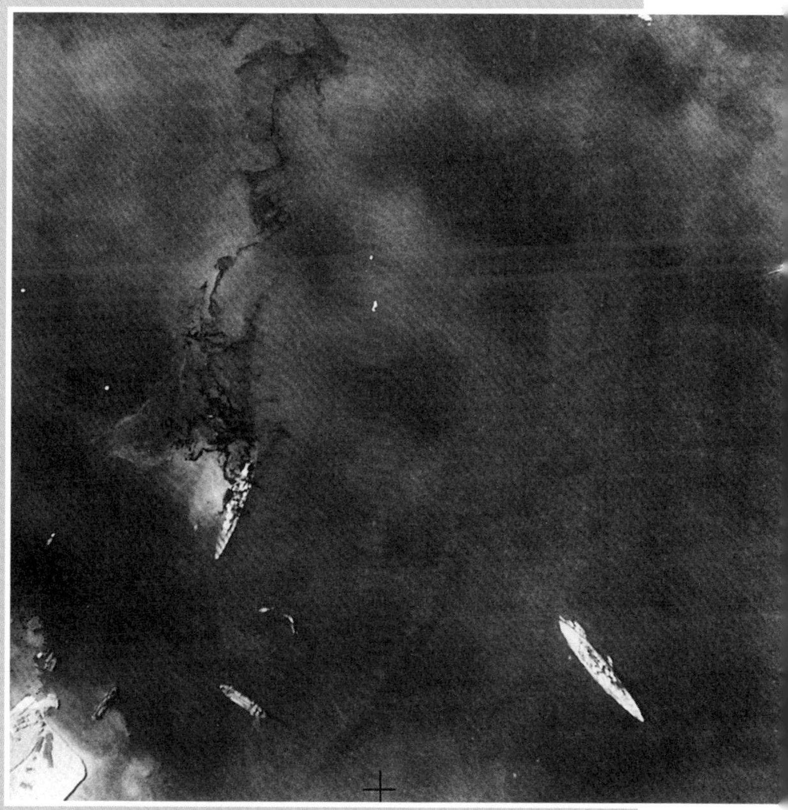

Richelieu (1940)

Die neu in Dienst gestellte *Richelieu* wurde nach dem Fall Frankreichs von alliierten Schiffen angegriffen, später aber von den freien französischen Kräften übernommen. Sie spielte eine Rolle im Kampf gegen die Achsenmächte sowohl in europäischen als auch in fernöstlichen Gewässern.

Die Schlachtschiffe der Dunkerque-Klasse (1931) mit 26.500 Tonnen waren das Vorbild für drei neue und größere Schiffe der Richelieu-Klasse. Nur eines davon, eben die *Richelieu*, wurde vollständig fertiggestellt. Am 22. Oktober 1935 im Arsenal von Brest auf Kiel gelegt, lief sie am 17. Januar 1939 vom Stapel und wurde am 15. Juni 1940, eine Woche vor dem Fall Frankreichs, fertiggestellt. Die Kosten betrugen 1,227 Millionen Francs.

Wie die britischen Schlachtschiffe *Rodney* und *Nelson* trug die *Richelieu* ihre gesamte Hauptbewaffnung vorn. Es handelte sich um acht 380-Millimeter-Geschütze, die in zwei Vierfachtürmen montiert waren, wobei der B-Turm mit

Nach dem Einsatz im Fernen Osten kehrte die *Richelieu* am 11. Februar 1946 in das befreite Frankreich zurück. Sie wurde 1958 in den Reservestatus versetzt und erst im Januar 1968 endgültig aus der Schiffsliste gestrichen.

Flugzeugdeck
Das Flugzeugdeck wurde nach den Reparaturen in New York 1943 zur Unterbringung einer Flakbatterie genutzt.

Propellerwellen
Beide Steuerbordschächte wurden bei dem Luftangriff vom 8. Juli 1940 schwer beschädigt.

Flugzeuge
Drei Wasserflugzeuge vom Typ Loire 130 wurden von Juli 1941 bis Ende 1942 eingesetzt.

Überfeuer ausgerüstet war. Die Geschütze waren paarweise angeordnet und hatten eine Reichweite von 45.000 Metern bei einer Auslenkung von 35 Grad. Die HE-Granaten wogen 880 Kilogramm, die Feuerrate betrug zwei Schuss pro Minute.

Die Sekundärbewaffnung bestand aus neun 152-Millimeter-Geschützen in Dreifachtürmen (ursprünglich waren 15 vorgesehen), zwölf 100-Millimeter-Geschützen und 16 37-Millimeter-Geschützen, alle jeweils in Doppellafetten. Durch amerikanische Umrüstung wurden 1943 die 37-Millimeter-Geschütze durch 56 40-Millimeter-Bofors-Kanonen in Vierfachlafetten ersetzt. Da in den 1930er-Jahren nur zwischen fünf und sieben Schlachtschiffe in Dienst gestellt wurden, sah die französische Marine ihre Rolle trotz ihrer

Vierfachtürme

Das Feuer aus den Vierfachgeschütztürmen wurde ab 1948 verbessert. Dabei wurden die äußeren Geschütze mit Mechanismen ausgestattet, die ihnen eine Verzögerung von 60 Millisekunden gab – genug, um gegenseitige Streuungseffekte von gleichzeitig abgefeuerten Geschossen zu vermeiden.

Heizkessel

Die druckbefeuerten Kessel des neuen Typs der *Richelieu* lieferten die höchste Leistung unter allen Schlachtschiffen – bis hin zur amerikanischen Iowa-Klasse im Jahr 1943.

PROBLEME MIT DER MUNITION

Seit 1943 war die *Richelieu* als Frankreichs größtes Schlachtschiff ein starkes Symbol der politischen Gruppe *Free France*, während das Land unter deutscher Besatzung stand. Doch als Kampfschiff hatte sie ernsthafte Probleme. Sie hatte Frankreich mit zu wenig Munition verlassen und konnte keine weiteren Granaten aus französischen Fabriken erhalten. Die Amerikaner besaßen keine Schiffe mit 380-Millimeter-Geschützen und somit auch keine geeigneten Geschosse. Außerdem gab es auch Probleme mit den im Stützpunkt Dakar gelagerten Treibladungen. Die beschädigten Geschütze wurden durch drei Geschütze des Schwesterschiffs *Jean Bart* ersetzt, das, obwohl es nur zu 77 Prozent fertiggestellt war, im Juni 1940 von St. Nazaire nach Casablanca gefahren war. Dort wurde es aber später durch Angriffe der US-Streitkräfte lahmgelegt. Erst im Mai 1944 wurde die *Richelieu* von britischen Fabriken mit geeigneter Munition versorgt und konnte sich wirksam an der Bombardierung der Küste beteiligen. Die drei verbliebenen Geschütze der *Jean Bart* und ein neu gebautes wurden 1951 in den A-Turm der *Richelieu* montiert, während die ursprünglichen Geschütze dieses Turms in den B-Turm kamen.

RICHELIEU

Abmessungen	Länge 247,90 m Breite 33,00 m Tiefgang 9,70 m
Verdrängung	max. 47.548 t
Besatzung	1.550 Mann
Antrieb	6 Indret-Druckheizkessel, 4 Parsons-Getriebeturbinen, 111.855 kW (150.000 PS), 4 Schrauben
Geschwindigkeit	30 Knoten
Reichweite	18.240 km bei 16 Knoten
Panzerung	Panzergürtel 250–343 mm, Schotten 251–383 mm, Oberdeck 130–170 mm, Unterdeck 40–100 mm, Magazin 195–430 mm, Barbetten 405 mm
Bewaffnung	8x 380-mm- (Vierfachlafetten), 9x 152-mm-Geschütze, 12x 100-mm-Flaks

Bezeichnung „Bâtiment de ligne" (Linienschiffe) in der Durchführung von Schnellangriffen. Die *Richelieu* war für eine Geschwindigkeit von 30 Knoten motorisiert und erreichte sogar eine Höchstgeschwindigkeit von 32 Knoten.

Während des Baus wurden zahlreiche Änderungen am ursprünglichen Entwurf vorgenommen, bei dem der Schornstein zwischen dem Haupt- und dem Achterturm angeordnet war. Schornstein und Achterturm wurden letztlich zu einer einzigen Struktur, wobei der Schornstein scharf zum Heck hin abgewinkelt war. Trotz der zunehmenden Größe und Verdrängung suchten die Konstrukteure stets nach Möglichkeiten, Gewicht zu sparen – und sei es nur, um es an anderer Stelle wieder zu verwenden. Und dies war so eine Lösung.

Die *Richelieu* war gut gepanzert. Die insgesamt 16.400 Tonnen, die 37 Prozent der Verdrängung ausmachten, konzentrierten sich auf den Bereich zwischen dem vorderen Turm und dem hinteren 152-Millimeter-Turm. Das lange Vorschiff war fast ungeschützt, obwohl sich ein 40 Millimeter stark gepanzertes Deck unterhalb der Wasserlinie befand.

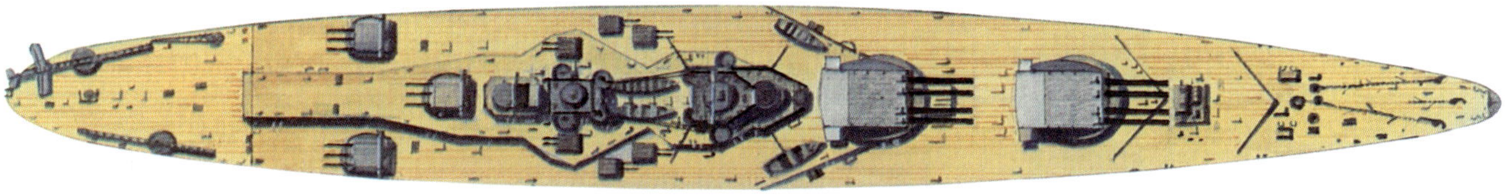

Decksplan, der die ursprüngliche Konfiguration vor 1943 zeigt, also mit Flugzeugkatapulten am Heck. Im September 1943 wurden diese durch Flakbatterien mit vierläufigen 40-Millimeter-Bofors-Geschützen und 20-Millimeter-Oerlikon-Flaks ersetzt.

Auf dem Achterdeck gab es einen Hangar, zwei Katapultanlagen und einen Hebekran für drei Flugzeuge. 1941 wurde ein französisches Boden-Luft-Radarsystem, Directeur electromagnétique (DEM), installiert. Es war mit zwei Sendeantennen auf dem Fockmast sowie zwei Empfangsantennen auf dem Achterturm ausgestattet.

BRITISCHER ANGRIFF

Die *Richelieu* wurde am 18. Juni 1940 von Brest zum Stützpunkt Dakar verlegt, bevor die Maschinenerprobung abgeschlossen war. Als potenzieller Feind wurde sie am 8. Juli von Fairey-Swordfish-Flugzeugen des britischen Flugzeugträgers *Hermes* angegriffen. Bei der Abwehr einer alliierten Attacke am 23. und 25. September erlitt sie zudem weitere Schäden durch Granattreffer eines Schlachtschiffs der Revenge-Klasse, der *Resolution*. Die vorzeitige Explosion der eigenen Granaten zerstörte drei der vier Geschütze im Überfeuerturm. Die behelfsmäßigen Reparaturen wurden in Dakar fortgesetzt, bis sich die französischen Streitkräfte nach der Landung der Alliierten in Nordafrika im November 1942 den Alliierten anschlossen.

Im Januar 1943 wurde die *Richelieu* mit ausgebauten Katapulten und ohne Flugzeuge zur vollständigen Reparatur nach New York gebracht.

Die *Richelieu* Anfang 1946, wahrscheinlich in Singapur und auf dem Weg nach Hause. Sie hatte noch den Rumpfanstrich aus der Kriegszeit, der die wahre Länge des Schiffs verschleiern sollte.

Yamato (1941)

Die Schiffe dieser Klasse sollten Super-Schlachtschiffe sein, die größer, schwerer bewaffnet und besser geschützt waren als alle anderen Schiffe auf See. Sie sollten Japans Vorherrschaft im Pazifik festigen, leisteten aber nur einen minimalen Beitrag zu den Kriegsanstrengungen des Landes.

Die Arbeiten an der Yamato-Klasse begannen im Geheimen im Jahr 1934. Es folgten drei Jahre intensiver Planung und Modellierung. Die *Yamato* wurde am 4. November 1937 im Trockendock der Marinewerft Kure auf Kiel gelegt, am 8. August 1940 aufgeschwommen und am 16. Dezember 1941 fertiggestellt. Sie war das erste von fünf geplanten Schlachtschiffen, die die größten und stärksten der Welt werden sollten.

Die neun 460-Millimeter-Geschütze mit Kaliber 45 waren die schwersten, die jemals auf See eingesetzt wurden. Die Dreifachtürme wogen jeweils 2.774 Tonnen. Die Rohre waren 21,13 Meter lang, wogen 162 Tonnen und hatten eine Reichweite von 44 Kilometern bei einer Auslenkung von 45 Grad. Die HE-Granaten wogen 1.460 Kilogramm. Die Sekundärbewaffnung bestand aus zwölf 155-Millimeter-Geschützen

Turm
Der Turm bestand aus zwei konzentrischen, gepanzerten Zylindern, wobei der innere einen Aufzug für vier Mann enthielt.

Hauptdeck
Der Gasdruck beim Abfeuern der Hauptgeschütze verhinderte die Unterbringung von Booten auf dem Hauptdeck: Sie wurden unter dem Oberdeck, neben dem Hangar und dem C-Turm, untergestellt.

Waffen
Im April 1945 trug das Schiff 24 zweiläufige 127-Millimeter- sowie 87 dreiläufige 25-Millimeter- und 63 einläufige 25-Millimeter-Flaks.

in vier Dreifachtürmen und zwölf 127-Millimeter-Geschützen in Zwillingslafetten. Der Bau erfolgte nach dem Floßbauprinzip, wobei die lebenswichtigen Bereiche von einer 410 Millimeter dicken Seitenpanzerung umgeben waren. Diese verjüngte sich nach unten hin auf 75 Millimeter und wurde von einem 200 Millimeter stark gepanzertem Deck gekrönt, das durch Querschotten abgeschlossen wurde. Nur die Barbetten, die Rauchabzüge und die Schächte für die Kommandosysteme, die allesamt stark gepanzert waren, ragten aus dem „Floß" heraus.

UNTERWASSER-VERTEIDIGUNGSANLAGEN

Der Torpedoschutz bestand aus einem Schott und einem Torpedowulst mit einer maximalen Breite von drei Metern. Zum Schutz gegen Explosionen von unten wurde zudem die

Gepanzertes Deck
Das gepanzerte Deck war so ausgelegt, dass es nur von Bomben mit einem Gewicht von 1.000 Kilogramm oder mehr durchschlagen werden konnte – wenn sie aus einer Höhe von mehr als 2.400 Metern abgeworfen wurden.

Rumpf
Die Rumpfform wurde sorgfältig ausgearbeitet, um die enormen Belastungen auszuhalten. Die Konstruktion des Vorbaus reduzierte den Wasserwiderstand um schätzungsweise 8,2 Prozent. Die Gesamtkonstruktion führte zu einer Energieeinsparung von etwa 11.797 kW (15.820 PS).

Die *Yamato* in voller Fahrt, fotografiert von einem amerikanischen Kampfflugzeug während eines Bombenangriffs in der Seeschlacht im Golf von Leyte am 25. Oktober 1944.

Seitenpanzerung im Bereich der Magazine als 50 bis 80 Millimeter dicker Boden unter dem Schiff fortgesetzt. Hier ergab sich dadurch ein rund vier Meter hoher Raum, um die Energie der Explosion zu absorbieren. Insgesamt gab es 1.065 wasserdichte Abteilungen unter dem gepanzerten Deck sowie 82 darüber.

Anstelle der pagodenartigen Aufbauten früherer japanischer Schlachtschiffe gab es einen hohen achteckigen Turmmast, der 28 Meter über die Wasserlinie ragte. Er war relativ schlicht, die Signalflügel waren auf Brückenniveau gebaut. Die Kontroll- und Kartenräume waren um einen zentralen, gepanzerten Zylinder angeordnet. Auf dem Turm befand sich ein 15 Meter langer Entfernungsmesser, darüber und darunter waren Geschützkontrollzentren platziert. Die obere Brücke reichte etwa fünf Meter nach vorne und wurde von drei Suchscheinwerfern auf jeder Seite flankiert.

KAMPON-LINIE

Der Rumpf erreichte seine maximale Breite hinter der Mitte. Das war Teil des Entwurfs und wird bisweilen als Kampon-Linie bezeichnet. Diese Bauweise sollte die Belastungen durch die große Länge des Schiffs und das hohe Gewicht der Türme minimieren. Denn trotz ihrer enormen Ausmaße sollte die *Yamato* ein schnelles Schiff sein. So wurde in der Bauphase ein Dieselantrieb für die beiden äußeren Wellen und ein Turbinenantrieb für die inneren Wellen vorgeschlagen, doch

Der Decksplan zeigt die charakteristische Rumpfform, die zum Heck hin ihre größte Breite erreicht. Die Flügel trugen dreiläufige 25-Millimeter-Flaks vom Typ 96.

ERFOLGREICHE KLASSE?

Japans fähigste Schiffskonstrukteure, Ingenieur Hiraga und Kapitän Fujimoto, leisteten wichtige Beiträge zum Entwurf der Klasse, die allgemein als äußerst erfolgreich und effektiv anerkannt wurde, obwohl sie alle bisherigen Größengrenzen sprengte. Keines der Schiffe der Yamato-Klasse erreichte jedoch Ergebnisse, die mit ihrer Größe, ihren Kosten und ihrer Leistung in Relation standen. Die *Musashi* wurde durch Fliegerbomben und Torpedos versenkt. Das dritte Schiff, die *Shinano*, mutierte noch während des Baus zu einem Flugzeugträger. Frisch fertiggestellt, wurde sie am 29. November 1944 durch Torpedos des US-U-Boots *Archerfish* versenkt. Der Bau des vierten Schiffs, das nie einen Namen erhielt (Nr. 111), wurde im November 1941 unterbrochen, als es zu etwa 30 Prozent fertiggestellt war, und im September 1942 endgültig aufgegeben. Ein fünftes Schiff war geplant, wurde aber nie beauftragt.

schließlich entschied man sich für einen reinen Turbinenantrieb, wie im ganz ursprünglichen Plan vorgesehen.

Nach Erprobungs- und Trainingsfahrten diente die *Yamato* als Flaggschiff der japanischen Kombinierten Flotte und war als solches Ende Mai 1942 Kommandoschiff in der Schlacht um Midway, in der vier japanische Flugzeugträger versenkt wurden. Die *Yamato* selbst war nicht an den Kämpfen beteiligt. Im August 1942 wurde ihr Schwesterschiff *Musashi* fertiggestellt und löste die *Yamato* am 11. Februar 1943 als Flaggschiff ab. Die *Yamato* pendelte fortan zwischen dem Stützpunkt Chuuk (Mikronesien) im Pazifik und dem Heimatstützpunkt Kure, wo sie im Juli und August überholt wurde.

Am 25. Dezember wurde die *Yamato* von dem US-U-Boot *Skate* torpediert, als sie Truppen und Ausrüstung von Yokosuka nach Chuuk brachte. Der Angriff führte zu einer Überflutung des hinteren Magazins, in das 3.000 Tonnen Wasser eindrangen. Die Reparaturen und die Umrüstung in Kure dauerten bis zum 18. März 1944. Zwischen dem 22. und 25. Oktober 1944 war das Schiff Teil der japanischen Zentralkräfte, die an der großen Schlacht im Golf von Leyte beteiligt waren. Die Geschütze der *Yamato* versenkten den US-Begleitträger *Gambier Bay* und waren an der Versenkung von drei US-Zerstörern beteiligt. Sie erhielt selbst mehrere Bomben- und Granattreffer, ohne jedoch ernsthaft beschädigt zu werden, während die *Musashi* durch US-Flugzeuge versenkt wurde. Die *Yamato* kehrte daraufhin nach Kure zurück.

SELBSTMORDMISSION

Am 6. April 1945 wurde die *Yamato* entsandt, um bei der Abwehr der amerikanischen Landung auf Okinawa in einer Operation mit dem Codenamen Ten-go zu helfen. Diese wird allgemein als groß angelegte Selbstmordmission angesehen. Die *Yamato* sollte auf der Insel gestrandet werden und als feste Artilleriefestung dienen. Mit neun Begleitschiffen, aber ohne Luftschutz, wurde die *Yamato* am 7. Mai südwestlich der Kyushu-Inseln von rund 400 amerikanischen Bombern und Torpedobombern in drei Schüben angegriffen.

Die Angriffe begannen um 12:37 Uhr. Nachdem die *Yamato* von sechs Bomben und mindestens elf Torpedos getroffen worden war, wurde sie zusehends betriebsunfähig, war teilweise überflutet, hatte nur noch wenig Antrieb und keine Steuerung mehr. Um 14:23 Uhr kenterte das Schiff, wobei gleichzeitig eines der beiden vorderen Magazine explodierte. Etwa 2.055 Besatzungsmitglieder wurden dabei getötet oder ertranken.

YAMATO

Abmessungen	Länge 263,00 m Breite 36,90 m Tiefgang 10,39 m
Verdrängung	max. 71.659 t
Besatzung	2.500 Mann
Antrieb	12 Kampon-Hochdruckkessel, 4 Kampon-Turbinen, 111.855 kW (150.000 PS), 4 Schrauben
Geschwindigkeit	27 Knoten
Reichweite	13.330 km bei 16 Knoten
Panzerung	Panzergürtel 410 mm, Deck 200–230 mm, Torpedo-Schotten 75–300 mm, Geschütztürme 193–650 mm, Barbetten 50–546 mm
Bewaffnung	9x 460-mm-, 12x 155-mm-, 12x 127-mm-Geschütze, 24x 25-mm-, 4x 13,2-mm-Flaks

Prince of Wales (1941) 

Das zweite Schlachtschiff der King-George-V-Klasse, die *Prince of Wales,* hatte nur eine kurze Karriere. Sie wurde weniger als ein Jahr nach ihrer Indienststellung durch einen Luftangriff vor Britisch-Malaya versenkt und erhielt den unglückliche Ruhm, das erste Schlachtschiff zu sein, das auf offener See durch ein Flugzeug versenkt wurde.

Als das Washingtoner Flottenabkommen auslief, waren Planungen für neue Schiffe schon weit gediehen. In den USA und Japan wurden bereits 408-Millimeter-Geschütze für Kriegsschiffe gebaut. Großbritannien hatte zwar keine Pläne für Geschütze dieses Kalibers, verfügte aber über ein 356-Millimeter-Schnellfeuergeschütz von hervorragender Qualität, das in den frühen 1930er-Jahren entstand und das erste seiner Art war, das in Form eines Mantel- und Bügelrohrs gebaut wurde.

Die King-George-V-Klasse, aus dem Bauprogramm von 1936 entstanden, war ein Kompromissdesign. Auf der Grundlage eines 35.000 Tonnen schweren Rumpfs sollten die Schiffe

Die Anordnung für die Unterbringung von Flugzeugen, mit einem Hangar auf jeder Seite des vorderen Schornsteins und Schienen für ein Katapult querschiffs, begannen mit der *Warspite* Mitte der 1930er-Jahre. Diese Methode wurde von der deutschen Marine bewundert, die sie für die Bismarck-Klasse adaptierte.

zwölf 356-Millimeter-Geschütze in drei Vierfachtürmen tragen. Um Gewicht zu sparen, das an anderer Stelle genutzt werden konnte, wurde der B-Turm mit Überfeuerung während der Konstruktion auf eine Doppelmontage reduziert. Alle fünf Schiffe wurden 1937 auf Kiel gelegt, die *Prince of Wales* im Januar bei der Werft von Cammell Laird in Birkenhead.

Die *Prince of Wales* lief am 3. Mai 1939 vom Stapel und wurde im März 1941 fertiggestellt. Das Design war ausgewogen und schön, der vordere Schornstein war etwas höher als der hintere. Sie war das erste britische Schlachtschiff mit vierfachen Haupttürmen. Abgesehen von der *Rodney* und der *Nelson* waren dies die ersten britischen Schlachtschiffe, die seit dem Ersten Weltkrieg gebaut wurden. Sie galten als das neue, unbedingt notwendige Rückgrat der Royal Navy bei einem neuen Konflikt mit Deutschland.

Panzerung
Diese Klasse war die erste, deren horizontale Hauptpanzerung auf dem Oberdeck und nicht auf dem Hauptdeck oder darunter angebracht war.

A-Turm
Eine Konstruktionsvorgabe der Admiralität war, dass der A-Turm nach vorne feuern sollte, ohne dass er erhöht werden musste. Dadurch blieb der Bug des Schiffs niedrig und oft halb untergetaucht.

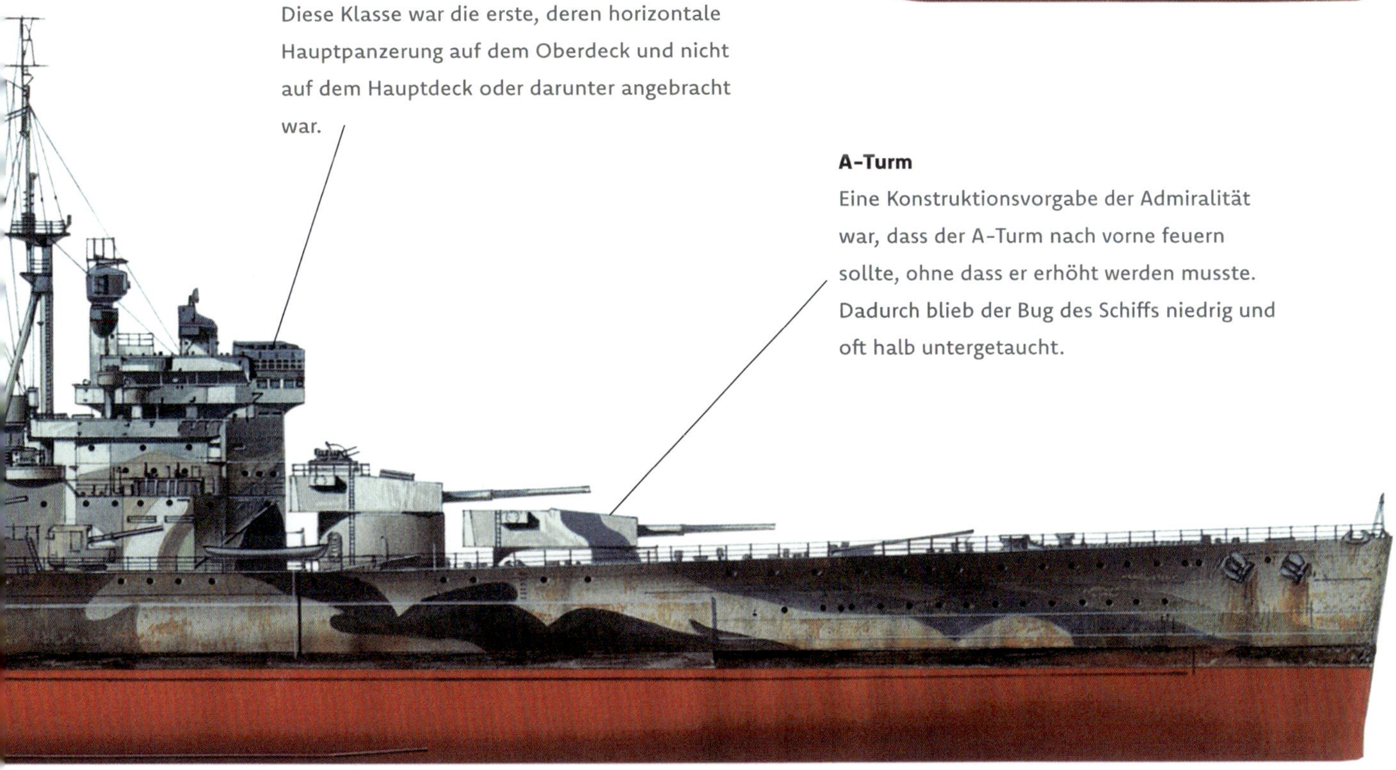

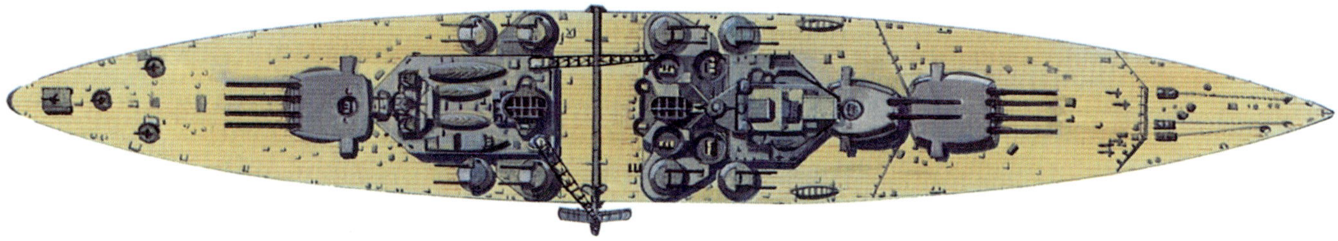

Decksplan: Von den fünf Schiffen der King-George-V-Klasse trugen nur zwei (die *King George V* bis 1943 und die *Prince of Wales*) Flugzeuge, obwohl die Lücke in den Aufbauten für deren Einsatz gedacht war. Möglicherweise trug diese aber auch dazu bei, den 227 Meter langen Schiffskörper auszubalancieren.

VORBEREITUNGEN FÜR DEN KRIEG

Der Kriegsausbruch führte zu zahlreichen Veränderungen während der Fertigstellung, einschließlich zusätzlicher Munitionsvorräte, höherer Treibstoffkapazität und der Verwendung von Radarantennen. Infolge dessen erhöhte sich die Konstruktionsverdrängung auf 38.000 Tonnen. Auch der Tiefgang wurde größer: Er stieg von 8,4 auf 9,75 Meter, mit einer entsprechenden Reduzierung des Freibords.

Die Sekundärbewaffnung bestand aus 16 vollautomatischen 133-Millimeter-Geschützen mit einer Reichweite von 20.570 Metern, die sowohl als weit reichende Flak als auch zum Ausschalten von Zerstörern geeignet waren. Die ursprünglichen Pläne sahen 32 40-Millimeter-Geschütze in achtläufigen Lafetten sowie 16 schwere Maschinengewehre mit vier Läufen vor, doch diese wurden nicht auf der *Prince of Wales* installiert. Sie war jedoch mit acht mehrläufigen UP-Glattrohr-Batterien ausgestattet – genialen, aber nicht sehr effektiven Waffen. Sie waren dazu gedacht, kleine Luftminen an Fallschirmdrähten zu befestigen.

Acht Kessel in vier Abteilungen lieferten Dampf für vier unabhängige Parsons-Getriebeturbinen. Die Geschwindigkeit konnte auf bis zu 29,2 Knoten erhöht werden, bei einer Leistung von 93.212 kW (125.000 PS). Das Gewicht der Panzerung betrug rund 12.000 Tonnen. Die Schiffe besaßen ein hochgepanzertes Deck, das auf der Seitenpanzerung auflag und über den Magazinen eine maximale Dicke von 152 Millimetern aufwies. Der Schutz erfolgte nach dem Alles-oder-nichts-Prinzip, die Panzerung betrug 40 Prozent der Verdrängung. Durch die sorgfältige Gestaltung des Maschinenraums konnte die Länge des zentralen Panzerbereichs auf 136 Meter bei einer Wasserlinienlänge von 227 Metern begrenzt werden. Torpedowülste wurden nicht eingebaut, aber das Torpedoschott war 51 Millimeter dick. Der effektive Torpedoschutzraum betrug 4,1 Meter.

KAMPFEINSATZ

Die *Prince of Wales* befand sich noch in der Erprobungsphase, als sie am 24. Mai 1941 zusammen mit der *Hood* zu ihrem

LUFTVERTEIDIGUNG

Der Verlust von zwei großen Schiffen – eines davon war noch neu – durch japanische Luftangriffe warf in Großbritannien viele Fragen über die Luftabwehr und auch über die Lebensfähigkeit von Schlachtschiffen in diesem Krieg auf. Der Hauptkritikpunkt an dieser Schiffsklasse war das vergleichsweise geringe Kaliber ihrer Hauptgeschütze. Doch dies galt nicht im Fall des Verlusts der *Prince of Wales*. Die Taktik von Admiral Phillips, dem Befehlshaber des Verbands Z, wurde in Frage gestellt, insbesondere sein Versäumnis, verfügbare Luftunterstützung anzufordern.
Obwohl die *Prince of Wales* über weit weniger Flakabwehr verfügte als die größeren Schiffe später im Krieg, galt sie zu dieser Zeit als gut gerüstet für Luftangriffe: Sie verfügte über ein High-Angle-Control-System, das mit einem weitreichenden Luftaufklärungsradar verbunden war.
Ab Juli 1941 trug sie Radargeräte der Typen 279 (Luftwarnung), 284 (Oberfläche), 282 und 285 (Flaküberwachung), wobei das Oberflächenradar ab dem 10. Dezember 1941 nicht mehr funktionsfähig war.

ersten Kampfeinsatz gegen die *Bismarck* und die *Prinz Eugen* beordert wurde. Durch einen frühen Treffer wurde das Geschützkontrollsystem außer Gefecht gesetzt. Die *Prince of Wales* erlitt beträchtliche Schäden und zog sich nach der Versenkung der *Hood* aus der Schlacht zurück.

Im August 1941 beförderte sie Winston Churchill zu einem Treffen mit Präsident Franklin D. Roosevelt nach Argentia, Neufundland. Im September war sie mit der *Force H* im Mittelmeer. Nach einer kurzen Rückkehr nach Großbritannien wurde sie in den Fernen Osten verlegt, wo sie am 27. November 1941 in Singapur eintraf.

Am 8. Dezember feuerte die *Prince of Wales* ihre Flaks gegen japanische Flugzeuge über Singapur ab. Am 10. Dezember 1941 befand sie sich zusammen mit dem Schlachtkreuzer *Repulse* und vier Zerstörern als Flaggschiff des Verbands Z vor der ostmalaysischen Küste, als sie in mehreren Wellen von japanischen Marineflugzeugen angegriffen wurde. Diese starteten vom Festland aus und waren mit Bomben und Torpedos ausgerüstet. Die Schiffe starteten die Dauerbefeuerung mit Flaks, erhöhten die Geschwindigkeit und begannen im Zickzack zu fahren. Doch die Kontrolle über die Backbordpropeller der *Prince of Wales* ging verloren, und ihre Manövrierfähigkeit war eingeschränkt.

Nach zahlreichen Bomben- und Torpedotreffern wurden die *Prince of Wales* und die *Repulse* versenkt. Die begleitenden Zerstörer retteten 1.285 Mann von der *Prince of Wales*.

Die anderen vier Schiffe der Klasse, die *King George V*, die *Anson*, die *Howe* und die *Duke of York*, überdauerten den Krieg und wurden eine Zeit lang als mögliche Lenkwaffenträger in Betracht gezogen. Sie wurden jedoch allesamt in 1957 abgewrackt.

HMS PRINCE OF WALES

Abmessungen	Länge 227,10 m Breite 31,40 m Tiefgang 10,50 m
Verdrängung	max. 44.500 t
Besatzung	1.612 Mann
Antrieb	8 Admiralty-3-Trommel-Kessel, 4 Parsons-Getriebeturbinen, 82.000 kW (110.000 PS)
Geschwindigkeit	28,3 Knoten
Reichweite	28.900 km bei 10 Knoten
Panzerung	Panzergürtel 114–381 mm, Schotten 381 mm, Deck 127–152 mm, Magazin 152–330 mm, Barbetten 280–330 mm
Bewaffnung	10x 360-mm-, 16x 133-mm-Geschütze, 32x 40-mm-Flaks, 80 UP-Glattrohr-Batterien

Dieses undatierte Foto zeigt die *Prince of Wales* möglicherweise auf der Rückkehr vom Gefecht mit der *Bismarck*. Der britische Stil der Brückenkonstruktion, der mit der *Rodney* begann, unterscheidet sich deutlich von dem der deutschen Schlachtschiffe.

Tirpitz (1941)

Als Schwesterschiff der *Bismarck* verfügte die *Tirpitz* über ähnliche Qualitäten in Bezug auf Stärke und Widerstandskraft. Obwohl ihr aktiver Dienst sehr begrenzt war, band ihre Anwesenheit bis zu ihrer endgültigen Zerstörung erhebliche britische Ressourcen.

Die *Tirpitz* wurde am 26. Oktober 1936 in der Marinewerft Wilhelmshaven auf Kiel gelegt, am 1. April 1939 vom Stapel gelassen und am 25. Februar 1941 fertiggestellt. Sie kostete 181,6 Millionen Reichsmark, 15,2 Millionen weniger als die *Bismarck*. Sie verfügte über die gleiche Hauptbewaffnung: acht 380-Millimeter-Geschütze in vier Zwillingstürmen, die drei Schuss pro Minute abfeuern konnten, zwölf 150-Millimeter-Geschütze in sechs Zwillingstürmen sowie 16 105-Millimeter- und 16 37-Millimeter-Zwillingsgeschütze. Ursprünglich verfügte die *Tirpitz* auch über zwölf einläufige 20-Millimeter-Flaks. Diese wurden auf zehn reduziert und mit 40 vierläufigen 20-Millimeter-Geschützen ergänzt. Ab 1942 besaß sie außerdem acht 533-Millimeter-Torpedorohre in vier Sätzen auf dem Oberdeck. Es konnten bis zu sechs Wasserflugzeuge mitgeführt werden, und es war ein Doppelkatapult vorhanden.

UMRÜSTUNG DER TELEKOMMUNIKATION

Die Aufbauten beider Schiffe waren sehr ähnlich, mit einem auf einer oberen Ebene des Turms abgestuften Fockmast und einem einzigen großen Schornstein. Im Laufe der Jahre 1941 bis 1944 wurden zahlreiche Änderungen vorgenommen, um

Die *Tirpitz* ist unten im Farbschema K abgebildet, das sie zwischen März und Juli 1944 trug. Der Tarnanstrich wurde häufig geändert, um Beobachter aus der Luft zu verwirren.

Schornstein
Zunächst schwarz, wurde die Schornsteinverkleidung ab 1942 silber- oder hellgrau gestrichen. Der Laufsteg von der Schornsteinplattform zum Turm wurde 1942 hinzugefügt.

Hauptmast
Ein Beobachtungsposten hoch oben auf dem Hauptmast wurde 1942 entfernt.

Suchscheinwerfer
Schutzkuppeln decken die Scheinwerferpositionen entlang des Schornsteins ab.

neue Radar- und Telekommunikationsgeräte unterzubringen und die Flakabwehr zu erweitern. Ursprünglich war ein turboelektrischer Antrieb geplant, da er sich bei schnellen Ozeandampfern bewährt hatte. Doch wegen Zweifeln an seiner Wirksamkeit auf einem Schlachtschiff griffen die Konstrukteure auf Hochdruckkessel und Dampfturbinen wie bei der Scharnhorst-Klasse zurück.

Das Radar, das zunächst nur die Entfernung, nicht aber die Höhe anzeigen konnte, wurde mit einer großen Antenne an der Vorderseite der rotierenden Entfernungsmesserkuppel auf dem Vorschiff installiert. Nur die *Tirpitz* und die *Bismarck* hatten eine Radarantenne, die an der drehbaren Kuppel über dem Gefechtsstand befestigt war. Von 1941/42 an war eine ähnliche Antenne auch auf der hinteren Kuppel angebracht. In den Jahren 1943/44 wurde ein Radargerät vom Typ Würzburg mit einem Drei-Meter-Parabolspiegel zur Höhenmessung auf dem hinteren Geschützstand installiert und eine Radarantenne vom Typ Hohentwiel Modell 30 im Toppmast angebracht.

Kräne
Die Kräne wurden ein Deck höher und etwas weiter vorne angebracht als bei der *Bismarck*.

Aufbauten
Der offene vordere Teil des Aufbaus, der kaum höher als der B-Turm war, wurde mit einer Umrandung versehen, um den Beschuss abzuleiten.

Vorbau
Der überarbeitete Klippervorbau wurde noch vor dem Stapellauf an der *Tirpitz* angebracht.

Der Decksplan ist im Wesentlichen der gleiche wie bei der *Bismarck*. Der Vergleich mit dem Schnittprofil unten zeigt, wie viel Platz Maschinen, Barbetten und Magazine beanspruchten.

BALTISCHE FLOTTE

Die *Tirpitz* wäre genauso beeindruckend wie die *Bismarck* gewesen, aber ihre mögliche Karriere als Kampfschiff wurde durch ihre symbolische Bedeutung beeinträchtigt. Nach erfolgreicher Erprobung auf See wurde die *Tirpitz* in die Baltische Flotte eingegliedert und blieb dort bis Januar 1942, als sie zum Schutz vor einer Invasion nach Nordnorwegen verlegt wurde, um Konvois in Richtung Russland anzugreifen.

Im März 1942 wehrte sie Luftangriffe des britischen Flugzeugträgers *Victorious* ab, wobei sie zwei Flugzeuge abschoss. Am 27. und 28. April wurde sie bei Trondheim erneut erfolglos aus der Luft angegriffen. Vom 6. bis 9. September 1942 bombardierten ihre 380-Millimeter-Geschütze Befestigungen auf Spitzbergen, doch am 22. September wurde sie durch einen Angriff britischer Zwerg-U-Boote im Altafjord bei Narvik schwer beschädigt und war bis März 1944 außer Gefecht gesetzt. Sowohl russische als auch britische Flugzeuge flogen Angriffe, aber die Briten waren erfolgreicher und verursachten am 3. April 1944 mit 14 Bombentreffern erneut schwere Schäden.

Solange sich die *Tirpitz* in Nordnorwegen aufhielt, war sie eine ernsthafte Bedrohung für russische und atlantische Konvois. Britische Bemühungen, sie außer Gefecht zu setzen, wurden durch das Ausmaß ihrer Flakabwehr behindert – nicht nur an Bord des Schiffs, sondern auch in der Umgebung.

TIRPITZ

Abmessungen	Länge 251,00 m Breite 36,00 m Tiefgang 9,30 m
Verdrängung	max. 51.800 t
Besatzung	2.065 Mann
Antrieb	12 überhitzte Wagner-Kessel, 3 Brown-Boveri-Getriebeturbinen, 102.906 kW (138.000 PS)
Geschwindigkeit	30 Knoten
Reichweite	16.430 km bei 19 Knoten
Panzerung	Panzergürtel 80–320 mm, Schotten 45–220 mm, Deck 80–120 mm, Magazin 180–360 mm, Barbetten 220–340 mm
Bewaffnung	8x 380-mm-, 12x 150-mm-, 16x 105-mm-Geschütze, 16x 37-mm- und 12x 20-mm-Flaks

WIDERSTANDSFÄHIGKEIT

Das Schicksal der *Tirpitz* zeigte eindeutig, dass das Großkampfschiff nicht mehr selbst schützbar war. Wenn es nicht in der Lage war, den Luftraum um sich herum zu beherrschen, konnte es nur innerhalb eines Schutzschirms aus Flakabwehr bestehen, der selbst den offensivsten Wert des Schiffs zunichte machte. Die deutsche Luftwaffe wurde heftig kritisiert, weil sie keinen ausreichenden Luftschutz gewährte, doch 1944 war die alliierte Luftüberlegenheit fest etabliert. Wie die *Bismarck* zeigte auch die *Tirpitz* bei anhaltenden Angriffen ein bemerkenswertes Durchhaltevermögen. Die Tallboy-Waffen, die sie schließlich versenkten, waren zum Zeitpunkt ihrer Konstruktion nicht vorgesehen und wurden von dem Dammbuster-Erfinder Barnes Wallis speziell für den Zweck entwickelt, Panzerungen zu durchschlagen. Mehrere 100 britische und russische Flugzeuge griffen die *Tirpitz* über einen Zeitraum von fast drei Jahren an, und viele wurden abgeschossen, bevor das Schlachtschiff endgültig ausgeschaltet wurde (siehe Foto). Die *Tirpitz* hatte keine glorreiche Karriere, aber ihr Einfluss auf den Arktischen Krieg war bedeutend.

Ein kleiner Erfolg wurde am 15. September 1944 erzielt, als 4.572 Kilogramm schwere Bomben, die zum ersten Mal eingesetzt wurden, das Schlachtschiff seeuntüchtig machten. Die *Tirpitz* wurde nach Tromsö verlegt, was sie aus eigener Kraft erreichte. Die einzige Zukunft, die man sich vorstellen konnte, war ihre Verwendung als schwimmende Batterie.

Diese Schnittansicht der *Tirpitz* zeigt die Position der acht 38-Millimeter-L/52-Geschütze, die in vier Zwillingsgeschütztürmen angeordnet waren: zwei Überfeuertürme vorne – Anton und Bruno – und zwei achtern – Cäsar und Dora.

OPERATION KATECHISMUS

Die Angriffe wurden weiter fortgesetzt. Am 12. November 1944 flogen im Rahmen der Operation Katechismus ab 09:35 Uhr 32 Lancaster-Bomber der RAF-Staffeln 9 und 617 von einem Stützpunkt in Russland aus gegen die *Tirpitz*. Die Hauptgeschütze des Schiffs beschossen die Bomber aus großer Entfernung, aber die deutsche Luftwaffe leistete keine Gegenwehr aus der Luft. Das Lancaster-Geschwader erzielte mindestens zwei Volltreffer und vier Teiltreffer mit 5.080 Kilogramm schweren Tallboy-Bomben, die jeweils etwa 3.000 Kilogramm Sprengstoff enthielten. Der verheerendste Treffer schlug zwischen dem Flugzeugkatapult und dem Schornstein ein und sprengte dabei ein massives Loch in die Seitenpanzerung.

Als die Panzerung der *Tirpitz* entworfen wurde, ging man davon aus, dass die maximale Zerstörungskraft bei 500 Kilogramm Sprengstoff liegen würde. Kein vorstellbares Schlachtschiff könnte einen 3.000-Kilogramm-Angriff wie diesen überstehen. Die Wucht der Einschläge reichte aus, um die Bordwand aufzusprengen und das Schiff zum Kentern zu bringen. Gleichzeitig explodierte auch eines der Hauptmagazine. Etwa 1.000 Menschen kamen ums Leben.

Indiana (1942) 

Als zweites von vier Schiffen der South-Dakota-Klasse war die *Indiana* wie ihre Schwesterschiffe im Zweiten Weltkrieg häufig im Einsatz, vor allem bei den Pazifik-Operationen.

Nach dem Ersten Weltkrieg war eine South-Dakota-Klasse geplant worden, die jedoch aufgrund des Washingtoner Vertrags verworfen wurde. Es handelte sich um einen komplett neuen Entwurf, der zahlreiche neue Merkmale enthielt. Die *Indiana* wurde schließlich erst am 20. November 1939 bei Newport News auf Kiel gelegt, am 21. November 1941 vom Stapel gelassen und am 30. April 1942 fertiggestellt. Ihre Kosten beliefen sich auf rund 77 Millionen Dollar. Die Fertigstellung wurde nach Pearl Harbor beschleunigt, als neue Schlachtschiffe dringend benötigt wurden.

Neun 406-Millimeter-Geschütze waren in drei Dreifachtürmen untergebracht. Diese Geschütze, Mark VI, waren 1936 entworfen worden und bereits auf den Vorgängern *North Carolina* und *Washington* installiert. Jeder Dreifachturm wog 1.708 Tonnen. Das Kaliber betrug L/50, die Rohre allein wogen 94,7 Tonnen und hatten eine Reichweite von 38.700 Metern bei einer Auslenkung von 45 Grad. Die Sekundärbewaffnung der *Indiana* bestand aus 20 127-Millimeter-Geschützen in Zwillingstürmen, 24 vierläufigen 40-Millimeter-Geschützen (weitere acht wurden 1943 installiert) sowie aus 50

Flugzeuge
Eine Vought OS2U-1 Kingfisher befand sich auf dem Katapult, zwei weitere Aufklärungsflugzeuge wurden mitgeführt.

Kräne
Die schweren Bootskräne an den hinteren Aufbauten gab es nur auf der *Indiana* und der *Massachusetts*.

Schrauben
Die äußeren Schiffsschrauben waren fünfblättrig, das innere Paar vierblättrig.

Die *Indiana* vor Anker in Hampton Roads, Virginia, am 8. September 1942. Die Arbeiten an den 406-Millimeter-Geschützen scheinen in vollem Gange zu sein.

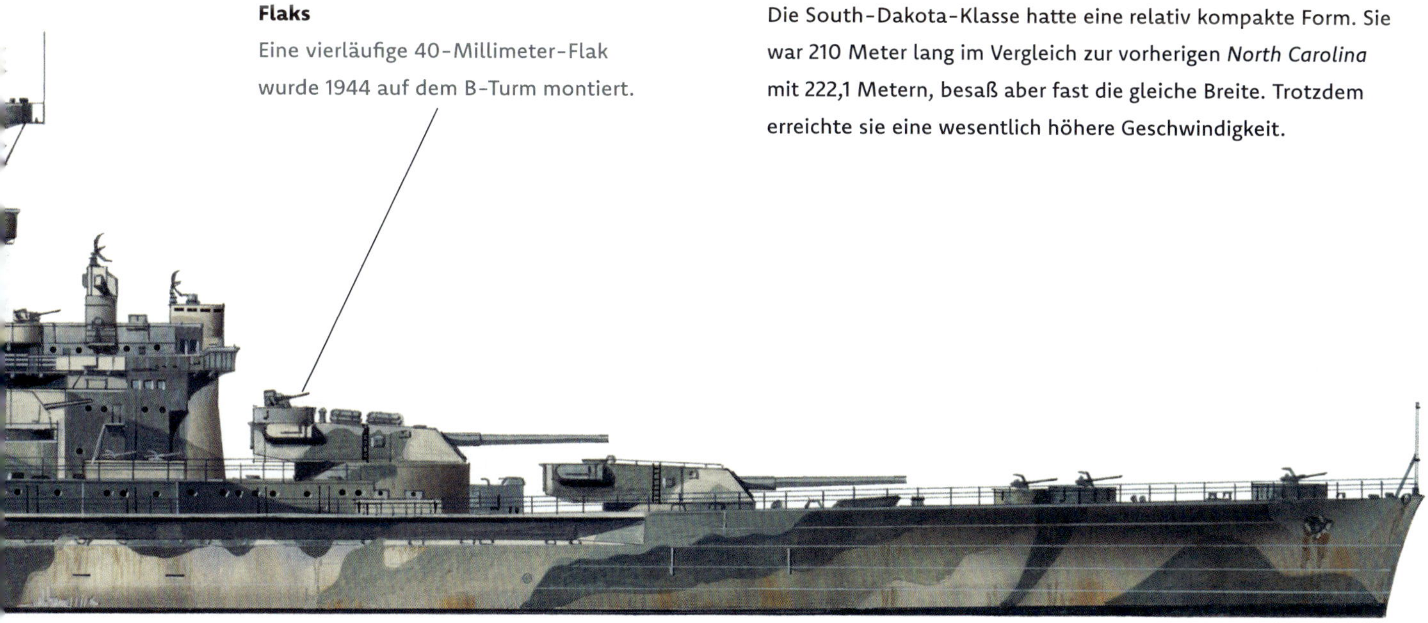

Flaks
Eine vierläufige 40-Millimeter-Flak wurde 1944 auf dem B-Turm montiert.

Die South-Dakota-Klasse hatte eine relativ kompakte Form. Sie war 210 Meter lang im Vergleich zur vorherigen *North Carolina* mit 222,1 Metern, besaß aber fast die gleiche Breite. Trotzdem erreichte sie eine wesentlich höhere Geschwindigkeit.

USS INDIANA (BB58)

Abmessungen	Länge 210,00 m Breite 32,90 m Tiefgang 8,90 m
Verdrängung	max. 44.519 t
Besatzung	1.793 Mann
Antrieb	8 Foster-Wheeler-Kessel, 4 Westinghouse-Getriebeturbinen, 96.941 kW (130.000 PS)
Geschwindigkeit	27 Knoten
Reichweite	27.750 km bei 15 Knoten
Panzerung	Panzergürtel 22–310 mm, Schotten 279 mm, Deck 146–152 mm, Magazin 184–457 mm, Turm 184–406 mm, Barbetten 287–439 mm
Bewaffnung	9x 406-mm-, 20x 127-mm-Geschütze, 24x 40-mm-, 50x 20-mm-Flaks

20-Millimeter-Einzelgeschützen (1943 auf 40 reduziert). Mit der *North Carolina* hörte die US-Navy überdies auf, Torpedorohre in ihre Schlachtschiffe einzubauen.

Die South-Dakota-Klasse war der erste US-Schlachtschifftyp, der von Anfang an mit einem einzigen Schornstein ausgestattet war. Das wurde durch die Neugestaltung des Maschinenraums möglich, der 17 Meter kürzer als bei der *North Carolina* war, wobei die Motoren viel stärker waren. Die Schiffe waren auch kürzer als ihre Vorgänger, obwohl sie die gleiche Breite hatten, was ihnen ein kompaktes Aussehen verlieh. Das wurde durch einen höheren Freibord und die Anbringung der 127-Millimeter-Geschütze ein Deck höher als sonst noch verstärkt.

Es waren zudem die ersten amerikanischen Schiffe, die eine schräge innere Seitenpanzerung erhielten. Sie reichte vom gepanzerten Deck bis zum inneren Boden und war 310 Millimeter stark, verjüngte sich dann auf 25 Millimeter. Durch diese Anordnung erhielten die Schiffe einen langen, nach innen gewinkelten Abschnitt im Mittelrumpf, der direkt unter dem Panzerdeck lag und eher an die alte Kasemattenstruktur erinnerte. Torpedowülste gab es nicht, aber ein Splitterschutzdeck als ganz neues Merkmal, das 80 Zentimeter unter dem Hauptpanzerdeck lag. Die Kombination aus Brücke, Turm, Mast und Schornstein war bei allen Schiffen dieser Klasse zwar ähnlich, variierte aber bei jedem und wurde überdies mehrfach geändert. Ursprünglich besaßen alle Schiffe einen drehbaren Entfernungsmesser auf dem Turm und direkt dahinter eine Radarantenne vom Typ Sra. Der Achtermast, der auf einem Dreibeinfuß montiert war, wurde

Die Flakbatterien der *South Dakota* im Einsatz gegen japanische Torpedobomber in der Schlacht um die Santa-Cruz-Inseln am 26. Oktober 1942.

SCHIFFBAU

Die vier Schiffe dieser Klasse wurden innerhalb von drei Jahren gebaut, eine für Großkampfschiffe bemerkenswert kurze Zeit. Die enge Zusammenarbeit zwischen den vier Werften New York Shipbuilding, Newport News Shipbuilding Bethlehem und Norfolk Navy Yard trug dazu bei, ebenso wie das Gefühl der Dringlichkeit angesichts der sich rasch verschlechternden internationalen Lage – noch vor dem Desaster von Pearl Harbor. Zunächst waren nur zwei Schiffe geplant, doch am 25. Juni 1938 wurden zwei weitere bewilligt. Der ursprüngliche Entwurf sah eine Geschwindigkeit von 22,5 Knoten vor, doch 1939 akzeptierte das US-Marinekommando, dass auch Geschwindigkeit ein wesentliches Merkmal für ein modernes Schlachtschiff war. Dieser Sinneswandel war beeinflusst durch Berichte über im Bau befindliche schnelle Schlachtschiffe in Japan. Die Entscheidung war ein Glücksfall, denn man konnte der *Indiana* im Krieg auch andere Aufgaben zuweisen – zum Beispiel Flugzeugträger mit voller Geschwindigkeit zu eskortieren.

1945 erhöht. Bei Kriegsende war die *Indiana* mit einem SG-Radar (achtern) und einem SK-2-Radar (vorn) ausgerüstet.

GUADALCANAL-FELDZUG

Die *Indiana* leistete ihren Kriegsdienst ausschließlich bei der Pazifikflotte. Ab August 1942 war sie in die Kämpfe um Guadalcanal involviert, ab dem 28. November im Geleitschutz für Flugzeugträger eingesetzt, was eine relativ hohe Geschwindigkeit erforderte. Sie unterstützte die US-Landungen auf den Gilbert-Inseln und bombardierte im Januar 1944 Kwajalein vor der Landung auf den Marshallinseln. In der Nacht zum 1. Februar kollidierte sie mit dem Schlachtschiff *Washington*, wobei vier Männer ums Leben kamen. Schadenskontrollteams traten in Aktion, und einige Abteilungen wurden geflutet, um eine Schlagseite von 4 Grad auszugleichen. Weitere behelfsmäßige Reparaturen erfolgten in Pearl Harbor. Am 29./30. April war die *Indiana* wieder im Einsatz und schloss sich der Task Force 58 für die Angriffe auf das Chuuk-Atoll an. Sie war am 19. Juni heftig in die Schlacht in der Philippinensee verwickelt, in der sie mehrere feindliche Flugzeuge abschoss – im Wesentlichen war dies eine Schlacht der Flugzeugträger. Danach kehrte sie zur Eskorte und zur Landungsunterstützung zurück und blieb einmal 64 Tage ununterbrochen auf See.

Im Oktober 1944 kam die *Indiana* zur Überholung nach Bremerton im Bundesstaat Washington und war folglich nicht an den Kämpfen im Golf von Leyte beteiligt. Stattdessen kehrte sie im Dezember nach Pearl Harbor zurück, wo sie ihre früheren Aufgaben wieder aufnahm. Sie beschoss Küstenziele, darunter auch japanische Festlandanlagen. Im Mai 1945 wehrte sie Kamikaze-Angriffe vor Okinawa ab.

KAMPFREKORD

Die *Indiana* konnte 18 feindliche Flugzeuge abschießen. Sie nahm an zehn Küstenbombardements teil und erhielt zwölf Battle Stars für ihre verschiedenen Operationen und Einsätze in den Kriegsjahren verliehen. Am 5. September wurde sie Teil der alliierten Flotte in der Bucht von Tokio und kehrte am 29. September nach San Francisco in die USA zurück. Dort wurde sie zur Überholung in die Puget Sound Navy Yard gebracht.

Doch schon im September 1946 wurde sie auf die Reserveliste gesetzt und als letztes Schiff der South-Dakota-Klasse im September 1947 außer Dienst gestellt. Die *Indiana* wurde am 1. Juni 1962 offiziell ausgemustert und am 6. September 1963 zum Abwracken verkauft.

Iowa (1943)

Als Führungsschiff der letzten und größten Schlachtschiffklasse der US-Marine mit der Kennnummer BB61 wurde die *Iowa* als Superschiff geplant und gebaut, das hinsichtlich Bewaffnung, Geschwindigkeit und Panzerung den besten Schiffen anderer Nationen überlegen sein sollte.

Der US-Kongress genehmigte 1938 den Bau von sechs großen, schnellen Schlachtschiffen. Die Vorarbeiten für deren Entwurf liefen bereits drei Jahre länger. Letztlich wurden aber nur vier gebaut: die *Iowa*, die *Missouri*, die *New Jersey* und die *Wisconsin*. Die Arbeit für die *Iowa* begannen in der New Yorker Marinewerft am 27. Juni 1940, der Stapellauf erfolgte am 27. August 1942 und die Indienststellung am 22. Februar 1943 – eine bemerkenswert kurze Zeitspanne für das erste große Schiff einer neuen Reihe. Die Baukosten betrugen etwas mehr als 100 Millionen Dollar.

Die vier Schiffe der Iowa-Klasse unterschieden sich in wesentlichen Punkten von der vorangegangenen South-Dakota-Klasse. Der Panzerschutz lag außen und war bündig mit dem Rumpf, um den Widerstand zu verringern. Das

Verhältnis von Breite zu Länge war geringer. Die maximale Breite wurde dabei durch die Anforderung bestimmt, dass das Schiff in die Schleusen des Panamakanals passen sollte. Fast 10.000 Tonnen schwerer als die *South Dakota*, waren sie mit einer Geschwindigkeit von 33 Knoten die schnellsten Schlachtschiffe, die die Welt je gesehen hatte, so dass alle vier eine schnelle Division bilden konnten.

Anstelle von unabhängig voneinander montierten Masten wurde der Fockmast auf einer oberen Ebene des Turms befestigt, der Achtermast wurde auf dem hinteren Schornstein montiert. Ursprünglich hatten beide Masten die gleiche Gestalt, aber der 1945 erhöhte Achtermast wurde 1948 durch einen freitragenden Dreibeinmast ersetzt. Nach dem Abbau des Flugzeugkrans wurde 1958 ein Mast für ein Ladegeschirr hinzugefügt.

Das Profil zeigt die *Missouri,* wie sie 1944/45 aussah. An Bord der *Missouri* wurde am 2. September 1945 die Kapitulation der Japaner unterzeichnet, womit der Zweite Weltkrieg beendet war.

Bewaffnung

Die 406-Millimeter-Geschütze waren Mark-VII-Kanonen mit Kaliber 50. Zum Vergleich: Die *Indiana* hatte Kaliber-45-Geschütze. Am 20. Januar 1989 feuerte eines dieser Geschütze eine Granate auf eine Entfernung von 43.300 Metern ab, was als Rekord gilt.

FLUGABWEHR

Als die *Iowa* in Dienst gestellt wurde, war den alliierten Streitkräften die Verwundbarkeit von Großkampfschiffen durch Luftangriffe sehr wohl bekannt. Daher wurde eine massive Batterie von Flaks eingebaut. Mit einer Länge von 48,5 Metern mehr als die *South Dakota* konnte man bei der *Iowa* mehr Geschütze aufstellen, und die zusätzlichen 9.000 Tonnen boten eine größere Plattform. Im Jahr 1943 besaß sie 80 40-Millimeter-Bofors- und 49 20-Millimeter-Oerlikon-Geschütze zur Flugabwehr, die auf beiden Seiten des Aufbaus montiert waren. Drei Aufklärungsflugzeuge wurden mitgeführt, die von zwei am Heck montierten Katapulten gestartet wurden. Ebenfalls wichtig war die Radarerfassungsausrüstung. 1943 wurden SK- und SRA-Antennen auf dem Fockmast angebracht, 1945 kam der Typ SK-2 hinzu und der Typ SC-2 auf dem Achtermast. Weitere Ergänzungen folgten, wobei die Mastkonfigurationen entsprechend geändert wurden.

SCHLACHTSCHIFFDIVISION 7

Nach einem Training vor Neufundland von August bis Oktober 1943 als Vorbereitung eines Einsatzes gegen die *Tirpitz* (der nie stattfand), brachte die *Iowa* im November Präsident Roosevelt über den Atlantik nach Casablanca zur ersten Teheran-Konferenz mit Churchill und Stalin. Ab dem 2. Januar 1944 war die *Iowa* im Pazifik als Flaggschiff der Schlachtschiffdivision 7 im Einsatz, um Landungstruppen zu eskortieren und amphibische Operationen zu unterstützen. Sie war in Guam, auf den Marshallinseln, in der Philippinischen See mit der Fast Carrier Task Force 58 und vor Luzon und Formosa im Einsatz. Im März wurde sie von japanischen Küstenstellungen auf dem Mili-Atoll getroffen, und am 15. Dezember wurde eine Schraubenwelle durch den Taifun Cobra beschädigt. Vom 15. Januar bis zum 19. März 1945 wurde das Schiff in der Hunters Point Yard in San Francisco überholt, bevor es von April bis Juni in den aktiven Dienst nach Okinawa, Japan, zurückkehrte. Im Juli und August beschoss es mit seinen 406-Millimeter-Geschützen Stellungen auf dem japanischen Festland und traf am 29. August, 15 Tage nach Einstellung der Feindseligkeiten durch die Japaner, vor Tokio ein, um als Flaggschiff von Admiral Halsey bei der offiziellen Kapitulation am 2. September zu dienen.

Nach 1945 gab es viele Diskussionen über die künftige Rolle der Schiffe der Iowa-Klasse. Vor allem ihre Schnelligkeit hielt sie überlebensfähig, während viele andere Schlachtschiffe eingemottet oder abgewrackt wurden. Alle vier Schiffe wurden mit modernisierten Brücken ausgestattet, und es wurden weitere Änderungen vorgenommen, vor allem um neue Radargeräte unterzubringen. In den Jahren 1945/46 war die *Iowa* das Flaggschiff der Fünften Flotte. Vom 24. März 1949 bis zum 25. August 1951 wurde sie in die Reserve versetzt, bevor sie bei Ausbruch des Koreakriegs wieder zum Einsatz kam, um Einheiten vor der koreanischen Küste abzulösen beziehungsweise diese zu unterstützen sowie um Küstenstellungen zu beschießen.

USS IOWA (BB61)

Abmessungen	Länge 270,40 m Breite 33,50 m Tiefgang 11,50 m
Verdrängung	max. 57.450 t
Besatzung	1.921 Mann
Antrieb	8 Babcock-&-Wilcox-Kessel, 4 GE-Dampfturbinen, 158.088 kW (212.000 PS), 4 Schrauben
Geschwindigkeit	33 Knoten
Reichweite	23.960 km bei 12 Knoten
Panzerung	Panzergürtel 310 mm, Deck 152 mm, Magazin 500 mm, Barbetten 287–440 mm,
Bewaffnung	9x 406-mm-, 20x 127-mm-Geschütze, 60 vierläufige 40-mm-Flaks

NUKLEARE KAPAZITÄT

Im Oktober 1952 wurde die *Iowa* in der Marinewerft von Norfolk umgerüstet und verblieb anschließend an der Ostküste bei der Atlantikflotte. Im Jahr 1954 bildeten die vier Schiffe der Klasse die Schlachtschiffabteilung 2. Die *Iowa* diente von Januar bis April 1955 auch als Flaggschiff der Sechsten Flotte im Mittelmeer. Als sich der Kalte Krieg mit der Sowjetunion Mitte der 1950er-Jahre verschärfte, wurden die *Iowa* und die *Wisconsin* für Granaten angepasst, die nukleare Sprengköpfe

Die *Iowa* feuert Mitte 1952 ihre volle Breitseite nach Steuerbord gegen Landziele in Nordkorea. Die Wirkung der Explosion auf der Meeresoberfläche ist deutlich sichtbar.

mit einer Sprengkraft trugen, die der der Atombombe von Hiroshima entsprachen.

Am 24. Februar 1958 wurde die *Iowa* schließlich außer Dienst gestellt und blieb bis 1984 in Philadelphia in Reserve, bis sie am 28. April im Rahmen der erweiterten Marinepolitik von Präsident Reagan wieder in Dienst gestellt wurde. Zu diesem Zeitpunkt wurde die inzwischen veraltete Flakausstattung entfernt und eine neue Bewaffnung eingebaut, darunter vier MK-141-Quad-Cell-Werfer für Harpoon-Schiffsabwehrraketen, Halterungen für 32 BGM-109-Tomahawk-Raketen und vier Phalanx-CIWS-Gatlings zur Flug- und Raketenabwehr. Acht unbemannte Luftfahrzeuge (UAVs) ersetzten die Aufklärungshubschrauber, die ihrerseits die Wasserflugzeuge ersetzt hatten. Während des Iran-Irak-Kriegs 1987 diente die *Iowa* im Persischen Golf, doch ihre Rückkehr in den Dienst wurde durch eine Explosion im zweiten Turm am 19. April 1989 unterbrochen, bei der 47 Männer ums Leben kamen. Das Schiff wurde 1990 endgültig außer Dienst gestellt und 1995 aus dem Schiffsregister gestrichen. Zwischen 1999 und dem 17. März 2006 wurde es nominell wieder in Dienst gestellt. Heute ist es ein Museumsschiff im Hafen von Los Angeles.

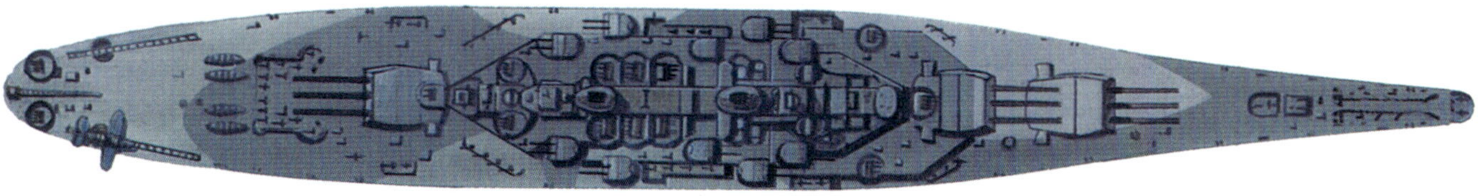

Ursprünglicher Decksplan: Der Vergleich mit dem obigen Foto zeigt, dass zwischen 1943 und 1952 erhebliche Änderungen an der Bewaffnung und den Fluganlagen vorgenommen wurden.

Vanguard (1946) 

Das letzte und leistungsstärkste Schlachtschiff Großbritanniens wurde zu spät fertiggestellt, um im Zweiten Weltkrieg noch eingesetzt zu werden. Obwohl es ein mächtiges Symbol der Seemacht war, blieb es aufgrund der veränderten Anforderungen der postimperialen Royal Navy im Wesentlichen ein Schlachtschiff ohne Aufgabe.

Die Aufträge für vier Schlachtschiffe der Lion-Klasse, die 1938/39 erteilt worden waren, wurden 1939 ausgesetzt und später storniert. Die Schiffsreihe sollte stattdessen mit neuen 406-Millimeter-Geschützen ausgestattet werden. Auch die *Vanguard* blieb ein Einzelstück, das am 2. Oktober 1941 in der John-Brown-Werft in Clydebank auf Kiel gelegt, am 30. November 1944 vom Stapel gelassen und am 25. April 1946 zu einem Preis von 11.530.503 Pfund fertiggestellt wurde. Die 381-Millimeter-Geschütze, Lafetten und Türme waren identisch mit denen der *Queen Elizabeth*, die beim Umbau der *Courageous* und der *Glorious* zu Flugzeugträgern entfernt und eingelagert worden waren.

Zur Weiterentwicklung gehörte auch die Erhöhung der Geschützturmflächen, um eine Auslenkung von 40 Grad zu ermöglichen. Ebenso wurden Entfernungsmesser auf den Turmdächern angebracht. Zusätzlich wurden noch 16 133-Millimeter-Geschütze in Zwillingstürmen und elf einläufige 40-Millimeter-, ein zweiläufiges und zehn sechsläufige 40-Millimeter-Bofors-Geschütze (allesamt motorbetrieben und mit einer maximalen Auslenkung von 90 Grad) mitgeführt. Die mehrfachen Bofors-Geschütze wurden 1954 entfernt. Außerdem besaß das Schiff vier Drei-Pfünder-Geschütze zu Böllerzwecken. Torpedorohre oder Flugzeuge waren nicht an Bord.

Die *Vanguard* zeichnete sich vor allem durch ihre Rumpfform aus, die sie zu einem außergewöhnlich stabilen Schiff in rauer See machte. In Bezug auf Bewaffnung und Antrieb war sie weniger gut ausgestattet als die zeitgenössische amerikanische *Iowa* und die japanische *Yamato*.

Türme
Die 381-Millimeter-Geschütze und Türme der *Vanguard* stammten aus dem Ersten Weltkrieg.

Landung eines Hubschraubers
Obwohl kein Flugzeug befördert wurde, landeten Hubschrauber auf dem Vorschiff und dem Achterdeck.

LANGWIERIGE KONSTRUKTION

Ein Großteil der Entwürfe der Lion- und King-George-V-Klasse wurden übernommen, aber während der langen Bauzeit wurden aufgrund der Kriegserfahrungen zahlreiche Änderungen vorgenommen. Ein gerader Bug und ein ebenes Vorschiff, wie bei *King George V*, wurden durch einen hübschen Cutaway-Bug mit beträchtlicher Ausbuchtung ersetzt. Das trug dazu bei, dass die *Vanguard* ein außergewöhnlich gutes Seeschiff war. Sie war auch das einzige britische Schlachtschiff des 20. Jahrhunderts mit einem flachen Heckspiegel. Die Panzerung und die Schutzausrüstung entsprachen weitgehend denen der King-George-V-Klasse, obwohl die innere Unterteilung und der Unterwasserschutz nach dem Untergang der *Prince of Wales* deutlich verbessert wurden.

Die Maschinen wurden in vier Einheiten mit jeweils zwei Kesseln und einem separaten Turbinensatz unterteilt, die unabhängig voneinander arbeiten konnten. Der Abstand zwischen der inneren und der äußeren Schraubenwelle wurde auf 15,7 Meter vergrößert, so dass ein einzelner Torpedo nicht beide gleichzeitig treffen konnte. Das gepanzerte Deck war wie bei den King-George-V-Schiffen über den Magazinen 152 Millimeter dick und konnte dem Aufprall einer 450 Kilogramm schweren, panzerbrechenden Bombe aus 4.300 Meter Höhe widerstehen. Über den Maschinenräumen war das Deck 133 Millimeter dick und verjüngte sich dann auf 63 Millimeter. Die beiden Schornsteine waren von Anfang an mit abgewinkelten Kappen versehen. Vier Turbogeneratoren mit einer Leistung von 480 kW (640 PS) und vier 450 kW (600 PS) starke Dieselgeneratoren sorgten für die Stromversorgung mit 220 Volt – die leistungsstärkste elektrische Anlage auf einem britischen Schlachtschiff. Kontrollräume und einige andere Bereiche, darunter der tief im Rumpf gelegene Rechen- und Übertragungsraum, waren überdies mit Klimaanlagen ausgestattet.

RADAR

Es wurden eine ganze Reihe von Radargeräten eingebaut: AR262 (Feuerleitgerät für die Flak), SW268 (Oberflächenwarnung), SR274 (Feuerleitgerät für die Hauptgeschütze), AR275 (Feuerleitgerät für die Sekundärgeschütze), AW277 (Höhenbestimmung), TI293 (Zielanzeige) und GW960 (Luftwarnung). Dieses Spektrum an Sensor- und Kontrollgeräten

Aufbauten
Der Aufbau befand sich direkt hinter dem B-Turm – einem beachtlichen Gebäude, in dem sich die Admiralsquartiere, der Kommandoposten sowie die Brücken und Kartenräume des Schiffs befanden.

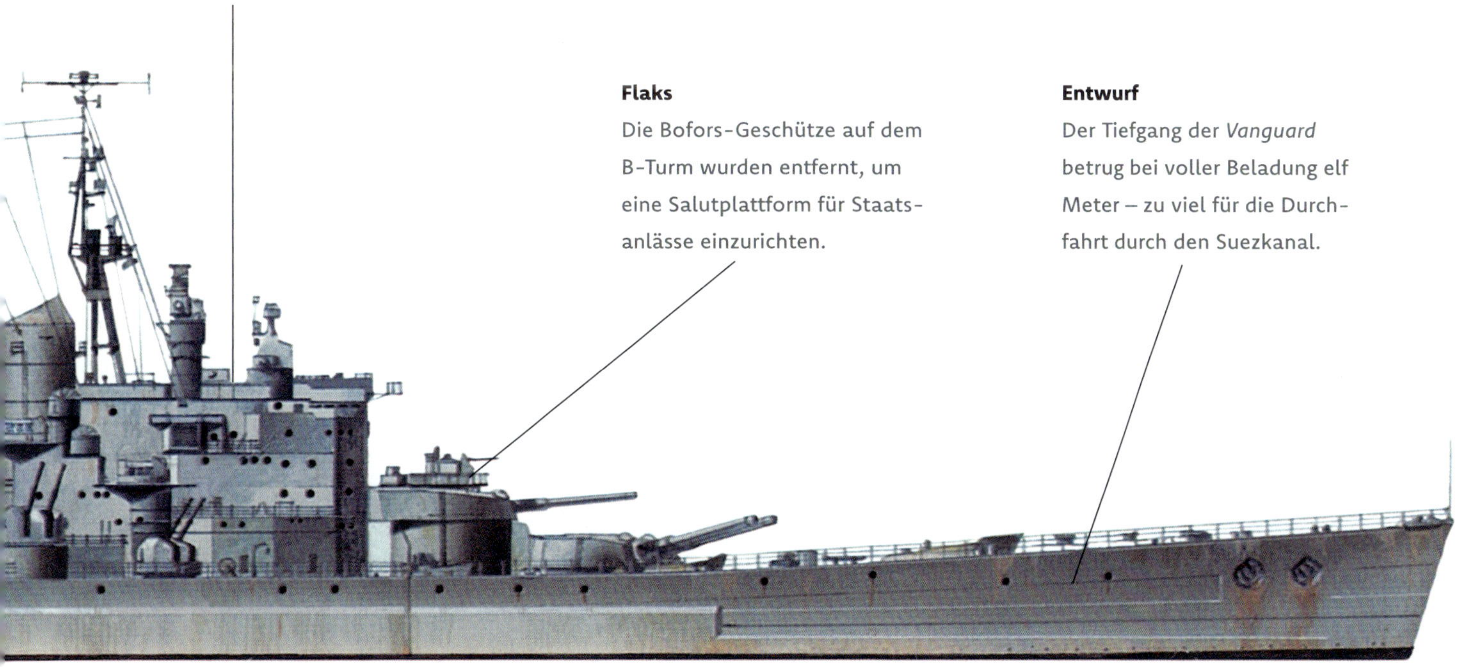

Flaks
Die Bofors-Geschütze auf dem B-Turm wurden entfernt, um eine Salutplattform für Staatsanlässe einzurichten.

Entwurf
Der Tiefgang der *Vanguard* betrug bei voller Beladung elf Meter – zu viel für die Durchfahrt durch den Suezkanal.

Die *Vanguard* beim Abwracken in Faslane, Schottland, im Jahr 1960. Kurz zuvor war sie außer Dienst gestellt und für 560.000 Pfund an die Iron and Steel Corporation of Great Britain verkauft worden. Mitte 1962 hatte das letzte große Schlachtschiff der Royal Navy aufgehört zu existieren.

war auf britischen Kriegsschiffen einzigartig. Für die Hauptgeschütze gab es zwei Kontrolltürme, von denen jeder alle vier Geschütztürme steuern konnte. Vier weitere Kontrolltürme amerikanischer Bauart kontrollierten die 133-Millimeter-Geschütze, die jeweils mit einer Doppelkuppel-Radarantenne ausgestattet waren.

Die Türme, Ausgucke und andere exponierte Stellen wurden mit Dampf beheizt, damit das Schiff in arktischen Gewässern effektiver unterwegs sein konnte. Die Einrichtungen für die Besatzung übertrafen alles bisher Dagewesene: Es gab eine Kapelle, ein Kino, eine Zahnarztpraxis und Schulungsräume.

ZEREMONIELLE AUFGABEN

In den späteren 1940er-Jahren wurde die *Vanguard* vor allem zu feierlichen Anlässen eingesetzt, unter anderem bei einem königlichen Besuch in Südafrika im Jahr 1947. Von März bis Juli 1949 war sie Flaggschiff der Mittelmeerflotte, ab 12. November dann Teil des Home Fleet Trainingsgeschwaders. Am 13. September 1950 wurde sie das Flaggschiff der Home Fleet – eine Rolle, die sie parallel mit der des Flaggschiffs des Trainingsgeschwaders der Royal Navy übernahm.

Beim Anlegen in Gibraltar am 10. Februar 1951 kollidierte der Flugzeugträger *Indomitable* mit der *Vanguard* und hinterließ am Heck leichtere Schäden. In den Jahren 1952 bis 1954 nahm sie an NATO-Übungen mit Schiffen der US-amerikanischen, niederländischen, französischen und dänischen Marine teil und besuchte Häfen in Norwegen und Schweden. Sie spielte auch eine wichtige Rolle bei der Krönungs-Marineüberprüfung am 15. Juni 1953.

Am 25. September 1954 wurde die *Vanguard* in Devonport überholt und für den Reservestatus vorbereitet. Ab dem 28. November 1955 war sie das Flaggschiff der Reserveflotte und unternahm keine weiteren Fahrten. Schließlich wurde das Schiff am 7. Juni 1960 außer Dienst gestellt und zur Verschrottung nach Faslane in Schottland geschleppt.

HMS VANGUARD

Abmessungen	Länge 249,00 m Breite 32,80 m Tiefgang 9,30 m
Verdrängung	max. 51.440 t
Besatzung	1.500 Mann
Antrieb	8 Admiralty 3-Trommel-Überdruckkessel, 4-Parsons-Getriebeturbinen mit einfacher Untersetzung, 96.941 kW (130.000 PS)
Geschwindigkeit	29,75 Knoten
Reichweite	16.670 km bei 20 Knoten
Panzerung	Panzergürtel 330–355 mm, Schotten 101–305 mm, Deck 133–152 mm, Magazin 152–330 mm, Barbetten 279–330 mm
Bewaffnung	8x 38-mm-Mk-I-, 16x 133-mm-Geschütze, 73x 40-mm-Flaks

Schlepper versammelten sich um die *Vanguard*, nachdem das Schlachtschiff am 4. August 1960 beim Verlassen der Marinewerft in Portsmouth auf Grund gelaufen war.

DAS LETZTE SCHLACHTSCHIFF

Ein führender Historiker der Kriegsschifffahrt schrieb nach der Indienststellung der *Vanguard*, dass „seit der Wiederaufnahme des Schlachtschiffbaus in den 1930er-Jahren nichts radikal Neues mehr geschaffen worden war ... Es war nicht zu leugnen, dass das Ende ihrer Entwicklungsmöglichkeiten erreicht ist“. Die *Vanguard* war das letzte klassische Schlachtschiff, das gebaut wurde. Das Atomzeitalter hatte bereits begonnen, als sie in Dienst gestellt wurde. Der langsame Bau der *Vanguard* verdeutlicht bereits den Rückgang der Bedeutung des Schlachtschiffs im Krieg, auch wenn andere Faktoren zu der Verzögerung beitrugen. Fregatten, Zerstörer und U-Boote wurden viel dringender benötigt. Hätte Deutschland mehr Schlachtschiffe gehabt, die stärker eingesetzt worden wären, wäre die *Vanguard* vielleicht schon 1943 fertiggestellt worden. Aber sie wurde erst ein Jahr nach Kriegsende in die Flotte aufgenommen, und Großbritanniens größtes Schlachtschiff wurde nie auf die ultimative Probe gestellt.

Index

Schiffsverzeichnis